新型高效锰基水净化材料

于岩 庄赞勇 著

科学出版社

北京

内 容 简 介

本书结合水净化材料的发展趋势和作者多年的研究成果，重点阐述新型高效锰基水净化材料的设计、合成、表征、测试和应用等。全书共七章，第 1 章主要概述水体中常见的主要污染物；第 2 章从物理法、化学法和生物法三个方面概述常见的水净化处理技术；第 3 章至第 7 章为作者的原创性科研成果，分别介绍五种新型高效锰基水净化材料：单组分锰基纳米净化材料、铜锰基纳米净化材料、铁锰基纳米净化材料、钙锰基纳米净化材料和生物质锰钙复合纳米净化材料的设计、合成、表征和水净化功效研究。

本书可供从事纳米、表面、界面科学相关的科研和工程技术人员参考，也可作为材料、环境、化学、化工等学科的研究生和高年级本科生的教学参考书。

图书在版编目（CIP）数据

新型高效锰基水净化材料/于岩，庄赞勇著. —北京：科学出版社，2021.6
ISBN 978-7-03-069101-9

Ⅰ. ①新… Ⅱ. ①于… ②庄… Ⅲ. ①锰化合物–应用–废水处理–研究 Ⅳ. ①X703

中国版本图书馆 CIP 数据核字（2021）第 109052 号

责任编辑：牛宇锋　罗　娟 / 责任校对：任苗苗
责任印制：吴兆东 / 封面设计：蓝正设计

科 学 出 版 社 出版
北京东黄城根北街 16 号
邮政编码：100717
http://www.sciencep.com
北京厚诚则铭印刷科技有限公司 印刷
科学出版社发行　各地新华书店经销

*

2021 年 6 月第　一　版　开本：720×1000　1/16
2022 年 8 月第二次印刷　印张：14 3/4
字数：285 000

定价：118.00 元
（如有印装质量问题，我社负责调换）

前　言

水是生命之源，对人类的生存和发展有重要影响。当前经济社会的快速发展及人类活动引发了严重的水体污染，也加剧了水资源短缺，对可持续发展构成重大威胁。因此，新型高效水净化材料的研究和开发成为众多科技工作者义不容辞的责任。

作者所制备的单组分锰基纳米净化材料具有大的比表面积、丰富的活性位点、高活性的悬挂键，在特定条件下可捕获空气中的氧气，利用溶液中的 H^+ 催化产生 H_2O_2，并进一步分解成 $HO\cdot$，实现对水体中有机污染物的高效快速降解。

本书系统介绍水体中的污染物、常见的水净化处理技术等内容，着重介绍以锰为基体设计合成的新型水纳米净化材料，并对其制备、测试表征及应用等进行详细论述，能反映新型高效锰基水净化材料的最新研究成果及发展现状。

锰基复合组分材料可以充分发挥多金属的协同作用，拓宽净化材料的工作 pH，实现协同催化效应并有利于材料的再生循环使用，本书重点介绍铜锰基、铁锰基、钙锰基和生物质锰钙复合纳米净化材料的设计、合成、表征和水净化功效，为最终获得 pH 响应范围宽、无需氧化助剂的高效水净化材料的研制提供思路和典范。

本书的核心内容是福州大学于岩教授、庄赞勇副教授多年的研究成果。感谢作者指导的多名学生参与编著工作，具体分工如下：卓嘉宁和周凌浩参与了前言的编写工作，李睿、刘国钰和蔡思婷参与了第 1 章的编写工作，巢煜、陈凯航和曹若丹进行了第 2 章的编写工作，第 3 章至第 7 章分别基于翁振樟、江永荣、翁雅丽和吴宇峰硕士学位论文的主体，张伟、相军香、江玮珊和颜家伟进行排版修改。

于　岩　庄赞勇

2020 年 12 月

目　　录

第1章 水体中的污染物

水，是基础性自然资源和战略性经济资源，是生态环境的重要控制性要素，我国基本水情特殊，水资源供需矛盾突出，水生态环境容量有限，因此水污染的治理形势比其他国家更加严峻。我国在废水净化处理方面的科学研究仍然需要继续加大力度。水中的污染物种类很多，为了能够更有效地针对不同的污染类型进行治理，将污染物分为三类：无机污染物、有机污染物和其他污染物，下面将对这些污染物进行介绍。

1.1 无机污染物

大多数不含碳元素的化合物称为无机物，但某些碳的氧化物(一氧化碳、二氧化碳、碳酸盐等)也属于无机物，其中对生态环境直接或间接造成污染的无机物称为无机污染物，由表 1-1 可知地下水中部分典型无机污染物含量标准。无机污染物属于化学污染物，化学物质对环境的影响大小不一，一部分能破坏水循环系统的自我恢复能力，有些能对水源周围的生态造成影响，甚至有的有剧毒，能短时间使生物死亡。为了清晰地区分无机污染物的影响，把无机污染物归纳为无机无毒物和无机有毒物两种以方便接下来的研究。

表 1-1 部分地下水质量常规指标及限值[1]

指标	I 类①	II 类	III 类	IV 类
浑浊度/NTU②	≤3	≤3	≤3	≤10
pH	6.5≤pH≤8.5	6.5≤pH≤8.5	6.5≤pH≤8.5	5.5≤pH≤6.5 8.5≤pH≤9.0
总硬度(以 $CaCO_3$ 计)/(mg/L)	≤150	≤300	≤450	≤650
氨氮(以 N 计)/(mg/L)	≤0.02	≤0.10	≤0.50	≤1.50
汞/(mg/L)	≤0.0001	≤0.0001	≤0.001	≤0.002
氰化物/(mg/L)	≤0.001	≤0.01	≤0.05	≤0.1
砷/(mg/L)	≤0.001	≤0.001	≤0.01	≤0.05
硫酸盐/(mg/L)	≤50	≤150	≤250	≤350

① 分类规则见标准。

② NTU 为散射浊度单位。

1.1.1　无机无毒物

根据水污染方式的不同,无机无毒物可分为悬浮固体、无机盐两类,与无机有毒物相比,无机无毒物的危害相对小,但是其影响范围小至池塘,大的甚至能波及整片海域,给生产生活带来严重影响。下面从这几类污染物中各举一些典型污染物的例子。

1. 悬浮固体污染物

水中固体污染物主要是指悬浮固体污染物,其来源为地表植物减少造成土壤疏松坍塌,并在水的流动作用下形成的水土流失。大量悬浮物短时间内进入水体中或沉积的悬浮物被外力影响进行不规则运动,会造成水体外观恶化、清晰度降低,改变水体颜色。当固体悬浮物沉积于水底时,长时间的淤积会造成河道堵塞,严重危害江河中水生生物的生存,降低渔业活动产量;沉积于农田中,会堵塞犁地之后疏松多孔的土壤,影响空气流通,不利于农作物在各个阶段的成长,进而降低产量。

悬浮固体污染物的代表物是泥沙,它是一种平均粒径大于 100nm、密度较大的无机物,它对水体的污染通常是暂时的、可恢复性的,水体经过一段时间之后泥沙会沉于水底同时污染程度达到最低。淤积泥沙的清理在短时间内加重了水体的污染,但经过清理之后能够较为有效地增加河道的流速,减少堵塞。

2. 无机盐

无机盐主要由金属离子(非重金属)和酸根离子组成,是金属与无机酸反应生成的化合物,或酸与碱中和反应的产物。无机盐的污染主要来自工业废水的排放,此外,土壤中盐类的流失也会使水中的无机盐增加。无机盐的种类和数目很多,如氯化物、钙盐、硫酸盐、硝酸盐等,污染主要体现为改变水体 pH 和硬度。

无机盐的代表物有钙盐和镁盐,它们通常大量存在于自然界的岩石层中,被酸雨渗入溶解或者随着工业生产生活中违规排放的污水进入水中[2]。水体中的钙离子和镁离子含量超过相关标准时的水就称为硬水,硬水并不会对人体健康造成直接危害。根据研究,实际上硬水水质的饮用水富含人体所需的微量矿物质,是人们补充钙、镁等成分的一种重要渠道。进一步的研究指出:当某一地区水中的矿物质溶量很高时,在水体中的钙将会成为人们主要的摄入来源(溶于水中的钙是最易为人体吸收的)。但是长期饮用硬水会导致结石的概率大大增加,在工业生产上硬水的使用会形成沉淀和锅炉污垢,妨碍热传导效率,增大不必要的能源消耗。

另一种无机盐是由空气中飘浮的氮硫氧化物溶于水蒸气,通过降雨的方式进入水体，这就是酸雨中的硫酸盐和硝酸盐。酸雨不只以雨的形式存在，还包括雪、雾、冰雹等形式。一旦二氧化硫、氮氧化物的浓度过高，形成雨水整体就会趋于酸性。酸雨的出现与否可以从另一个方面体现空气的质量，我国酸雨主要是硫酸型，且主要集中在南方和东北地区。酸雨对人们日常生活和生产活动有一定影响，例如，会造成地表水酸化，影响农作物产量，导致森林土壤退化；渗透入地下水进入自然的水循环系统中，会对水体造成进一步污染。

1.1.2　无机有毒物

无机有毒物根据污染源的不同可分为重金属离子和非金属无机有毒物两大类。无机有毒物难降解、危害大且容易通过食物链累积在生物体中[3]，对生物体器官造成严重伤害。接下来对这两类污染源进行简要介绍。

1. 重金属离子

将原子量为 63.5～200.6、密度在 4.5g/cm³ 以上的金属定义为重金属，在环境污染方面所指的重金属主要是汞(Hg)、镉(Cd)、铅(Pb)、铬(Cr)等生物毒性显著的重金属元素，还包括具有重金属特性的铜(Cu)、锌(Zn)、镍(Ni)、钴(Co)、锡(Sn)等[4]。水体中重金属的来源广泛：电镀、金属加工、染色印刷、化学合成、化石燃料的燃烧等工业活动废弃物的肆意排放是主要途径。重金属离子通过一定方式进入动植物体内就会沉积下来，等积累到一定程度时，会造成重金属中毒、器官病变以及其他二次伤害。下面简单介绍几种常见的重金属及其危害。

铅，其主要源自矿山开采、金属冶炼、煤炭燃烧等，日常生活中接触到铅主要是通过汽车尾气、涂料、染发剂、文具和化妆品等。铅通过皮肤、呼吸道、消化道进入人体后会引起贫血、肾炎甚至对儿童的大脑有严重损伤。铅浓度 0.1mg/L 时会影响水体净化能力，0.1～0.3mg/L 时会使鱼类死亡，每日 0.3～1.0mg 的摄入量会导致铅在体内沉积而造成严重的后果[5]。

汞，也称作水银，其主要源自金属冶炼、化工生产、工业废水等，日常生活中主要通过温度计、化妆品、电池等接触到汞[6]。汞能使各种酶变性，血液中的金属汞，随着血液的流动进入脑组织，在富氧的环境内被氧化成汞离子。由于汞离子较难通过血脑屏障回到血液中，所以其含量在脑组织中逐渐增加，从而损害脑功能。在其他组织中的金属汞，也可能被氧化成离子态，通过血液转移到肾脏、肝脏甚至骨骼中影响生物生长发育、新陈代谢，更严重的还会导致器官的严重衰竭。汞浓度为 0.01mg/L 时会影响水体净化能力，0.006～0.01mg/L 时会使鱼类死亡，人一次 1.0～2.0g 的汞摄入量会直接致死。

2. 非金属无机有毒物

在非金属的无机物中，有强烈毒性的相对较少，氰化物和砷的毒性却丝毫不比重金属弱，其来源有电镀废水、高炉煤气、土壤侵蚀、火山作用等。氰化物和砷都是剧毒物[7]，只要有 0.1g 氰化钾或者氰化钠进入人体内就会导致死亡，而砷的氧化物 As_2O_3(砒霜)会对神经系统和消化系统造成不可逆的损伤，并且是诱发癌症的原因之一。在地表水中氰化物的浓度标准为不超过 0.1mg/L，生活用水中不超过 0.05mg/L；地表水中砷的浓度标准为不超过 0.05mg/L，生活用水中不超过 0.01mg/L。

1.2　有机污染物

大量事实表明，水体中的污染物绝大部分是有机污染物，而水污染的情况具有十分明显的地域差异，不同地区的水质受到污染的情况各不相同，其处理手段也不能直接简单地加以重复。因此，对水体中的常见污染物的认识尤其重要。

水体中的有机物来源于两个方面。一是外界向水体中排放的人工合成的有机物，主要是：①工业生产中人工合成的有机化学用品造成的污染。随着世界工业的快速发展，人工合成的有机物呈现急速增长的趋势，目前已知的有机物达到 400多万种，其中人工合成的有机物在 10 万种以上，且以每年 2000 种的速度递增。它们在生产、运输、使用过程中以各种形式进入环境，包括各种水体。②农业中使用的杀虫剂、农药和肥料等。它们可以渗透入地下水，或者通过地面径流进入水源，进而对水体造成危害。二是生长在水体中的生物自身代谢产生的有机污染物。它们在水污染中的占比很小，主要是无毒害作用的蛋白质、脂肪等，其代谢产物往往是 CO_2 和 H_2O，但是其代谢过程中往往需要消耗大量的氧气，进而对水体中的动植物造成影响，如会诱导产生水体富营养化。人工合成的有机物一般结构较稳定，能给水体环境带来直接性污染或者在分解过程中造成二次污染，因此有机污染物中，人工合成的有机物所造成的环境危害最为显著，应重点讨论。

根据有机污染物的挥发性，将有机污染物分为挥发性有机污染物(volatile organic compounds, VOCs)和半挥发性有机污染物(semi-volatile organic compounds, SVOCs)。

1.2.1　挥发性有机污染物

1. 挥发性有机污染物的理化性质

按照世界卫生组织的定义，挥发性有机污染物是指低沸点(50～250℃)，室温下饱和蒸气压超过 133.32Pa,在常温下以蒸气形式存在于空气中的一类有机物[8]。按其化学结构的不同, 可以进一步分为八类: 烷类、芳烃类、烯类、卤烃类、酯类、醛类、酮类和其他。常见的污染物包括苯系物、有机氯化物、氟利昂系列有机酮、胺、醇、醚、酯、酸和石油烃化合物等, 但不包括甲烷、一氧化碳、二氧化碳、碳酸、碳化物、碳酸盐、碳酸铵等化合物[9], 表 1-2 给出了常见挥发性有机污染物的理化性质。

表 1-2　常见挥发性有机污染物的理化性质一览表

名称	化学式	分子量	熔点/℃	沸点/℃	密度/(g/cm³)
二氯甲烷	CH_2Cl_2	84.93	−97	39.8	1.325
氯仿	$CHCl_3$	119.38	−63.5	61~62	1.484
苯	C_6H_6	78.11	5.5	80.1	0.876 5
甲苯	C_7H_8	92.14	−95	110.6	0.866
邻二甲苯	C_8H_{10}	106.16	−25.2	144.43	0.86
对二甲苯	C_8H_{10}	106.16	13.2	138.36	086
间二甲苯	C_8H_{10}	106.16	−47.9	139.12	0.86
1,1-二氯乙烷	$C_2H_4Cl_2$	98.97	−96.7	57.3	1.17
1,2-二氯乙烷	$C_2H_4Cl_2$	98.97	−35.7	83.5	1.26
1,1-二氯乙烯	$C_2H_2Cl_2$	96.94	−122.6	31.6	1.21
顺-1,2-二氯乙烯	$C_2H_2Cl_2$	96.94	−50	50	1.28
三氯乙烯	C_2HCl_3	131.39	−87.1	87.1	1.46
四氯化碳	CCl_4	153.84	−22.92	76.8	1.595
1,2-二氯丙烷	$C_3H_6Cl_2$	112.99	−80	96.8	1.16
溴氯甲烷	CH_2ClBr	129.38	−88	68.1	1.93
溴二氯甲烷	$CHCl_2Br$	163.83	−55	87	1.98
1,1,2-三氯乙烷	$C_2H_3Cl_3$	133.35	−35	114	1.44
四氯乙烯	C_2Cl_4	165.82	−22.2	121.2	1.63
乙苯	C_8H_{10}	106.16	−94.9	1362	0.87

挥发性有机污染物在水中的溶解度特别低, 但是对人体健康存在极大的安全隐患。大多数挥发性有机污染物气味恶臭, 有毒, 甚至可引起内分泌系统、造血系统及免疫系统疾病, 会造成人的记忆力衰退, 出现急性和慢性中毒, 严重的会致癌变、致突变、致畸、导致许多潜在的慢性病[10]。如果直接饮用污染物含量超

标的饮用水，会对人生理及其心理造成巨大的伤害。例如，人长期生活在甲醛超标的环境中，眼睛和呼吸道会受到极大的刺激，并且会伴有头疼、鼻塞，严重的还会引起白血病、淋巴瘤等。

因此，对水体中的挥发性有机污染物的监控十分必要，我国在 2010 年开始出台了相应的法规制度。我国现行饮用水标准检测方法《生活饮用水卫生标准》(GB 5749—2006)和《地表水环境质量标准》(GB 3838—2002)规定挥发性检测项目及其限值[11]见表 1-3。

表 1-3　　生活饮用水和地表水的挥发性有机污染物检测限值

序号	名称	生活饮用水卫生标准/(mg/L)	地表水环境质量标准/(mg/L)
1	氯乙烯	0.005	0.005
2	二氯甲烷	0.02	0.02
3	1,1-二氯乙烯	0.03	0.03
4	顺 1,2-二氯乙烯	0.05	0.05
5	反 1,2-二氯乙烯	0.05	0.05
6	三氯甲烷	0.06	0.06
7	四氯化碳	0.002	0.002
8	苯	0.01	0.01
9	1,2-二氯乙烷	0.03	0.03
10	环氧氯丙烷	0.000 4	0.02
11	三氯乙烯	0.07	0.07
12	甲苯	0.7	0.7
13	乙苯	—	0.3
14	四氯乙烯	0.04	0.04
15	一氯二溴甲烷	0.1	—
16	一溴二氯甲烷	0.06	—
17	氯苯	—	0.3
18	对二甲苯	0.5(总量)	0.5(总量)
19	间二甲苯	0.5(总量)	0.5(总量)
20	邻二甲苯	0.5(总量)	0.5(总量)
21	苯乙烯	0.02	0.02
22	溴仿	0.1	0.1
23	异丙苯	—	0.25

续表

序号	名称	生活饮用水卫生标准/(mg/L)	地表水环境质量标准/(mg/L)
24	六氯-1,3-丁二烯	0.000 6	0.000 6
25	1,4-二氯苯	0.3	0.3
26	1,2-二氯苯	1	1
27	1,2,4-三氯苯	0.02(总量)	0.02(总量)
28	1,2,3-三氯苯	0.02(总量)	0.02(总量)
29	1,3,5-三氯苯	0.02(总量)	0.02(总量)
30	1,1,1-三氯乙烷	2	—

2. 常见的挥发性有机污染物及其来源

关于挥发性有机污染物，要监控水体中的浓度，另外一个重要的方面是控制它们产生与排放到自然界中的含量。

绝大部分有机污染物来源于工业生产的三废排放，表 1-4 列出了常见行业能够产生的部分挥发性有机污染物种类，除工业污染物的排放以外，水中 VOCs 的另一大来源是饮用水消毒的消毒副产物(disinfection byproducts，DBPs)[12]。我国城市生活饮用水主要采用氯化消毒方式，消毒后产生了大量饮用水消毒副产物，如三卤甲烷(trihalomethanes，THMs，包括三氯甲烷、二氯一溴甲烷、一氯二溴甲烷及三溴甲烷)。毒理学研究表明，消毒副产物具有遗传毒性、细胞毒性、生殖发育毒性以及"三致"(致癌、致畸、致突变)效应[13]。长期暴露于含三卤甲烷饮用水的人群，会增加患癌症风险，特别是患膀胱癌和直肠癌的风险[14]。

表 1-4　常见行业能够产生的部分 VOCs 种类

行业	主要排放的污染物
石油行业	苯系物、氟利昂、有机氯化物、醇类、酮类、胺类、酸、酯、石油烃及其相关化合物等
制药行业	烃类、二氯甲烷、苯系物、醇类、酮类、乙酸乙酯等
化学原料业	苯、甲苯、二甲苯、硫化物、氯化物等
炼焦业	苯、酚类、苯并芘、总烃类
合成纤维业	乙二醇、乙醛、甲基酰胺等
电子制造业	丙酮、苯系物、丁酮等
包装印刷业	甲苯、乙苯、二甲苯、丙酮、丁酮、异丁酮、乙酸乙酯
汽车制造业	甲醛、苯系物等
木材工业	甲醛、苯系物等

行业	主要排放的污染物
装备制造业	烃类、二氯甲烷、三氯甲烷、苯系物
炼油业	三氯甲烷、三氯乙烷、硫化物等
涂装工艺业	苯系物、酮类、醇类、醛类、三氯乙烯、二氯乙烯

1.2.2　半挥发性有机污染物

1. 半挥发性有机污染物的理化性质

半挥发性有机污染物定义为沸点为 170~350℃、常温下蒸气压为 10^{-8}~10^{-2}kPa 的有机化合物，主要包括多环芳烃类(polycyclic aromatic hydrocarbons，PAHs)、卤代阻燃剂(halogenated flame retardants，HFRs)、有机磷系阻燃剂(organic phosphorus flame retardant，OPFRs)、有机氯农药(organochlorine pesticides，OCPs)以及氯代苯酚类和硝基苯类等化合物。大多数半挥发性有机污染物都具有潜在的毒性，包括致癌性、生殖毒性、神经毒性、内分泌干扰特性等，对生态环境产生十分不利的影响[15]。

自然界中不易分解，可以长期存在于环境中，具有高毒性，能够通过各种环境介质(水、大气、颗粒物等)进行长距离迁移，对人体健康和生态环境都具有严重威胁的那部分半挥发性有机污染物统称为持久性有机污染物(persistent organic pollutants，POPs)[16]。国际上公认的 POPs 具有下列 4 个重要的特性：①环境持久性。有机污染物在自然界中的自然降解一般是光解、微生物降解和化学分解。POPs 的化学结构比较稳定，对生物降解、光解、化学分解作用有较高的抵抗能力，因此它们不易降解，能够在环境中长期存在，从而对环境造成长期污染。②生物累积性。由于其具有低水溶性、高脂溶性的特点，在水中溶解性很低，一般会沉积在水中悬浮颗粒上，最终被水体生物捕食，而它们的高脂溶性使得其与生物体内的蛋白质或酶有较好的亲和力，能在生物体脂肪组织中进行生物积累，随着食物链上各级生物摄入量的增加，这些持久性污染物在生物体内的含量会逐步增加，结果会使食物链上的高营养级生物体内的污染物有比较惊人的含量。与此同时，这意味着水体中污染物检测浓度很低时，可能位于食物链上的各级生物已经受到比较严重的污染。有研究表明，食物链上最顶端生物体内的污染物浓度甚至可以达到环境浓度的 7 万倍，这就大大提高了环境监测的难度。③远距离迁移能力。由于具有半挥发性，POPs 能够通过各种环境介质(水、大气、颗粒物等)进行长距离迁移，导致全球范围的污染传播，造成全球环境污染。因此，POPs 污染不仅是区域性的问题，也是一个全球性的环境问题。④高毒性。POPs 大都具有"三致"(致癌、致畸、致突变)效应。

2. 常见的半挥发性有机污染物

为了保护动植物及其生态环境免受 POPs 的危害，2001 年 5 月 23 日包括我国在内的 92 个国家和区域经济一体化组织参与签署了联合国环境规划署(United Nations Environment Programme，UNEP)主持的《关于持久性有机污染物的斯德哥尔摩公约》，又称 POPs 公约。第一批列入《关于持久性有机污染物的斯德尔摩公约》受控名单的 12 种 POPs，包括如下三种。①有意生产——有机氯杀虫剂(8 种)：滴滴涕、氯丹、灭蚁灵、艾氏剂、狄氏剂、异狄氏剂、七氯、毒杀芬等；②有意生产——工业化学品(2 种)：六氯苯和多氯联苯；③无意排放——工业生产过程或者燃烧过程产生的排放物(2 种)：二噁英、呋喃。12 种优先控制的污染物中，绝大多数都是半挥发性有机污染物。

有机氯农药(OCPs)是指那些用来防治虫害或者植物病，并且成分中含有有机氯元素的有机化合物。它是一类人工合成的广谱杀虫、毒性较低、残留时期长的化学杀虫剂，主要可分为以环戊二烯为原料和以苯为原料的两大类，具有十分显著的"三致"(致癌、致畸、致突变)效应。已有研究表明，OCPs 对人类的神经系统、免疫系统和生殖系统会造成较大的破坏，并且引发癌症[17]。

多溴联苯醚(polybrominated diphenyl ethers，PBDEs)是一种广泛使用的溴代阻燃剂，被大量生产并添加于各种聚合物中，尤其在电器制造(电视机、计算机外壳以及线路板)、建材、泡沫、室内装潢、家具、汽车内层、装饰织物纤维等。高剂量的动物试验表明，PBDEs 的毒害作用主要有致癌、免疫毒性、神经发育毒性、肝脏毒性及内分泌干扰作用等[13]。

多氯联苯(polychlorinated biphenyls，PCBs)，又称氯化联苯，具有良好的阻燃性、低电导率、良好的抗热解能力、化学稳定性和抗多种氧化剂氧化的性能[18]，由于其优异的化学性质，PCBs 在工业生产中得到了广泛应用，如液压油、导热剂及各种树脂、复写纸、防火剂、染料分散剂、橡胶、结合剂、涂料等许多工业产品的添加剂，但是众多相关毒性试验研究和流行病学调查均表明，PCBs 能对试验生物产生急性毒性、生殖及免疫机能失调、神经行为和发育紊乱、肝脏毒害、致癌效应及内分泌干扰效应等[19]。

多环芳烃(polycyclic aromatic hydrocarbons，PAHs)是大多数化工厂和钢铁厂大量排放的污染物之一[11]。PAHs 对人及生物的影响主要有下几点：①三致效应。在 PAHs 浓度较高的环境中停留过久，患皮肤癌和肺癌的概率大大增加。②较强的光致毒效应。其毒性主要体现在暴露于太阳光下时，可产生对生物膜具有损害状态的氧，当它们进入生物体内时，会破坏生物膜，从而使生物中毒。③对微生物生长有强抑制作用。当 PAHs 进入微生物体内时，由于它本身具有结构稳定性，水溶性差，可以破坏细胞的生长，从而使得微生物的生长受到抑制。

二噁英(dioxins)，又称二氧杂芑，是多氯代三环芳烃类化合物的统称，是人工合成氯酚类产品的副产品。二噁英类化合物的最大毒性是具有不可逆的三致效应，被国际研究中心列为人类一级致癌物[20]。当其在人体内的富集量达到一定程度时，会出现急性中毒现象，如头痛、呕吐、肝功能损伤等症状，严重时可致人死亡。孕妇体内二噁英类化合物甚至会对胎儿的生长发育造成影响，母乳中的二噁英会使婴儿产生严重的不良反应，如发育受阻、认知能力损伤等[21]。

1.3 其他污染物

除有机污染物和无机污染物之外，还有其他污染物。形成其他污染物的原因一般有两类，即人为因素和自然因素。①人为因素：工厂所排放的工业废水，是产生其他污染物的一个主要原因；河水中存在人类排入的大量生活污水，人类往河中扔入生活垃圾等造成的生活污染；农作物等喷洒的农药经过地底下，从而污染了地表水和地下水；砍伐森林、破坏耕作等也会造成其他污染。②自然因素：地震等地质活动时，会使地下水质发生一定的变化，从而造成一定的污染。

统计结果表明，全国有许多城市都存在程度不同的用水困难[22]。统计显示，我国每年发生的水污染事故高达 1700 起以上。其中，其他污染物造成的水污染事故占了很大一部分，这些事件都深刻揭示了现今宝贵的水资源受到严重污染的程度。

其他污染物可分为病原微生物、水体油污染、水体感官性污染、水体热污染等。

1.3.1 病原微生物

水质微生物的指标是通过检测细菌总数和大肠菌群两方面进行的。然而，检测和检验显示，自来水、地下水以及泉水的总体不合格率逐年增高，尤其是泉水的不合格率甚至高达 56%，而泉水和地下水的大肠埃希菌和大肠菌群均较高，自来水最低[23]。

水体中含有几十种微生物，主要由致病菌、原生动物、致病病毒、病虫卵四大类构成。病原微生物可以入侵人体、引起感染甚至传染病。根据相关报道，一般污水处理虽可去除一部分病毒，但在生活污水中含有大量的致病菌，如大肠杆菌、霍乱弧菌、伤寒杆菌等，还存在胃肠炎病毒、新型病毒等各种病毒[24]，且此类病毒可以在污水、自来水等中存在良久。沿岸海水中，海产品经常会受到病毒感染，且伴有肠道病毒的存在。经过水传播的疾病，可由于喝过此类被污染的水或者接触此类水体，在污染的水域中游泳等，通过皮肤、黏膜感染肠道疾病。

病原体污染物的特点是：①分布区域广阔；②数目多；③繁殖速率高；④存活率高，时间长；⑤有抗药性，难消灭；⑥经处理消毒后，仍含有大量的微生物和病毒。致病微生物污染水不仅浪费城市的水体资源，造成环境污染，并且会在一定程度上对人类身体健康造成威胁。因此，防止水源污染，应该改进疾病的管理，改进饮水卫生和饮食卫生。

1.3.2　水体油污染

石油主要指各种形态的烃类混合物，通常当成燃料来使用。根据报告，每年有几百万吨的海源和陆源油泥污排入海洋，海源油污染主要是在石油开采和运输过程中，经常会有溢油事故发生，污染对象主要是河口及码头地带；陆地油污染主要来源是工业废水，每年流入海洋的油约为 140 万 t；大气中也会有石油烃类的漂浮，降落进入海洋的约为 30 万 t。

2017 年 11 月 20 日，滁州市琅琊区人民法院一审判决两家污染企业分别赔偿养鱼户损失 5.08 万元。报告显示，青年坝水库的水质受到石油污染。油污染进入水体中会严重危害海洋中的生物及其他资源，对海洋造成破坏，溢油污染大部分漂浮在水面，形成油膜，水体不能进行复氧作用，植物不能进行光照作用，鱼类的鱼鳃上附着石油，从而导致水生生物饿死或窒息死亡。石油类含有的有毒物质，可以直接毒死海洋生物；少量会发生沉潜状态或者呈吸附状态，渗透植物体内，细胞的渗透性被改变，可能会导致植物死亡；沉降下的石油具有不稳定性，一段时间后会再次上浮，威胁近岸海域的生态环境，玷污渔网、捕获器材等[25]。含有石油类的水一旦被人饮用，将对人体的神经系统、造血系统造成严重的危害。

1.3.3　水体感官性污染

水体感官性污染指的是水体发生颜色变化、异味、恶臭等。印染废水排入水中往往会使水变红，而炼油废水的排放也使水的颜色变为黑褐色，从而破坏水体的美感，且往往都很难处理。洗涤剂排入水中会有泡沫产生，这些泡沫会悬浮在水面，影响美观，破坏风景，而且会滋生细菌，容易造成生活用水污染。污水中的微生物分解会产生恶臭物质。污水从化工厂、居民家里和农田里排出时，就已经有异味产生了。污水在管道的流动过程中会一直产生异味，恶臭物质会散发难闻的气味，会让人有心情压抑的感觉，且会对人的器官、系统等产生危害，会使人产生厌食、呼吸困难、身体不适等症状，对周边居民的身体健康和生活质量造成严重的影响[26]。

1.3.4 水体"富营养化"

富营养化是在人类活动过程中，生物所需的氮、磷等营养盐和有机物进入水体中且超标。当水体中磷为 $20mg/m^3$、氮为 $300mg/m^3$ 时，水体就处于"富营养化"状态。城市生活污水、化工厂废液废水、农田排水等的污水废水排到水体中，其中含有的大量有机物直接被藻类吸收利用，不断消耗溶解氧，不断产生硫化氢等气体，导致水生环境被破坏，水的质量变差，不符合水质标准，造成水生动植物大量死亡。动植物的残体躯骸在腐烂中，释放磷、氮等微生物所需的营养物质至水体中，又被藻类或其他生物利用，使得藻类繁殖增快，藻类增多，也就促进了水体"富营养化"的发生。

水体中藻类的增多，使得大量的溶解氧被消耗，造成水体中严重缺乏溶解氧，除厌氧菌和兼性菌以外，会造成大量鱼类死亡，伤害水生生物，使得水生生态系统功能退化或者完全被破坏，水体的净化能力无法恢复，而一些污染物无法降解并不断沉积下来最后成为污泥；富营养化严重时，蓝藻暴发(称为"水华"或"湖靛")，湖泊被繁殖速度快的植物所堵塞，成为沼泽，后又变为陆地，部分海洋区域会变成"死海"，或者是产生"赤潮"现象。另一方面，水的透明度降低、溶解氧被消耗殆尽，长期饮用这种物质含量超标的水，容易中毒致癌，对动物和人体健康造成极大的危害[27]。

1.3.5 水体热污染

热污染是指在工业生产和生活中释放的大量热导致温度异常升高的现象。人类活动排放的热量过多，改变了环境本来的热力学平衡状态，排放出来的热量一部分进入水体，导致水体温度发生异常，水中的水生动植物的生存条件被破坏，这种现象称为水体热污染。热污染主要来自化工厂、电厂及其他工业的冷却水，会对人类、动植物、环境、气候等造成严重的危害[28]。据美国统计，在全国的冷却水总释放量中，动力工业冷却水占80%以上，如火电厂的装机容量为 100 万 kW·h，其冷却水释放量为 $30\sim50m^3/s$，而一个装机容量与之相同的核电站，冷却水排放量比火电厂多 50% 左右。

根据统计，我国长江流域内，仅江苏省的火电厂就有 150 多家，而火电厂经常会把冷却水大量地排入长江，使得局部区域出现温水带。2007 年，长江的水温为 $22\sim24℃$，出水口温度为 $32\sim33℃$。水温的升高，会使水生的昆虫提前羽化；鱼在冬季产卵并洄游；生物种群发生变化，影响生物的繁衍及生存；水温达到 $33\sim35℃$ 或者更高时，水体严重缺氧，导致绝大多数鱼类窒息死亡；会给病原微生物提供滋生环境和传播条件，使鱼类的呼吸加快、快速生长，抵抗能力降低，使水生生物病变，人们饮用河流中的水，会造成血吸虫病等一系列病的流行；会导致水分子运动加速，使水面上方空气受热而膨胀上升，水体水分子向空气的扩散速度加快，陆地的水体大量挥发变成大气水，陆地失水严重。

1.3.6 放射性污染

在人类活动过程中，放射性元素或放射性物质大大增加，会逐渐增强环境的射线强度，人类排放出的放射性物质进入水体后，会进入动植物体内，人类食用了这类动植物，放射性物质就会进入人体，而且此类物质很难排出体外，因此，水中放射性物质会影响人类的健康和社会环境。各国核电站的建立、矿业开采、核工业等会产生核污染的问题，而 1986 年的切尔诺贝利核电站事故[29]被称为顶级核事故，辐射污染遍及各地，核泄漏直接导致周围地区无人生还，在 30km 以外的地区，癌症患者、畸形儿增多。

核电站放射性污染物的重要组成部分是 ^{137}Cs、$^{60}C_0$、Th^{4+}、Eu^{3+} 和 U^{6+}等放射性核素，其中 $^{60}C_0$ 的辐射性极强，会使人体内的细胞组织破损，减少血液内的白细胞，引发疾病，人的生殖能力被毁坏，甚至引发白血病，严重的甚至短期致死。而 Th^{4+}、Eu^{3+}和 U^{6+}等放射性核素，进入水中动物或植物体内后，会产生放射线影响生物的生长，成为水中动植物组织的成分之一，通过动植物富集而污染食品，通过食用水中被污染的动植物，进入人体内，伤害人体健康，导致放射线疾病的产生[30]。

1.4 本 章 小 结

水环境污染是普遍存在的一个问题。由于人类社会及自然界的活动，一些污染物质及病原微生物不断地沉积到水体中，并不停地富集，水污染日益严重，最终影响水质及水生生态平衡，久而久之，也威胁人类的健康与安全。因此，必须重视水污染，并对其进行防治。

防治水污染的措施主要有：①降低用水量，减少和消除工业废水及城市生活污水的排放；②全面规划，进行区域性的综合治理，减少污染源的数目；③加强监测管理，监督有关部门及各个工厂保护水体；④进行废水处理。水体中的污染物是多样的，因此在治理时要注意这些污染物的防治。常见的废水处理一般使用物理法、化学法、生物法等诸多方法，这些处理方法在一定程度上造成资源浪费，存在一定弊端，而应用纳米技术处理废水可达到很好的效果，因此本书采用纳米技术来处理各类污染废水，具体的处理方法可见其他章节。

参 考 文 献

[1] 中华人民共和国国家质量监督检验检疫总局，中国国家标准化管理委员会. GB/T 14848—2017 地下水质量标准[S]. 北京: 中国标准出版社, 2017.

[2] 李博浩, 王睿, 张芮宁, 等. 雨水花园对雨水径流中无机污染物净化效果研究[J]. 工程建设 与设计, 2019, (3): 166-168.

[3] 张巍. 膨润土在水污染治理中吸附无机污染物的应用进展[J]. 工业水处理, 2018, 38(11): 10-16.

[4] Sizmur T, Fresno T, Akgul G, et al. Biochar modification to enhance sorption of inorganics from water[J]. Bioresource Technology, 2017, 246: 34-47.

[5] 王文忠. 浅析水环境中有毒污染物的来源和危害[J]. 山西水土保持科技, 2013, (3): 30-31.

[6] 韩宁, 魏连启, 刘久荣, 等. 地下水中常见无机污染物的原位治理技术现状[J]. 城市地质, 2009, 4(2): 27-35.

[7] 杨忠敏. 水环境中有毒污染物种类综述[J]. 环境研究与监测, 2014, 27(2): 70-76.

[8] 钱程. 挥发性有机污染物控制技术[J]. 广州化工, 2017, 45(9): 171-172.

[9] 江梅, 邹兰, 李晓倩, 等. 我国挥发性有机物定义和控制指标的探讨[J]. 环境科学, 2015, (9): 3522-3532.

[10] Liu C M, Xu Z L, Du Y G, et al. Analyses of volatile organic compounds concentrations and variation trangs in the air of Changchun, the northeast of China[J]. Atmospheric Environment, 2000, 34(26): 4459-4466.

[11] 暴志蕾. 长三角地区饮用水源地有机污染物特征分析研究[D]. 石家庄: 河北师范大学, 2016.

[12] 郭维静, 魏麟欢, 姜振华, 等. 大连市饮用水中挥发性有机物的调查[J]. 职业与健康, 2016, 32(13): 1834-1836.

[13] Calderon R L. The epidemiology of chemical contaminants of drinking water[J]. Food and Chemical Toxicology, 2000, 38(Suppl 1): S13-S20.

[14] 王奕奕. 钱塘江水体中挥发性卤代烃、苯系物的浓度水平及健康风险评估[D]. 杭州: 浙江 大学, 2015.

[15] 王婷. 不同天气和地域大气中半挥发性有机物的污染研究[D]. 广州: 中国科学院大学(中 国科学院广州地球化学研究所), 2018.

[16] 黄友达. 湖泊水库中不同来源有机质与典型持久性有机污染物的富集和沉积行为关系[D]. 广州: 中国科学院大学(中国科学院广州地球化学研究所), 2017.

[17] 徐一帆. 污泥中半挥发性有机污染物提取方法及急性生物毒性研究[D]. 北京: 首都经济 贸易大学, 2018.

[18] 安月霞. 多类持久性有机污染物同时分析方法及应用[D]. 石家庄: 河北师范大学, 2017.

[19] 周亚子. 竞争电子受体(SO_4^{2-} 、FeOOH)对太湖底泥中多氯联苯微生物厌氧脱氯的影响研 究[D]. 南京: 东南大学, 2016.

[20] 徐培佩, 张一新, 张婷. 二噁英的危害及其防治措施[J]. 广东化工, 2017, 44(13): 149-150.

[21] 卜元卿, 骆永明, 滕应, 等. 环境中二噁英类化合物的生态和健康风险评估研究进展[J].

土壤, 2007, 39(2): 164-172.

[22] 盛珊, 刘雅静, 乌日古木勒. 探析水污染危害及防治措施[J]. 低碳世界, 2016, (34): 3.

[23] 高秀明. 微生物学指标在不同类型生活饮用水中的变化特点及相关性分析[J]. 智慧健康, 2017, (5): 40-41.

[24] 满江红. 中国华北西北地区地表水微生物指标调查及研究[D]. 合肥: 安徽医科大学, 2013.

[25] 付红蕊, 赵兴, 玛莎, 等. 波浪作用下海上溢油潜浮于水的机理研究进展[J]. 海洋科学, 2019, 43(2): 91-96.

[26] 唐霞, 肖先念, 庞博, 等. 城镇污水厂除臭技术应用现状及发展前景概述[J]. 环境科技, 2014, 27(2): 70-74.

[27] 唐黎标. 水体"富营养化"的成因、危害及防治措施[J]. 渔业致富指南, 2018, (5): 58-60.

[28] 杨新兴, 李世莲, 尉鹏, 等. 环境中的热污染及其危害[J]. 前沿科学, 2014, 8(31): 14-26.

[29] 陈达. 核能与核安全: 日本福岛核事故分析与思考[J]. 南京航空航天大学学报, 2012, 44(5): 597-602.

[30] Han H, Johnson A, Kaczor J, et al. Silica coated magnetic nanoparticles for separation of nuclear acidic waste[J]. Journal of Applied Physics, 2010, 107(9): 520.

第 2 章　常见的水净化处理技术

第 1 章介绍了水体中的各种污染物,这些有毒有害物质会造成严重的水污染,随着社会经济的快速发展和城市化进程的加快,这种由水污染问题加剧而导致的水资源供需矛盾将更加突出。在我国,水资源问题是制约可持续发展的重要因素之一,水资源危机比能源危机更严峻,加强对污染水体的处理与回用、减少污染物的排放已成为我国社会生存和可持续发展的重要前提之一。近几年来,本着"绿水青山就是金山银山"的原则,各种水净化处理技术方兴未艾。从处理效果和适用范围而言,各种方法均各有千秋,但对于经验欠缺的从业者或技术人员,如何针对污染水体的特征污染因子及处理要求选用合适的方法是一个难题。因此,本章从水处理技术的本质特征出发,根据污染水体中的特征污染因子及处理过程中的具体变化,将各种废水处理技术按物理法(处理过程中只有机械或物理变化,没有化学反应发生)、化学法(处理过程中有化学反应发生,并生成新的组分)和生物法(处理过程主要依靠微生物的生理活动完成废水中有机成分的降解)进行分类,本章将按这种分类对常见的水净化处理技术进行介绍。

2.1　物　理　法

物理法主要利用水中污染组分的物理特性(如密度、粒度、溶解度、挥发度等)与水的差异,采用物理或机械的作用,通过外加物质或能量的方法实现污染组分的分离。属于物理法范畴的水处理技术种类繁多,包括澄清、沉淀、气浮、过滤、萃取、吸附、膜分离、蒸发、结晶、吹脱与汽提等。

澄清、沉淀、气浮是根据废水中特征污染因子与水的密度差实现废水处理的;过滤、膜分离是根据废水中特征污染因子的粒度差异实现废水处理的;萃取、蒸发、结晶是根据废水中特征污染因子的溶解度差异而实现废水处理的;吸附、吹脱与汽提是依据废水中特征污染因子的挥发度差异而实现废水处理的。

物理处理方法的最大优点是因为在处理过程中不改变物质的化学性质,设备简单,操作方便,运行费用低,分离效果良好,因此应用极为广泛。但物理法的缺点是仅能去除水中的固体悬浮物和漂浮物,化学需氧量(chemical oxygen demand, COD)的去除率一般只有 30%左右,对水中的溶解性杂质基本无法去除。对于某些复杂的废水体系,单独采用物理处理方法无法取得理想的效果,此时可采用物理法与化学法相结合的物理化学处理工艺进行处理。

2.1.1　吸附法

吸附使离子从水转移到土壤，即从液相转移到固相。吸附实际上描述了一组过程，包括吸附和沉淀反应。近年来，吸附法已成为处理含重金属废水的替代技术之一。基本上，吸附是一种传质过程，物质从液相转移到固体表面，并受到物理或化学相互作用的束缚。各种来源于农业废弃物、工业副产品、天然材料或改性生物聚合物的低成本吸附剂，最近被开发并应用于去除金属污染废水中的重金属。一般而言，污染物在固体吸附剂上的吸附涉及三个主要步骤：①污染物从散装溶液输送到吸附剂表面；②颗粒表面的吸附；③在吸附剂粒子内的运输。技术适用性和经济效益是选择最适合处理无机废水吸附剂的关键因素。

1) 活性炭

活性炭是一种经过活化处理的黑色多孔固体物质，是一种传统而又现代的人造材料。活性炭是一种比表面积大、孔容大、孔径分布可控、表面化学性质可调、吸附容量高、物理化学性质稳定和力学强度高的吸附剂，可针对重金属离子物理化学性质以及所处化学环境的不同，对活性炭的物理结构和表面化学性质进行有针对性的调控，以实现活性炭对废水中重金属的快速、高效吸附。活性炭可以去除废水中大部分有机物，溶解的有机物通常可以去除 90%以上，生物需氧量(biochemical oxygen demand，BOD)以及 COD 一般可以去除 30%～60%，对于某些无机物如重金属等，活性炭也有一定去除作用。据 Mattson 研究报道，在活性炭表面上存在大量含氧基团，如羟基—OH、甲氧基—OCH_3 等，因此活性炭不单纯是游离碳，而是碳含量多、分子量大的有机物分子凝聚体，基本上属于苯核的各种衍生物。当 pH 为 3～4 时，由于上述含氧基团的存在，微晶分子结构产生了电子云，由氧向苯核中碳原子方向偏移，使羟基上的氢具有较大的静电引力，因而能吸附如 $Cr_2O_7^{2-}$ 或 CrO_4^{2-} 等阴离子。随着 pH 升高，水中的 OH⁻浓度增大，活性炭中的含氧基团对 OH⁻的吸附增强。含氧基团与 OH⁻的亲和力大于与 $Cr_2O_7^{2-}$ 的亲和力，因此当 pH>6 时，原活性炭表面的吸附位置被 OH⁻夺取，活性炭对 Cr^{6+} 的吸附能力明显下降，甚至不吸附。利用此原理，用碱处理可达到再生活性炭的目的，即当 pH 降低后，再次恢复其吸附 Cr^{6+} 的能力。

2) 新型吸附剂

天然沸石具有重要的离子交换性能，引起了人们的广泛兴趣。在研究最多的天然沸石中，斜发沸石对 Pb^{2+}、Cd^{2+}、Zn^{2+}、Cu^{2+}等重金属离子具有较高的选择性。研究表明，斜发沸石的阳离子交换能力取决于预处理方法，预处理可以提高其离子交换能力和去除率。pH 对不同重金属离子的选择性吸附有重要作用[1-3]。

Basaldella 等[1]在中性 pH 条件下采用 NaA 沸石去除 Cr^{3+}。Barakat[4]采用低品位高岭土脱羟基法合成 4A 沸石。Barakat[4]报道了 Cu^{2+} 和 Zn^{2+} 在中性和碱性 pH 条件下的吸附，Cr^{6+} 在酸性 pH 下的吸附，Mn^{4+} 在高碱性 pH 下的吸附。天然黏土矿物可以用聚合材料进行改性，从而大大提高它们从水溶液中去除重金属的能力。这类吸附剂称为黏土-聚合物复合材料[5]。采用不同的磷酸盐，如 900℃煅烧的磷酸盐[6]、活化的磷酸(硝酸)盐[7]和磷酸锆[8]等作为新的吸附剂，可去除水沟中的重金属[9]。

3) 改性农业和生物废弃物的吸附

农业废弃物皮被认为是社会的一种生态负担。然而，废皮作为木质纤维素丰富的生物质材料，可生产用于水处理应用的可再生、低成本和可持续的吸附剂。利用废皮生物轨道去除水中和废水中的各种污染物，具有许多吸引人的特点，如出色的吸附能力。对于许多污染物来说，这些材料成本低，无毒，生物相容性好。虽然废皮生物轨道在废水处理的应用发展迅速，但仍存在一些不足，如水果和蔬菜皮在废水处理过程中将可溶性有机化合物释放到水中造成二次污染，这限制了它们的大规模应用，在这方面还需要进一步研究。化学改性可以增加材料中活性结合位点的数量，从而改善离子交换性能和形态，形成有利于污染物吸收的新官能团。以农业废料皮为基础的生物轨道物与目前用于水污染控制的昂贵的商业活性炭相比，价格十分低廉；此外，农业废弃物皮再利用符合当下生态环保废物利用的形势政策[10]。

4) 改性生物聚合物和水凝胶的吸附

生物聚合物在工业上很有吸引力，因为它们能够将过渡金属离子浓度降低到十亿分之一的浓度，它们不会造成环境污染同时容易通过多种渠道大量获得。生物聚合物另一个吸引人的特点是它们有许多不同的官能团，如羟基和胺可以增加金属离子吸收的效率和最大的化学负载可能性。一种新型的多糖基材料-改性生物高分子吸附剂(从甲壳素、壳聚糖和淀粉中分离而来)用于去除废水中的重金属。制备含多糖吸附剂的方法主要有两种：①交联反应，链上的羟基或氨基与偶联剂发生的反应，形成不溶于水的交联网络；②用偶联或接枝反应将多糖固定在不溶性载体上，制备杂化或复合材料[11]。

2.1.2　膜分离法

膜分离在处理无机废水方面受到广泛关注，因为它不仅能够去除悬浮物和有机物，而且能去除无机污染物重金属之类的黏胶剂。根据可保留的颗粒大小，可以进行各种类型的膜分离，如超滤、纳米过滤、反渗透和电渗析，用于去除废水中的重金属。

超滤(ultrafiltration，UF)基于重金属、大分子和悬浮固体的孔径(5～20nm)和分离化合物的分子量(1000~100000Da，1Da=1.66054×10⁻²⁷kg)大于膜孔径的特点，从而利用透膜使水和低分子量的溶质能够通过，将这些较大的粒子从无机溶液中分离。UF 较高的填充密度，使其具有驱动力小、空间要求小等优点。然而，由于膜污染，超滤膜性能的下降阻碍了它在废水处理中的发展。污染对膜系统有许多不利的影响，如通量下降、跨膜压力升高和膜材料的生物降解。这些影响导致膜系统运行成本高。

Qdais 和 Moussa 研究了反渗透(reverse osmosis，RO)和纳滤(nanofiltration，NF)技术在铜镉废水处理中的应用。结果表明，反渗透工艺对重金属的去除率较高(铜和镉分别为 98%和 99%)。然而，NF 有能力去除水中超过 90%的铜离子[12]。

Lv 等[13]研究了两性聚苯并咪唑纳滤中空纤维膜对阳离子和阴离子的去除作用，其分子纳滤膜截留率为 90%的溶质大小为 200~1000Da，孔径为 0.5~2nm。

为了降低成本，减轻重金属污染，开发了一种多膜选择性分离工艺。该工艺分为三个阶段：一是采用微滤(microfiltration，MF)和超滤(UF)膜分离可能存在的有机物和悬浮物；二是电渗析(electroosmosis，ED)，是为了有效脱盐而进行的；三是分别用 NF 和 RO 处理 ED 浓缩物，以提高水的回收率。结果表明：即使与 MF 膜相比，UF 膜的过滤性能也不像通常那样好。在废水分离方面，RO 比 NF 表现更好，尤其是膜的抗压强度更高[14]。

ED 是一种膜分离，通过施加电势使溶液中的离子通过离子交换膜。薄膜是一种薄片的塑料材料，具有阴离子或阳离子特性。当含有离子种类的溶液通过电池室时，阴离子向阳极迁移，阳离子向阴极迁移，穿过阴离子交换和阳离子交换。

2.1.3 溶剂萃取法

溶剂萃取，又称萃取或液液萃取，亦称抽提，是一种利用系统中各组分在特定溶剂中的溶解度差异来分离混合物中各组分的单元操作。溶剂萃取法利用重金属离子或有机污染物在有机相、离子溶液或水中溶解度的差异，通过向废水中加入不溶于水或难溶于水的特定溶剂，使废水中的离子或有机物经过萃取剂和废水的液相界面，最终溶解于萃取剂中，从而使废水得到净化。萃取剂可分为四类：中性含氧酯类、含磷类、叔胺类和中性磷酸酯类。常见的有机萃取剂有三甲基三辛基氯化、铵磷酸三丁酯、三辛基氧化磷、二甲庚基乙酰胺、三辛胺、叔烷基伯胺、油酸和亚油酸等。在溶剂萃取过程中，pH 和萃取剂体积分数等因素会对萃取效果产生影响，Sahu 等[15]通过 Alamine308 萃取剂从加氢催化剂的酸性浸出液中萃取钒离子，发现 pH、萃取剂体积分数和萃取相比(油相/水相体积比)等因素对萃取率有较大影响。实验结果显示：在不同的 pH 下，当溶液 pH 从 1.28 增大到 2.35 时，钒的萃取率从 99.7%减小到 85.5%；当 O/A 比从 0.2 增大到 3 时，钒的萃取率从 89.9%增加到 99.8%。

　　溶剂萃取法是一种分离效果好、选择性好、设备投资少、可连续操作、占地面积小、能耗低、操作简便的废水处理方法，萃取过程中使用的萃取剂可以循环利用，溶剂萃取法还可以对废水中有价值的物质进行回收，虽然有设备防腐性要求高、萃取率影响因素复杂等缺点，仍然广泛应用于各种工业废水处理过程中。通过开发更高效、环保、廉价的萃取剂和研究各种因素对萃取过程的影响及其机制，可以帮助我们在溶剂萃取过程中选择更合适的萃取剂和反应条件，提高溶剂萃取法的萃取效率。

2.1.4　气浮法

　　气浮法是一种高效的固液分离方法，来源于选矿浮选技术。20 世纪 70 年代以来，该技术受到国内外科研工作者的普遍关注并在废水净化处理领域得到迅速发展。目前，气浮法已广泛应用于低温、低浊、含藻、含油废水、城市生活污水以及各种工业废水的净化处理中。

　　气浮法通过向废水中通入气体来产生高度分散的微小气泡，利用这些高度分散的微小气泡作为载体使得废水中的微小悬浮颗粒等污染物质黏附在气泡上，通过气泡产生大于重力的浮力，使污染物随气泡浮升到水面，再通过收集泡沫或浮渣以分离杂质、净化废水。

　　气浮过程有两个必要条件：一是废水中必须分布大量分散的微小气泡；二是被处理的污染物质要呈悬浮状态，同时悬浮颗粒表面具有疏水性，且易于黏附于气泡上。利用气浮法可以去除废水中靠自然沉降或上浮难以去除的微小悬浮颗粒。按照产生微小气泡方式的不同，气浮法可以分为电解气浮法、溶气气浮法和散气气浮法三种[16]。

　　电解气浮法是一种运用电化学方法来去除废水中有毒有害杂质的固液分离方法。电解气浮法通过正负两个电极和直流电对水进行电解，在电极上产生 H_2、O_2 和 CO_2 等分散的微小气泡，污染物黏附在这些微小气泡上，和气泡一起上浮到水面并被去除。利用电解法产生的气泡具有密度小、比表面积大、对污染物质吸附能力强的优点。

　　溶气气浮法通过将空气在一定压力条件下溶于水，使空气在水中呈饱和状态，之后改变压力条件，让过饱和的空气从水中脱离产生微小气泡，再利用微小气泡进行气浮过程。根据气泡产生原理的不同，可以将溶气气浮法分为真空溶气气浮法以及加压溶气气浮法。

　　散气气浮法是利用机械剪切力，把混合在水中的空气粉碎成微小的气泡，再利用微小气泡进行气浮的方法。根据气泡粉碎方法不同，散气气浮法可以分为水泵吸气气浮法、扩散板曝气气浮法和叶轮气浮法等。

　　气浮法具有杂质去除率高、设备占地少、所需药剂量少、废水处理量大、可连续操作、基建投资费用低和可以回收利用有用物质等优点。但是气浮法难以去除废水中的盐类和油脂，且气浮法对一些高密度污染物去除效果较差，要进一步推广气浮法在废水处理中的应用，还需要对实际工业过程中的气浮工艺流程和气浮设备进行深入的优化与研究。

2.1.5　磁分离法

磁分离法利用水体中杂质颗粒的磁性差异，将杂质颗粒与水分离，从而去除水中的污染物。作为一种物理处理技术，磁分离法在水净化领域具有广阔的应用前景。

磁分离法借助外磁场将物质进行磁场处理，在外磁场的作用下，水中的磁性悬浮固体将被分离出来，而对于废水中的一些非磁性或弱磁性的固体颗粒，可以利用磁性接种技术使它们带有磁性。当前常用的磁分离方法主要可以分为三种：直接磁分离法、间接磁分离法和微生物磁分离法[17]。

与常规水处理技术不同，磁分离过程中磁场力直接作用在目标杂质或污染物上，不会对水体造成影响，也不会发生化学反应或生物反应。与沉降、膜分离等常规废水处理方法相比，磁分离法具有高效节能、设备简单、运行费用低、分离速度快、处理能力强、占地面积小和二次污染少等显著优势，同时也有聚磁介质所吸附的磁性颗粒由于介质的剩磁难以被冲洗干净、磁种的选择和回收工艺仍需优化等不足。近年来，高梯度磁分离技术，特别是超导磁分离技术等新型磁分离技术的发展为磁分离技术体系注入了新鲜血液。为了进一步扩大磁分离法的分离效能和应用范围，促进其在废水净化处理领域的发展，今后还需要在以下几个方面进行更加深入的研究[18]。

(1) 对磁种材料的制备和回收工艺进行优化，对新型廉价磁种，特别是特异纳米复合磁种进行开发。

(2) 对磁分离设备进行设计和研发，开发新型磁分离器/过滤器和超导磁分离设备，从而进一步降低设备成本和维护成本。

(3) 对磁分离技术进行深入研究，将红外线辐射、超声波振动等物理技术引入磁分离体系，将磁分离技术与其他废水处理技术结合起来。

(4) 对磁场下水中颗粒物的运动和颗粒之间的相互作用等磁分离理论和机理进行研究，从而促进实际应用中磁分离法性能的提高。

2.2　化　学　法

化学法水处理过程是根据水体中污染组分的化学特性，在处理过程中通过外加物质和能量，使废水中的污染组分通过发生化学反应而除去，其实质是通过采取不同的方法实现电子的转移。失去电子的过程称为氧化，失去电子的元素所组成的物质称为还原剂；得到电子的过程称为还原，得到电子的元素所组成的物质称为氧化剂。在氧化还原过程中，氧化剂本身被还原，而还原剂本身则被氧化。

根据采取的方法不同，化学法可分为投加药剂法、电化学法和光化学法。投加药剂法是通过向待处理废水中投加药剂(包括氧化剂)而使污染物得到处理或分离，如中和法、化学混凝法、化学沉淀法以及各种化学氧化(如空气氧化法、氯氧法、芬顿氧化法、臭氧氧化法、湿式氧化法、湿式催化氧化法、超临界水氧化法、燃烧法等)。电化学法和光化学法则分别采用电和光作为媒介而使水中的污染物发生化学反应而被处理或分离。根据反应条件，化学处理过程可分为常温法和高温法两大类。常温条件下的化学处理方法很多，如化学中和、化学混凝、化学沉淀、化学还原法、空气氧化法、氯氧化法、芬顿氧化法、臭氧氧化法、光化学氧化法和光催化氧化法等。常温化学处理方法虽然具有反应条件温和、过程操作管理方便、设备投资少等优点，但同时存在反应速率慢、反应不彻底等缺点。为了克服常温化学过程的缺点，逐渐发展了高温化学处理，可大大提高过程的反应速率。目前应用和研究的高温高压化学处理过程主要有湿式氧化法、湿式催化氧化法、超临界水氧化法、燃烧法等，主要用于高浓度难降解有机废液的处理。

2.2.1　化学沉淀法

化学沉淀法是目前应用最广泛、运行最成熟的处理重金属废水的方法，该方法具有实际操作简单、成本较低等优点。化学沉淀法主要可以分为中和沉淀法、硫化物沉淀法以及铁氧体法，其中以中和沉淀法的优点最为明显，应用也最为广泛[19]。中和沉淀法的作用机理是向含重金属的废水中投加一定量碱性物质(如氧化镁、烧碱和碳酸钙等)，来调节废水中的 pH，达到碱性条件，使废水中的重金属离子通过形成氢氧化物或者碳酸盐等物质而沉淀下来，从而达到去除重金属污染物的目的。中和沉淀法因为具体操作比较简单，碱性中和剂来源广泛易得，自动化程度高，并且去除重金属离子种类较多等优点，广泛用于处理含重金属的废水。但是中和沉淀法在实际应用中也存在一些不足，如在反应过程中会生成废渣，含水率高，难以脱水，pH 对沉淀影响较大，容易造成二次污染等问题。硫化物沉淀法是指向含重金属废水中投加硫化物从而使重金属污染物从溶液中析出并沉淀下来，达到去除重金属污染物的目的[20]。沉淀法中常见的硫化物沉淀剂主要为硫氢化钠和硫化钠。

2.2.2　化学混凝法

化学混凝法主要是利用混凝剂来对工业废水进行处理、净化，该技术通过将无机高分子絮凝剂如铝盐(硫酸铝、硫酸铝钾、铝酸钾等)、铁盐(三氯化铁、硫酸亚铁、硫酸铁等)和碳酸镁以及高分子物质等，将其投入废水中，消除或降低水中胶体颗粒间的相互排斥力，使水中胶体颗粒易于相互碰撞和附聚搭接而形成较大颗粒或絮凝体，进而从水中分离出来。混凝具有去除废水浊度、色度和有机有毒物的功能，是提高废水处理效率的一种既经济又简便的固液两相体系分离的水处理方法，作为预处理、中间处理或深度处理的手段已成功应用于制药废水处理中。尽管国内许多制药企业已经尝试将高级氧化技术、混凝沉淀工艺、活性炭吸附技术和膜分离技术与生物联合应用于制药生产废水处理，可是这些方法和技术还有许多问题及缺陷有待科研工作者解决和完善。

2.2.3　离子交换法

离子交换法是一种传统的水净化处理技术，这项技术通过离子交换树脂和污染物离子之间的离子交换作用，来除去废水中各种有毒有害离子。离子交换技术在废水净化处理上的应用始于第二次世界大战期间，而我国对离子交换技术的研究则始于 20 世纪 50 年代。

离子交换树脂是一种不溶于酸、碱或有机溶剂且具有网状立体结构的高分子聚合物。离子交换树脂主要由两部分构成：一部分是由高分子物质交联而成的骨架，该骨架具有三维空间网络连接，是不溶于溶剂也不参加离子交换过程的惰性物；另一部分则是与骨架连接在一起的功能基团和功能基团所带具有相反电荷的可交换离子。通常把带有阳离子可交换离子的离子交换树脂称为阳离子交换树脂，把带有阴离子可交换离子的离子交换树脂称为阴离子交换树脂。离子交换树脂通常为球形颗粒，直径一般为 0.5～1.5mm。在离子交换的过程中，离子交换树脂与废水中的有毒有害离子接触时，电离的活性基团和溶液中的污染物离子发生交换，从而分离、除去废水中的污染物离子，达到净化废水的目的[21]。

离子交换法可以去除废水中的 Cu^{2+}、Cr^{6+}、Ni^{2+}、Pb^{2+}、Hg^+、NH^{4+}、Cl^-等离子，该技术目前广泛应用于重金属废水和氨氮废水的净化处理。曾婧[22]对含铬废水的离子交换处理进行了研究，通过实验发现，在 pH 为 4，离子交换时间为 60min，离子交换温度为 45℃的实验条件下，利用 201×7 强碱性阴离子交换树脂可有效去除废水中的 Cr^{6+}，经过离子交换处理后，50mL 的模拟含铬废水中 Cr^{6+} 浓度从 50mg/L 降到了 0.02mg/L。He 等[23]研究了 D851 离子交换树脂对含铜废水的处理技术，通过静态吸附实验得出，最佳反应时间为 60min，最佳反应温度为 35℃，最适宜的反应 pH 为 5.5，含 10mg/L Cu^{2+} 的废水在经过离子交换处理后，其出水水质可以满足国家《污水综合排放标准》(GB 8978—1996)。

离子交换法具有高效节能、树脂无毒、价格低廉、设备简单、操作容易、没有二次污染等优点，已广泛应用于废水处理，但是离子交换法也具有树脂价格昂贵、树脂交换容量低、树脂易被氧化、处理效果易受废水水温和 pH 等因素影响的缺点。目前，离子交换技术研究的重点与发展方向是研发无污染、离子交换容量大、交换速度快、选择吸附性好、力学强度高且可以再次利用的新型离子交换树脂[24]。

2.2.4 光催化法

光催化法是利用优异的半导体光催化剂对光的响应在反应体系中产生活性氧或其他高氧化活性的自由基，对有机污染物进行高效降解的一种废水净化处理方法。光催化法因为安全环保、反应速度快、稳定性好、二次污染少、可利用太阳光降低能耗等优点，广泛应用于各种有机废水的处理研究。目前，在光催化法中常用的半导体光催化剂有 TiO_2、SnO_2、ZnO、CdS、WO_3、Fe_2O_3 等，而 TiO_2 因为光稳定性好、环保无毒、低成本以及大多数环境条件下在废水处理中的稳定性，成为使用最广泛的半导体光催化剂[25]。

下面以 TiO_2 为例，对光催化处理有机污染物过程的机理进行介绍，如图 2-1 所示。

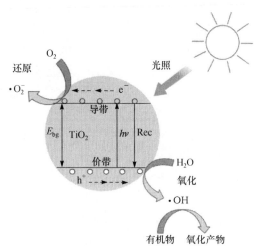

图 2-1　光催化过程示意图[26]

E_{bg} 为带隙能量；Rec 为光生载流子复合

半导体具有不连续的电子能级，其能带结构通常由填满电子的价带和几乎不带电子的导带组成，价带和导带之间存在禁带，通常把禁带区域的大小称为禁带宽度。当能量大于或等于禁带宽度的光照射在半导体上时，价带电子将被激发到导带形成光生电子(e^-)，同时在价带上产生空穴(h^+)，形成电子空穴对。然后光生电子和空穴在电场作用下迁移到光催化剂的表面，在催化剂表面空穴(h^+)与 H_2O

或 OH⁻ 反应产生羟基自由基(HO·)，光生电子(e^-)与 O_2 反应产生超氧离子自由基(O_2^-·)，羟基自由基和超氧离子自由基都具有极强的氧化能力，可将多种有机污染物氧化降解成 CO_2 和 H_2O 等无机小分子，从而达到净化废水的目的。

光催化法是一种绿色环保的废水处理技术，因为在处理难降解有机污染物方面有广泛的应用前景而成为热门的研究课题。近年来，随着研究人员对光催化废水处理技术研究的深入，光催化技术取得了巨大的突破。光催化法今后主要的研究方向有[27]：

(1) 通过将金属离子、贵金属等物质掺杂到催化剂中或其他手段，制备廉价、高效、性能稳定的半导体光催化剂。

(2) 对光催化剂进行改性，增加其对可见光的吸收，以提高光源的利用率。

(3) 进一步研究光催化反应降解有机污染物的机理，设计结构简单、高效实用、性能稳定的光催化反应器。

(4) 研究光催化剂的载体及其固定方法，提高负载型光催化剂的催化效率。

(5) 深入研究光催化法与其他废水处理工艺的协同作用，结合其他废水处理技术，寻找更能推广光催化法在废水处理中应用的工艺。

2.2.5　电解法

电解法的作用机理是让含有重金属离子的废水中的金属离子在阳极发生氧化反应，在阴极发生还原反应，使得水体中的重金属离子在电极上富集，从而达到去除废水中重金属离子的目的。电解法不仅能够有效地降解重金属废水，且重金属离子在电极材料表面富集，在一定程度上可以实现某些贵重金属的回收利用。而电解法在重金属废水的处理中具有操作简单、反应设备简单、造价低和占地面积较小等优点。有学者采用铁屑-活性炭微电解法处理含铬重金属废水，实验研究表明，在 pH 为 0.5，铁屑∶活性炭质量比为 10∶1，室温 25℃，反应时间为 60min 时，该方法对含铬的重金属废水的去除率达到 97.92%，比单独的铁屑处理重金属铬效果要好很多。但电解法在处理重金属废水中也存在一些缺点，如废水处理量较小、反应过程中耗电量比较大和出水水质较差等。

2.2.6　超临界水氧化法

超临界水氧化技术是一种可实现对多种有机废物进行深度氧化处理的技术。超临界水氧化是通过氧化作用将有机物完全氧化为清洁的 H_2O、CO_2 和 N_2 等物质，S、P 等转化为最高价盐类稳定化，重金属氧化稳定固相存在于灰分中。但该技术也存在缺点，如反应条件苛刻和对金属有很强的腐蚀性，以及对某些化学性质稳定的化合物氧化所需时间也较长。因此，研究者正在致力于催化剂的研究，将其引入超临界水氧化工艺，从而加快反应速率、减少反应时间、降低反应温度。

2.2.7 臭氧氧化法

臭氧氧化法是利用臭氧这种强氧化剂，来实现消毒或脱色等目的的水净化处理技术，通常用于氧化降解废水中难降解的有机物污染物。臭氧有极强的氧化性，其氧化还原电位高达 2.08V，仅次于氟和羟基自由基，可氧化分解绝大多数有机污染物。

臭氧降解水体中有机污染物主要通过两个途径：臭氧直接氧化分解有机物的直接氧化反应和利用中间产物羟基自由基的间接氧化反应。通常在自由基链反应被阻碍时，间接氧化反应会受到抑制，此时直接氧化反应将成为臭氧氧化法的主要步骤。下面通过图 2-2 对直接氧化反应和间接氧化反应的途径及其机理进行进一步介绍。

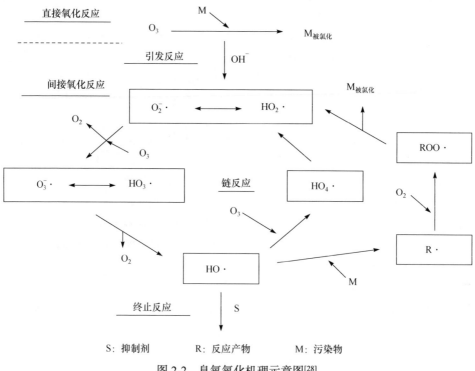

S：抑制剂　　　　R：反应产物　　　　M：污染物

图 2-2　臭氧氧化机理示意图[28]

臭氧直接氧化反应具有选择性且速率较低，臭氧能够氧化许多无机和有机污染物，臭氧直接氧化反应的影响因素有 pH、O_3 浓度以及污染物浓度等。

臭氧间接氧化反应能够去除水体中绝大多数难降解的有机污染物，其反应分两步进行：第一步是臭氧分解并生成一系列以羟基自由基为主的次生氧化剂；第二步是羟基自由基无选择性地与溶解物快速发生反应，使废水中的有机污染物得到降解。

单独利用臭氧直接氧化反应来处理废水的技术，具有臭氧利用率低、处理效果较差等缺点。因此，臭氧氧化法在实际应用中一般需要通过添加催化剂、控制工艺条件或与其他废水处理技术相结合等手段，让臭氧生成氧化能力更强、选择性更小的羟基自由基，利用臭氧间接氧化反应进一步提高反应速率和废水净化效果。

臭氧氧化法氧化能力强并且能够处理难降解的有机污染物，因为有反应迅速、处理彻底、自动化程度高、二次污染少、设备占地面积小等优点而受到广泛关注，目前该技术已经应用于农药废水、含油废水、印染造纸废水等工农业废水的处理。Zhang 等[29]用活性炭做催化剂对印染废水进行处理，经过 120min 反应后，总有机碳(total organic carbon, TOC)去除率高达 91.2%，臭氧利用率高达98.3%，催化剂 5 次使用后仍具有良好的稳定性。Chen 等[30]用活性炭负载锰氧化物对含油废水进行处理，在温度为 333K、pH 为 7.36、O_3 剂量为 2.025g/h 的条件下，COD 去除率可以达到 50%。臭氧氧化法具有十分广阔的应用前景，今后可以通过开发高效且容易回收的催化剂、将臭氧氧化法与其他技术结合起来以及研制新型臭氧氧化反应器等手段，进一步发挥臭氧氧化技术的优势，为废水的净化处理提供新途径。

2.2.8　芬顿法

芬顿法是一种利用芬顿反应或类芬顿反应氧化降解有机污染物的水处理方法。英国化学家 Fenton 在 1890 年发现 H_2O_2 与 Fe^{2+} 的混合液可以氧化酒石酸[31]，人们为了纪念这位科学家，将 H_2O_2 与 Fe^{2+} 的组合称为芬顿试剂，将芬顿试剂降解有机物的反应称为芬顿反应。芬顿试剂具有很强的氧化性，可以氧化绝大多数有机污染物。

在酸性条件下，芬顿反应以 H_2O_2 为氧化剂、以 Fe^{2+} 为催化剂通过链反应产生羟基自由基，羟基自由基是一种氧化能力很强的自由基，其氧化还原电位高达 2.80V，仅次于氟，能氧化废水中的绝大多数有机污染物，其涉及的主要反应如下[32]。

$$Fe^{2+} + H_2O_2 \longrightarrow Fe^{3+} + OH^- + HO \cdot \qquad (2-1)$$

$$Fe^{3+} + H_2O_2 \longrightarrow Fe^{2+} + H^+ + HO_2 \cdot \qquad (2-2)$$

$$Fe^{2+} + HO \cdot \longrightarrow Fe^{3+} + OH^- \qquad (2-3)$$

$$Fe^{2+} + HO_2 \cdot \longrightarrow Fe^{3+} + HO_2^- \qquad (2-4)$$

$$Fe^{3+} + HO_2 \cdot \longrightarrow Fe^{2+} + H^+ + O_2 \qquad (2\text{-}5)$$

$$H_2O_2 + HO \cdot \longrightarrow HO_2 \cdot + H_2O \qquad (2\text{-}6)$$

$$HO \cdot + HO_2 \cdot \longrightarrow H_2O + O_2 \qquad (2\text{-}7)$$

$$HO_2 \cdot + HO_2 \cdot \longrightarrow H_2O_2 + O_2 \qquad (2\text{-}8)$$

$$HO \cdot + HO \cdot \longrightarrow H_2O_2 \qquad (2\text{-}9)$$

利用芬顿反应处理废水的方法具有操作简单、反应速率快、反应条件温和的特点，能够氧化降解绝大多数其他处理手段难以降解的有机污染物，虽然有铁离子容易亏损和容易形成固体污泥的缺点，但仍广泛应用于工业废水的净化。张金玲等[33]在研究中利用芬顿反应对造纸废水进行净化处理，发现在 $FeSO_4$ 投加量为 400mg/L、H_2O_2 投加量为 200mg/L、反应时间为 30min、反应 pH 为 5 的条件下，COD_{Cr} 和色度的去除率分别可以达到 52% 和 74%。

类芬顿反应是指用其他催化材料替换芬顿试剂中的 Fe^{2+}，利用新催化材料活化 H_2O_2 产生羟基自由基，对水中有机污染物进行氧化降解的反应。对类芬顿反应在废水处理应用上的研究是在芬顿反应的基础上发展起来的，虽然芬顿反应处理废水效果显著，但 pH 操作范围窄、H_2O_2 利用率低等缺点限制了此方法的应用。利用类芬顿反应代替芬顿反应对废水进行处理，可显著增强对有机物的氧化降解能力、扩大 pH 操作范围，还能减少 H_2O_2 试剂的使用量，并降低处理成本。Huang 等[34]在研究中发现，通用类芬顿反应处理可以在中性条件下有效地降解苯胺。

芬顿法在处理难降解有机污染物方面具有独特的优势，可以高效地降低废水的 COD、TOC 和色度，是一种应用前景光明的废水净化处理技术。近年来，科研工作者将紫外光、电化学技术等引入芬顿体系，在普通芬顿法的基础上，研究发展了光芬顿、电芬顿、光电芬顿、超声芬顿和微波芬顿法等新的芬顿处理工艺，增强了芬顿法氧化降解有机污染物的能力，使得芬顿废水净化处理体系更加完善。

2.3　生　物　法

生物法主要用于处理水体中的有机污染物，是根据水体中有机污染组分的特性，通过合适微生物的生理代谢活动而降解、去除废水中的有机污染物。一般生物法水处理过程可分为两种情形：一是通过人为添加或培育的微生物进行废水生物处理，称为人工生物处理；二是利用自然界广泛存在的微生物进行水处理，称为自然生物处理。对于人工生物处理过程，根据微生物在水中进行生理代谢活动时的氧存在状态，可分为好氧生物处理过程和厌氧生物处理过程。根据所用微生物在水处理过程中的负载方式，好氧生物处理过程与厌氧生物处理过程均可分为活性污泥法和生物膜法。自然生物处理过程主要包括稳定塘系统、土地处理系统和人工湿地系统。但微生物的生理代谢过程较为缓慢，且易受外界条件的影响，因此生物法水处理过程的耗时较长、占地面积较大，对水质的要求相对较高，使得生物法水处理技术的应用受到一定的局限。

2.3.1　生物膜法

生物膜法是在充分供氧的条件下利用生物膜降解水中有机污染物的水处理方法。生物膜由附着生长于某些固体物表面的微生物组成，在生物膜上，高度密集的好氧菌、厌氧菌、兼性菌、真菌、原生动物以及藻类等组成了一个生态系统，通常将生物膜附着的固体介质称为滤料或载体。自载体向外，生物膜可以分为厌氧层、好氧层、附着水层、运动水层。在生物膜法净化废水的过程中，当废水和生物膜接触时，有机污染物从水中转移到生物膜上，生物膜首先吸附附着水层的有机污染物，然后好氧层的好氧菌将其分解，之后污染物进入厌氧层进行厌氧分解，在流动水层老化的生物膜将被冲洗掉以提供新生物膜的生长空间，如此往复以达到净化处理废水的目的。

2.3.2　活性污泥法

活性污泥法是一种利用活性污泥对废水进行净化处理的生物方法。活性污泥是由细菌、原生动物等和污水中的有机、无机悬浮物质构成的污泥状的絮凝物，在活性污泥上栖息的多数细菌以菌胶团形式存在。活性污泥法利用活性污泥在废水中的生物凝聚、吸附、氧化、分解以及沉淀等作用处理废水中的有机污染物和重金属离子等有毒有害物质，这种方法可以去除溶解性的或胶体状态的有机物和某些悬浮固体，同时也可以处理含磷素和氮素的废水，目前主要应用于工业废水和生活污水的净化处理。

活性污泥法常用工艺流程主要由曝气池、二次沉淀池、污泥回流系统和剩余污泥排放系统等构筑物组成，如图 2-3 所示。其中，二次沉淀池的主要作用是进

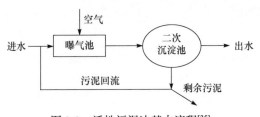

图 2-3　活性污泥法基本流程[35]

行泥水分离，并保证出水水质；污泥回流系统以及剩余污泥排放系统的主要作用是维持曝气池的污泥浓度并使系统稳定运行。

流程一开始，将待处理的污水与回流的活性污泥通入曝气池形成混合液，该混合液在曝气池中进行曝气，使溶解氧、污水与活性污泥相互接触、充分混合。在曝气过程中，活性污泥颗粒将污水中的有机污染物吸附在菌胶团的表面上，在氧气充足的条件下，微生物将这些有机物吸收并氧化分解，一部分分解成水和二氧化碳，另一部分供给微生物自身的生存繁衍。之后混合液进入二次沉淀池，混合液中悬浮的活性污泥沉淀下来并与水分离，澄清水溢流排放，而经过沉淀浓缩的活性污泥则从二次沉淀池底部排出，被排出的活性污泥大部分回流至曝气池，另一部分则作为剩余污泥被排出系统。为保证活性污泥法工艺流程的正常进行，需要满足一些条件：因为活性污泥法是由好氧微生物参与的生物处理工艺，所以混合液中必须含充足的溶解氧，废水的好氧分解过程必须有充足氧气的参与；因为包括 Cu^{2+}、Ni^{2+}、Cr^{6+}、醛、氰化物等在内的许多物质都对微生物有严重的毒害作用，所以在活性污泥法流程中，要特别避免有毒有害物质的流入。

活性污泥法是一种有近百年发展历史的生物废水处理方法，具有工艺流程灵活、工作效率高、维护费用低、二次污染少的优点，广泛应用于工业废水、农业废水的净化处理。Esteve 等[36]研究了活性污泥法处理含有草甘膦等残留农药废水的效果，发现活性污泥法对废水中的残留农药有很好的去除效果，经过处理后，除苯胺嘧啶外，所有其他农药的降解率都能达到 97%以上。但是因为影响活性污泥法工作效率的因素较多，所以其运行管理比较复杂。因此，对活性污泥法中关键的微生物过程进行研究，对活性污泥工艺进行优化，以提高其处理能力显得至关重要。

2.3.3　人工湿地法

人工湿地法是一种处理成本低、能耗低、氮磷去除功能好的水生态处理技术，主要利用人工湿地中基质、水生植物和微生物与污染物相互作用，通过一系列物理、化学以及生物的途径对水进行净化处理，目前该方法已逐渐被世界各国所接受，越来越广泛地应用于水净化领域[37]。近年来，国内外科研工作者对人工湿地法在水净化处理方面的工程应用及其原理等进行了大量研究；在湿地系统的构造、配水及组合类型方面也做了深入的探索[38]。微生物是人工湿地法去除污染物的主体和核心，在物质的矿化、硝化、反硝化等过程中起着关键作用。低温微生物作为一种极端微生物，具有独特的生理功能，研究这类微生物在人工湿地水净化体系中的作用不仅具有重要的理论意义，还在实际推广应用中产生了日益明显的经济效益和环境效益[39]。

2.4 本章小结

　　水是生命之源，也是人类社会发展过程中必不可少的重要资源，更是一个国家实现可持续发展的必要物质条件。随着水资源供需矛盾的日益突出及水污染问题的日益严重，对水进行深度处理后达标排放或回用，不仅能取得明显的节水效果与经济效益，还具有重要的环境意义和社会意义。除本章介绍的一些常用的水处理技术手段外，近年来，随着水处理技术的不断发展和完善，纳米技术被越来越广泛地应用于光催化法、芬顿法等废水净化方法中。纳米材料具有小尺寸效应、量子尺寸效应、表面效应和宏观量子隧道效应，因此和常规的方法相比，纳米技术可以使材料具有更特殊的性能，而纳米材料的这些特殊性能刚好可以在废水处理中起到良好的作用。锰基纳米废水净化材料可以实现对各种污染物的高效去除，本书的下面几个章节将对其进行进一步介绍。

参 考 文 献

[1] Basaldella E I, Vazquez P G, Iucolano F, et al. Chromium removal from water using LTA zeolites: Effect of pH[J]. Journal of Colloid and Interface Science, 2007, 313(2): 574-578.

[2] Ríos C A, Williams C D, Roberts C L. Removal of heavy metals from acid mine drainage (AMD) using coal fly ash, natural clinker and synthetic zeolites[J]. Journal of Hazardous Materials, 2008, 156(1-3): 23-35.

[3] 王齐, 董玉良, 任丽英. 纳米氧化物对重金属吸附作用研究进展[J]. 环境保护与循环经济, 2019, 39(10): 30-33, 73.

[4] Barakat M A. Adsorption of heavy metals from aqueous solutions on synthetic zeolite[J]. Research Journal of Environmental Sciences, 2008, 2(1): 13-22.

[5] Abu-Eishah S I. Removal of Zn, Cd, and Pb ions from water by Sarooj clay[J]. Applied Clay Science, 2008, 42(1-2): 201-205.

[6] Aklil A, Mouflih M, Sebti S. Removal of heavy metal ions from water by using calcined phosphate as a new adsorbent[J]. Journal of Hazardous Materials, 2004, 112(3): 183-190.

[7] Mouflih M, Aklil A, Sebti S. Removal of lead from aqueous solutions by activated phosphate[J]. Journal of Hazardous Materials, 2005, 119(1-3): 183-188.

[8] Pan B C, Zhang Q R, Zhang W M, et al. Highly effective removal of heavy metals by polymer-based zirconium phosphate: A case study of lead ion[J]. Journal of Colloid and Interface Science, 2007, 310(1): 99-105.

[9] 张晓健, 黄霞. 水与废水物化处理的原理与工艺[M]. 北京: 清华大学出版社, 2011.

[10] Bhatnagar A, Sillanpää M, Witek-Krowiak A. Agricultural waste peels as versatile biomass for water purification: A review[J]. Chemical Engineering Journal, 2015, 270: 244-271.

[11] Crini G. Recent developments in polysaccharide based materials used as adsorbents in wastewater treatment[J]. Progress in Polymer Science, 2005, 30(1): 38-70.

[12] Qdais H A, Moussa H. Removal of heavy metals from wastewater by membrane processes: A comparative study[J]. Desalination, 2004, 164(2): 105-110.

[13] Lv J, Wang K Y, Chung T S. Investigation of amphoteric polybenzimidazole (PBI) nanofiltration hollow fiber membrane for both cation and anions removal[J]. Journal of Membrane Science, 2008, 310(1-2): 557-566.

[14] Zuo W, Zhang G, Meng Q, et al. Characteristics and application of multiple membrane process in plating wastewater reutilization[J]. Desalination, 2008, 222(1-3): 187-196.

[15] Sahu K K, Agrawal A, Mishra D. Hazardous waste to materials: Recovery of molybdenum and vanadium from acidic leach liquor of spent hydroprocessing catalyst using alamine 308[J]. Journal of Environmental Management, 2013, 125: 68-73.

[16] 陈长顺. 气浮技术在炼油废水处理中的应用进展[J]. 石油化工安全环保技术, 2007, 23(5): 58-60.

[17] 宿翠霞. 浅谈水处理中磁分离技术的应用研究[J]. 农家参谋, 2017, (23): 239.

[18] 郑利兵, 佟娟, 魏源送, 等. 磁分离技术在水处理中的研究与应用进展[J]. 环境科学学报, 2016, 36(9): 3103-3117.

[19] 孙德智, 于秀娟, 冯玉杰. 环境工程中的高级氧化技术[M]. 北京: 化学工业出版社, 2002.

[20] 张更宇, 张冬冬. 化学沉淀法处理电镀废液中重金属的实验研究[J]. 山东化工, 2016, 45(16): 215-216.

[21] 梁志冉, 涂勇, 田爱军, 等. 离子交换树脂及其在废水处理中的应用[J]. 污染防治技术, 2006, (3): 34-36.

[22] 曾婧. 离子交换法处理含铬废水的研究[J]. 江西化工, 2019, (3): 108-110.

[23] He X W, Fang Z Q, Jia J L, et al. Study on the treatment of wastewater containing Cu(Ⅱ) by D851 ion exchange resin[J]. Desalination and Water Treatment, 2014, 57(8): 1-9.

[24] 杨海, 黄新, 林子增, 等. 离子交换法处理重金属废水的研究进展[J]. 应用化工, 2019, 48(7): 1675-1680.

[25] Zhang T, Yan X L, Sun D D.Hierarchically multifunctional K-OMS-2/TiO$_2$/Fe$_3$O$_4$ heterojunctions for the photocatalytic oxidation of humic acid under solar light irradiation[J]. Journal of hazardous materials, 2012, 243: 302-310.

[26] Zhang T, Wang X, Zhang X. Recent progress in TiO$_2$-mediated solar photocatalysis for industrial wastewater treatment[J]. International Journal of Photoenergy, 2014, 2014(1): 12.

[27] 金美伶, 王梅. 光催化氧化降解处理有机废水研究进展[C]//中国环境科学学会. 2017 中国环境科学学会科学与技术年会论文集(第二卷). 厦门: 中国环境科学出版社, 2017: 4.

[28] 张玉. 臭氧在模拟印染废水处理中的应用研究[D]. 大连: 大连理工大学, 2010.

[29] Zhang J, Huang G Q, Liu C, et al.Synergistic effect of microbubbles and activated carbon on the ozonation treatment of synthetic dyeing wastewater[J].Separation and Purification Technology, 2018, 201: 10-18.

[30] Chen C, Wei L, Guo X, et al. Investigation of heavy oil refinery wastewater treatment by integrated ozone and activated carbon-supported manganese oxides[J]. Fuel Processing Technology, 2014, 124(4): 165-173.

[31] 詹乐音, 张敏芝, 霍鹏. 芬顿法处理难降解有机废水的研究与应用[J]. 中小企业管理与科

技(上旬刊), 2013, 7: 239-240.

[32] Babuponnusami A, Muthukumar K. A review on Fenton and improvements to the Fenton process for wastewater treatment[J]. Journal of Environmental Chemical Engineering, 2014, 2(1): 557-572.

[33] 张金玲, 于军亭, 张帅. 芬顿法深度处理造纸废水[J]. 水资源与水工程学报, 2011, 22(3): 154-156.

[34] Huang Y H, Su C C, Yang Y P, et al. Degradation of aniline catalyzed by heterogeneous Fenton-like reaction using iron oxide/SiO$_2$[J]. Environmental Progress and Sustainable Energy, 2013, 32(2): 187-192.

[35] 魏海涛, 刘响江, 李涛. 活性污泥法处理生活污水、废水综述[J]. 河北电力技术, 2005, 24(4): 36-38.

[36] Esteve K, Poupot C, Mietton-Peuchot M, et al. Degradation of pesticide residues in vineyard effluents by activated sludge treatment[J]. Water Science and Technology, 2009, 60(7): 1885-1894.

[37] 鞠建伟. QBR 高效生化处理技术在处理化工废水中的应用[J]. 科技资讯, 2014, 27: 33-34.

[38] 宋业林, 宋襄翎. 水处理设备实用手册[M]. 北京: 中国石化出版社, 2004.

[39] 常飞, 程文博, 张天旭, 等. 生物炭吸附去除水中有机污染物的研究进展[J]. 能源研究与信息, 2018, 4: 187-194.

第3章 单组分锰基纳米净化材料

低维纳米材料(量子点、纳米片等)具有优异的光学、电学及磁学等性质，在传感、催化和能量储存与转换等领域应用广泛，但低维纳米材料易团聚限制了其应用。目前主要采用有机模板剂来合成多级结构，但是此方法成本高、效率低，往往难以找到合适的模板，因此如何简便高效构建多级结构的纳米材料存在挑战。此外，对多级结构纳米材料组分、形貌和结构进行精确调控及对其形成机制和性能还需进一步探究。

基于锰基纳米材料广泛应用于催化领域，本章主要探索具有不同形态锰基纳米组装材料合成的新思路，并系统研究相关材料的形成机制，分析材料结构与其性能的关系。由于过渡金属元素锰的多价态，可以进行锰氧化物之间的相互转化，制备得到不同相态、形貌、结构的锰基多级组装纳米材料。

在无外加助剂下通过溶剂热法一步合成 Mn_3O_4 分级多孔组装材料，该 Mn_3O_4 作为类芬顿试剂，在不添加 H_2O_2，仅通过调控酸性条件即可高效降解苯酚，性能优于传统类芬顿试剂。机理探究首次发现，其原因在于低价态 Mn^{2+} 被氧化到高价态 Mn^{3+}/Mn^{4+}，释放出的电子被来自于空气的 O_2 捕获，自发产生 H_2O_2，H_2O_2 分解产生·OH，实现苯酚降解，整个降解过程 Mn 离子溶出率极低。类芬顿反应中 Mn 价态上升，其循环效果较差。基于这一现象，进一步提出利用 $NaBH_4$ 还原实现 Mn_3O_4 类纳米催化材料的循环再生，为相关高效废水净化的设计、合成及循环再生提供新的思路。

3.1 锰基纳米组装材料研究

3.1.1 低维纳米材料

纳米材料自 20 世纪 90 年代提出后，发展迅速，已经成为广大研究者关注的焦点。纳米材料是指其结构单元的尺寸在三维空间中至少有一维处于纳米量级(1～100nm)或由它们作为基本单元构成的材料。由于其基本单元纳米粒子的尺寸已经接近电子的相干长度，且接近光的波长，使得其表现出小尺寸效应、表面效应、量子尺寸效应和宏观量子隧道效应，在电、光、磁等方面呈现出其他大块固体材料所不具有的奇异特性。因此，纳米材料在电子材料、光学材料、磁性材料、催化生物医学材料等领域具有广阔的应用前景[1]。

对于纳米材料，研究者在刚开始阶段主要限制于单一低维纳米材料的研究。维数比三维小的称为低维材料，具体来说是二维、一维和零维材料[2]。二维材料是指只有一维处在纳米尺度范围，其他二维为非纳米尺度，如纳米薄膜[3]；一维材料，或称纳米线、纳米棒，线和棒的粗细为纳米量级；零维材料，或称量子点，它由少数原子或分子堆积而成，微粒的大小为纳米量级。低维纳米材料往往带有许多特异性能，与其他维度的纳米材料相比，具有不一样的物理化学现象，如广泛研究的二维纳米材料，由于电子可以限制在二维平面上进行传输，而对于其垂直方向，电子传输遭到抑制，使材料在二维平面上导电性能优异，在垂直方向导电性能明显较差，这种特定的结构导致的特定性能，可以应用于某些特殊的电子器件。

后来，人们将研究目光转到低维纳米材料的复合应用，通过将两种低维纳米材料进行杂化，得到一系列纳米复合材料，如用纳米薄膜与纳米颗粒、纳米线的负载和杂化，实现对纳米材料的性能扩展，其中广泛研究的有石墨烯上量子点的负载、光催化剂 ZnO、CdS 和 $g\text{-}C_3N_4$ 等与贵金属或过渡金属纳米粒子、纳米线的杂化[4-6]。

3.1.2　纳米组装材料

如今，基于低维纳米材料的优异性能及存在的不足，人们开始研究纳米组装材料，其基本的思路是以低维的纳米粒子、纳米管、纳米棒、纳米线、纳米片等为基元，在一维、二维和三维空间组装排列成分级结构的纳米材料[7,8]。这种构筑合成可以根据研究者对所需材料的应用领域和特定的性能要求，有意图地去设计、开发和构建特定结构的纳米组装材料，以达到人们对纳米材料的应用要求。

随着对纳米组装材料研究的深入，人们发现纳米组装材料的形貌、尺寸和组分对纳米材料的性能有很大影响。因此，很多研究者致力于合成特定形貌、尺寸可控和组分可调的纳米组装材料[9]。但是，对于纳米组装材料的合成，其现在的技术手段还存在局限性，操作复杂、需要其他模板助剂的参与、构建的纳米组装材料不稳定、难以重复循环利用限制了纳米组装材料的发展。因此，对于如何开发制备组装方法简便可行、材料结构稳定、形貌相态可调和高反应活性位点的纳米组装材料具有重要的研究意义。如今，人们合成的纳米组装材料包括多孔结构、中空结构、核壳结构和花状结构等，这些纳米材料的发展，已成为新材料开发的全新领域。

1. 多孔结构纳米材料

多孔结构纳米材料是现今广泛研究的一种材料，它的主要特征在于材料由相互贯通连接或封闭的孔结构组成。多孔纳米材料按照材料的孔径大小，可以分为微孔材料(孔径<2nm)、介孔材料(2nm<孔径≤50nm)和大孔材料(孔径>50nm)。多孔结构纳米材料分布的孔结构，构成了比材料自身大的比表面积，使多孔材料在分子吸附、催化、电化学等领域应用前景广阔[10]。对于多孔材料分布的孔径大小进行调控，可以实现多孔材料对特定离子的选择性吸附和渗透性能，这极大地扩展了多孔材料的实际应用。

2. 中空结构纳米材料

中空结构纳米材料是一种外部为壳层，内部为空腔结构的材料。中空结构纳米材料也可以根据需要，设计合成包含多壳层的中空结构[11]。中空结构纳米材料特殊的结构构造，使其具有大的比表面积、大的空腔体积和低密度，因此具有与其他结构的纳米材料所不一样的性能。这些优异的性质，使中空结构纳米材料在材料、化学和生物医学领域应用广泛，例如，利用中空材料的空腔进行分子的负载、药物运输；也可以对中空材料表面进行功能化修饰改性，实现中空材料催化的应用。

3. 核壳结构纳米材料

核壳结构纳米材料是由内部的实心核和外部的壳层组成的一种纳米组装材料[12]。其中，内部的实心核和外部的壳层包裹可以是无机材料、金属、聚合物。核壳结构的纳米组装材料的形貌有球形、椭球形、棒状等。根据核壳结构纳米材料组成、结构和尺寸的不同，其分别具有不一样的性质，其特殊的电磁性能、化学性能、光学性能、热学性能、生物学性能以及声学性能等，受到广大研究者的关注[13]。核壳结构纳米材料内部实心核和外部的壳层尽管相对独立，但其性能保持各个组分材料的一些特点，具有组分间的协同作用而产生综合性能。

4. 花状结构纳米材料

花状结构纳米材料是一种以一维纳米棒、纳米线或二维片状、层状在三维空间堆积成球状或类球状的纳米组装材料。花状结构的纳米组装材料，由于兼具其他维度的纳米材料，使其具有特殊的性能。由于花状结构纳米材料大的比表面积、高的活性位点，在电化学、吸附、催化领域应用广泛[14]。因此，有研究者利用花状结构中复合的其他维度的纳米线和纳米片进行活性金属颗粒的负载，这种负载方式可以充分利用花状结构大的比表面积，又可以克服金属颗粒间的集聚效应，使材料的性能大为提高，应用领域扩大。

3.1.3　纳米组装材料的合成方法

合成纳米组装材料的方法多样，但是根据反应物状态可划分为固相法、液相法和气相法三种。由于液相法具有制备纳米材料获得的产物纯度高、制得的样品均匀、所要求的反应设备简易等优点，已成为制备纳米材料的主要方法之一。常见的液相合成法有模板法、沉淀法、溶胶-凝胶法、微乳液法、水热/溶剂热法等。

1. 模板法

模板法是制备纳米组装材料的一种广泛应用的方法，利用已知特定纳米结构、形貌相对容易控制的辅助模板制备分级结构纳米材料，然后经过特定的处理方法去除原始模板，制备得到与模板相同形貌、结构和尺寸的纳米材料。模板法根据其模板的组成及特性的不同又可分为软模板和硬模板两种。Cheng 等[15]以葡萄糖为模板，将 $Mn(NO)_3$ 沉积在葡萄糖上形成球形结构的微球，经过焙烧将葡萄糖去除得到 Mn_2O_3 中空纳米球；Cao 等[16]以 $MnCO_3$ 为模板，利用 $KMnO_4$ 和 HCl 合成哑铃形、椭圆形等 Mn_2O_3 中空结构。模板法制备分级纳米材料操作简单、对于材料形貌结构的控制可以起到很好的效果，但也存在一些挑战，利用模板法制备分级结构的纳米材料往往需要大量的模板剂，且很多研究者利用有机模板剂，在制备过程中容易污染合成样品的表面活性位点，造成样品活性降低。再者，很多模板剂在后续的去除过程中存在一定的困难，很难全部去除，造成合成样品的纯度不高。

2. 沉淀法

沉淀法是指将金属盐分散于水溶液中，控制一定的反应条件，加入沉淀剂与金属离子反应生成沉淀，分离收集沉淀，并通过干燥或进一步的热分解处理得到纳米组装材料的一种方法。沉淀法制备纳米组装材料可以通过加入一些 CO_3^{2-} 等，使其在热处理过程中通过 CO_3^{2-} 热分解，形成 CO_2 气体，在气体的析出过程将合成的材料变成多孔结构等。不少研究者也利用沉淀形成的纳米组装材料作为基体，经过负载其他纳米粒子在表面形成相同的结构形貌，或者将基体部分煅烧，使其表面与内部的成分不同，然后通过 HCl 溶解等处理方式将基体或内部成分溶解去除，合成纳米组装材料。也有研究者基于沉淀法先合成基体，通过离子交换将目标元素取代基体表面元素，并通过一系列策略去除未发生离子交换的中心基体，实现中空纳米组装材料的合成，这些合成与模板法存在一定的相互结合应用。Zhuang 等[17]先合成 $Mg:CaCO_3$ 纳米球，之后以离子交换的形式使 Mn^{2+} 取代 Ca^{2+} 和 Mg^{2+}，在表面形成 $MnCO_3$，然后 $KMnO_4$ 和 HCl 氧化去除得到 Mn_2O_3 中空纳米组装材料；Wang 等[18]将 $KMnO_4$ 溶解在乙二醇中，并加入碳酸氢铵溶液，80℃油浴加热 9 h 得到沉淀，空气气氛焙烧得到 Mn_2O_3 立方块。Qiao 等[19]利用 $MnSO_4$ 水溶液，直接加入 $NaHCO_3$ 溶液，沉淀得到球形结构的 $MnCO_3$，再用 $KMnO_4$ 和 HCl 溶液进行处理得到一系列的核壳或中空结构的纳米球。沉淀法制备优点是对设备要求不高，合成的材料颗粒均匀致密，其缺点是存在团聚现象。

3. 溶胶-凝胶法

溶胶-凝胶法是将金属盐和无机物在液相下混合均匀，再经过水解和缩聚，形成溶胶体系，之后经过颗粒的聚合形成凝胶，最后干燥、凝结和热处理制备纳米材料的方法。Wu 和 Wang[20]利用柠檬酸和聚乙二醇-6000 作为螯合剂，以溶胶-凝胶法制备了 α-Fe_2O_3 纳米材料；Mukherjee 等[21]利用石英玻璃板，在空气和温和的温度条件下，以溶胶-凝胶法煅烧合成磁性的 MnO 纳米粒子。溶胶-凝胶法的优点是纯度高、化学均匀性好，且合成温度低，设备简单。但也存在缺点，如凝胶化过程较慢，合成周期较长，所用原料成本较高，在高温下热处理时会有团聚现象产生。

4. 微乳液法

微乳液法是利用两种互不相溶的溶剂在表面活性剂的作用下形成均匀的微乳泡，反应物在微乳液液滴中经过物理化学反应来合成纳米材料的一种方法。微乳液法可使成核、生长、凝结、团聚等过程局限在一个微小的球形液滴内，从而形成球形颗粒，避免了颗粒之间团聚。微乳液法制备过程通常是将反应物分别溶于组成相同的微乳液中，然后在一定条件下混合反应物通过物质交换产生反应。而后通过离心，使纳米颗粒与微乳液分离，再用有机溶剂洗涤除去表面活性剂，最后干燥处理，获得所需的固体颗粒。Ching 等[22]将 $KMnO_4$ 溶液加入丁酸和正丁醇微乳液中，合成高分散性的多孔纳米球。Lin 等[23]将硫酸锰($MnSO_4$)逐滴加入环己烷、正丁醇和碳酸氢铵组成的微乳液中，制备得到 $MnCO_3$ 纳米立方体，并经过焙烧得到分层的 Mn_2O_3 中空立方块。微乳液法具有许多优点：①粒径易于控制，适应面广；②实验装置简单、操作简单、能耗低；③所得纳米颗粒粒径分布窄，且单分散性、界面性和稳定性好。微乳液法的不足是合成的材料被表面活性剂包裹，使其活性位点大为降低，影响材料的实际应用，但破乳后又会发生纳米微粒的团聚。

5. 水热/溶剂热法

水热法制备纳米组装材料是一种简单高效的方法，其原理是通过将金属盐等反应物溶于水中，然后在一个密闭的反应釜(图 3-1)中，加热产生高温高压使反应物重结晶，再经过分离和后续的热处理等过程得到组装的纳米材料。溶剂热法是水热法的发展，即用一些有机溶剂替换水反应制备纳米材料。溶剂热法可以借助有机溶剂作为反应介质，实现许多水相溶剂无法达到的效果。例如，利用有机相溶剂能够避免在合成的纳米组装材料表面上存在羟基，提高纳米材料的单分散性。在水热/溶剂热过程中，改变反应体系的反应时间、反应温度、反应物的初始浓度、反应物的组成成分、体系的 pH 等条件，可以合成制备不同结构、组分和形貌的纳米材料。因此，不少研究者通过改变反应条件，实现不同物相、结构、形貌的纳米组装材料的合成，得到许多形貌新颖、结构复杂、性能优异的纳米组装材料，极大地扩展了材料的种类。现今，采用水热/溶剂热法制备一系列的锰基纳米组装材料，许多科研工作者取得了重要的成果。Li 等[12]通过乙酸锰与尿素混合水热的方法，合成 $MnCO_3$ 前驱体，并经过 600℃ 焙烧得到 Mn_2O_3 中空纳米球。Gu 等[24]利用硫酸锰与过硫酸铵溶于水溶液中，90℃水热合成表面带纳米棒的 MnO_2 纳米球，并经过不同温度的热处理，进行相转化合成 Mn_2O_3、Mn_3O_4、MnO 纳米球。Zhang 等[25]将四水乙酸锰溶于乙二醇溶剂中，并加入少量水合肼，制备得到片状的 Mn_2O_3 纳米材料。Huang 等[26]将 $KMnO_4$ 溶解在乙二醇中，加入少量碳酸氢铵溶液，制得 Mn_2O_3 纳米材料。

图 3-1　水热/溶剂热法使用的反应釜

　　水热/溶剂热法制备纳米组装材料存在许多优点：①密闭容器中产生的高温高压环境可以使液相溶剂进行快速的对流，析出的纳米材料物相均匀、纯度高、晶型好；②水热/溶剂热体系下可以通过对反应条件的调控，实现不同形貌、物相和结构纳米组装材料的合成；③水热/溶剂热法操作简便，反应所得的产物容易收集。但是，水热/溶剂热法制备纳米组装材料也存在许多挑战，如要进行人为精确控制，获得特定结构、物相、形貌的纳米组装材料依然相当困难。再者，如何克服合成的纳米组装材料分布不均匀，减少集聚效应及进行大批量生产依然有待进一步研究解决。

3.1.4 锰基纳米组装材料及其研究意义

1. 锰基纳米组装材料

锰作为过渡金属元素之一，其在地球上分布广泛、储量巨大，仅次于过渡元素铁和钛，其价格低廉、无毒环保。锰元素的电子结构为 $3d^54s^2$，这种电子结构在氧化还原反应中可以失去电子，使锰的化合价可以呈现 $+2$、$+3$、$+4$、$+6$、$+7$ 价。可变的价态使其组成多种价态的锰氧化物，包括低价态的一氧化锰(MnO)和四氧化三锰(Mn_3O_4)，中间价态的三氧化二锰(Mn_2O_3)和二氧化锰(MnO_2)，高价态的高锰酸钾 ($KMnO_4$)。锰的这种多价态，使其锰氧化物之间可以相互转化，且这些稳定存在的氧化锰，存在多种晶体结构类型[27]，包括岩盐、尖晶石、方铁锰矿、软锰矿、斜方锰矿和锰酸盐结构(图 3-2)。由这些广泛的晶体类型组成的不同形貌、结构缺陷、孔隙对锰氧化物的催化性能起到了重要作用，因此许多研究者致力于研究合成特定结构形貌、组分、相态、缺陷及晶体结构的锰氧化物来提高其应用性能[9]。

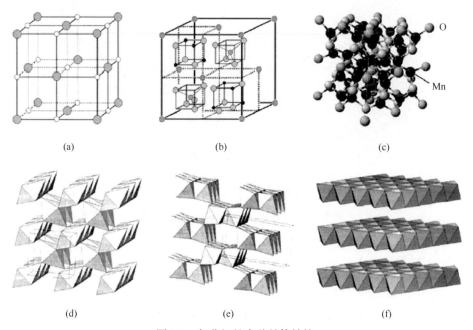

图 3-2   氧化锰的多种晶体结构

(a)岩盐；(b)尖晶石(Mn_3O_4)；(c)方铁锰矿(Mn_2O_3)；(d)软锰矿 β-MnO_2，共享的八面体单链；
(e)斜方锰矿，[MnO_6]正八面体形成无限的双层结构；(f)薄片状锰酸盐结构(MnO_2)

现今合成的锰基纳米组装材料，从一维到三维结构包含许多形貌。Huang 等[28]以 $KMnO_4$ 为锰源，水为溶剂，水热合成八面体 Mn_3O_4 纳米材料(图 3-3(a)、(b))；Su

等[29]将乙酸锰溶解在乙二醇溶液中，并加入聚乙烯吡咯烷酮(polyvinyl pyrrolidone, PVP)表面活性剂，制备得到锰-乙二醇前驱体，经过 750℃焙烧得到层状多孔的层片花状 Mn_2O_3 纳米球(图 3-3 (c)、(d))；Zhang 等[30]将 $KMnO_4$ 和 $MnSO_4 \cdot H_2O$ 溶于水中，加入少量盐酸，水热制得纳米棒、纳米线、管状 MnO_2 和纳米花状的 Mn_2O_3 纳米材料(图 3-3(e)～(h))。

图 3-3　(a)、(b)八面体 Mn_3O_4；(c)、(d)花状 Mn_2O_3 纳米球；(e)～(h)纳米棒、纳米线、管状 MnO_2 和纳米花状的 Mn_2O_3

2. 锰基纳米组装材料的应用

随着科学研究的深入，过渡金属锰在锂离子电池、催化、电容器等方面应用广泛[24]。相对于其他过渡金属氧化物制备的纳米组装材料，合成的锰基纳米组装材料在上述应用领域中显示出更加优异的性能。锰元素制备得到的一系列锰基纳米组装材料是一种成本低廉、环境友好型纳米材料，符合环境的保护和发展要求，因此，将锰元素进行相关纳米材料的合成，并应用于上述领域是广大研究者的首选。Ching 等[31]用一步合成法，使用不同的羧酸，在 $KMnO_4$ 和 $MnSO_4$ 体系中自组装合成不同结构形态的 MnO_2 纳米中空球，可以作为 CO 氧化的一种良好催化剂；Su 等[29]用熔剂热法，以四水乙酸锰($C_6H_9MnO_6 \cdot 4H_2O$)为锰源，合成 Mn_2O_3 中空微球纳米结构，应用于锂离子电池阳极材料，具有优异的充放电性能和高电容性能；Pal 等[32]用水热法，合成了多孔层状莲花结构的 MnO_2 纳米材料，具有大的比表面积，在烯丙基化合物的氧化中表现出很高的催化活性。

近几年，以锰为基体合成的锰基纳米组装材料作为吸附剂、催化剂来去除水中的有机物和重金属离子的研究快速发展。锰的多价态使其可以作为一种类芬顿试剂，进行有机物的降解。类芬顿试剂是原始芬顿试剂的发展，这种降解有机污染物的方法，是由英国学者 Fenton 首次发现的，其降解机理是一种高级氧化法，Fe^{2+} 在 H_2O_2 存在的体系中，产生高氧化活性的羟基自由基($\cdot OH$)，并高效地降解有机污染物[33,34]。研究发现在光照、电等条件下，这种·OH 的高级氧化能力可以大大增强[35,36]。基于此，人们将这种高级氧化法称为芬顿法。然而，芬顿试剂体系(Fe^{2+}/H_2O_2)，是一种均相反应的过程，其中催化剂 Fe^{2+} 以离子的形式在反应的体系起作用，在降解过程中反而在溶液中引入了金属离子，且难以去除，造成水体的二次污染问题，且均相活性氧的反应过程常常不稳定且不可再生。因此，人们在 Fe^{2+}/H_2O_2 的基础上制备合成 FeOCl 异相类芬顿试剂(图 3-4)，用于有机物的降解，可以有效地降低 Fe^{2+} 二次污染[37]。

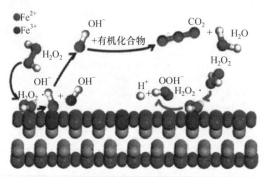

图 3-4　FeOCl 异相类芬顿试剂作用机理

现今人们利用过渡金属的其他元素，发展异相类芬顿试剂，来解决传统芬顿试剂面临的问题，如利用可以变价的 Mn、Cu 和 Ce 来替代 Fe 元素，或者合成复合的催化剂，来进行有机污染物的降解。由于异相的类芬顿试剂易于分离回收，不会产生二次污染，已经广泛替代传统的芬顿试剂。Cheng 等[38]合成类芬顿试剂 MnO_2 微孔纳米材料，在光照和 H_2O_2 存在条件下，快速降解罗丹明 B，降解率高达 90%；Li 等[39]合成的 MnO_2 和 Mn_3O_4 分别对亚甲基蓝(MB)进行降解，在自然光照和添加 H_2O_2 的条件下，取得良好的降解效果；Xu 和 Wang[40]合成的 Fe_3O_4/CeO_2 复合的类芬顿催化剂，利用 Fe 和 Ce 协同作用，在 H_2O_2 存在时高效降解 4-氯苯酚，且可以达到良好的循环稳定性。

基于 Mn 作为异相类芬顿试剂的良好应用，以锰为基础合成的纳米组装材料并作为类芬顿试剂降解有机污染物的研究发展迅速。

本章通过一步合成法，无需各种有机包裹剂、模板剂的参与，成功合成锰基纳米材料，简便快速。合成锰基纳米材料作为类芬顿试剂进行有机污染物的去除，并提出新的作用机理，主要的研究内容如下：通过溶剂热法一步合成低价态的 Mn_3O_4 分级多孔纳米材料，并通过煅烧获得高价态的 Mn_2O_3 多孔纳米材料。将合成的锰基纳米组装材料应用于苯酚的降解，并探究其降解过程，提出新的降解机理。将降解后的类芬顿试剂锰基纳米材料进行循环回收，根据提出的降解机理进行类芬顿试剂的活化，实现类芬顿试剂的回收利用。

人类的城市化进程中，科技、经济和社会高速发展，同时带来了严重的环境问题。环境污染严重影响人类生活质量，成为许多国家越来越关注的重大问题。如今，在重大的环境污染问题中，水污染已经是人类发展的一大阻碍。工农业生产以及城市生活废水，正一步步地侵蚀江流湖泊，使其水体生态系统遭到严重破坏[41]。传统污水治理方法效率低、能耗高，处理的成本居高不下，一直以来都未能有效地解决废水处理问题。因此，人类急需针对废水带来的一系列污染问题，开发出先进的处理技术治理污染的水体，有效去除水中的重金属及有机污染物[37]。

自 20 世纪发现纳米材料可以降解持续性有机化合物以来，纳米材料在环境治理方面的应用就不断取得突破性进展。以锰基合成的纳米材料应用于水体中持续性有机物的降解是现今研究者的主要的研究方向[41,42]。研究发现，锰基纳米材料可以作为类芬顿试剂，进行高级氧化有机污染物，且可合成分级纳米组装材料，使其具有大的比表面积，并进行一定的修饰改性。环境友好的锰基纳米组装材料能够有效去除水中的有机物和重金属离子污染，这对于处理当今科技、经济、社会发展面临的各种水污染问题起到一定的推动作用[34,43]。

但是，很多锰基纳米材料的合成方法往往操作步骤复杂，使用过多的有机溶剂、包裹剂和模板剂等参与合成，其在一定程度上不利于推广应用。再者，锰基纳米材料作为一种类芬顿试剂，在进行有机物的降解过程中往往需要加入额外的助剂产生活性氧参与反应，应用过程中昂贵的费用限制了它的发展，因此如何减少助剂的加入，或者开发探索一种新的类芬顿试剂对有机物的降解机理具有重要的研究价值[43,44]。

此外，不少研究发现，材料的相态、形貌、结构对于催化剂的催化活性具有重要影响。最近几年，分级结构的纳米材料被广泛关注。对比随意团聚堆积的纳米颗粒组成的纳米材料，这些分级结构组装而成的纳米材料具有更多的活性位点，从而具备更好的催化性能，因此如何构建分级结构纳米组装材料，并进行精确的控制合成具有重要的研究意义[2,9]。目前，包括锰基纳米材料在内的过渡金属氧化物多级结构的研究存在以下问题：①构建分级结构纳米材料的活性位点。分级结构纳米材料的构建过程往往伴随一些有机助剂参与反应，这些有机助剂在后续材料的洗涤过程中难以去除，对分级结构纳米材料的表面造成一定污染，这使得分级结构纳米组装材料的活性位点大为降低。②构建分级结构纳米材料结构的稳定性。普遍采用模板剂进行分级结构的构建，模板剂种类繁多。对于合成多种分级结构的纳米组装材料，模板法可以得到很好的分级结构构筑效果，但是，模板剂在后续过程需要去除，传统方法，包括煅烧、氧化等，去除掉模板后，往往会伴随着材料结构的塌陷。另外，分级结构的纳米组装材料在性能应用上，往往会因为外力作用造成结构崩塌，尤其在循环过程中，结构塌陷最为明显。③分级结构纳米组装材料精确调控及形成机理。对于纳米材料，在几个纳米范围内对材料的调控可以使其性能发生明显的变化，对于多级结构纳米材料的调控，其性能也会产生明显的差异，但多级结构纳米材料的调控要复杂得多。对分级结构的精确调控，引入特定结构的模板剂或有机结构导向剂可以可控地合成多级结构。但这些手段提高了合成工艺成本，并会带来环境污染。如何利用简便的方法可控合成特定结构的纳米组装材料，并探究其形成机理具有重要意义。

3.2　样品制备与表征

3.2.1　实验试剂及仪器设备

1. 主要试剂

本实验所用主要试剂见表 3-1。

表 3-1　实验主要试剂

名称	化学式	规格	名称	化学式	规格
二水甲锰酸	$Mn(HCO_2)_2 \cdot 2H_2O$	98%	盐酸	HCl	分析纯
甲醇	CH_3OH	分析纯	硫酸	H_2SO_4	分析纯
乙醇	CH_3CH_2OH	分析纯	氢氧化钠	$NaOH$	分析纯
叔丁醇	$C_4H_{10}O$	分析纯	乙二胺四乙酸	$C_{10}H_{16}N_2O_8$	分析纯
二水氯化铜	$CuCl_2 \cdot 2H_2O$	分析纯	N,N-二乙基对苯二胺(DPD)	$C_{10}H_{16}N_2$	分析纯
苯酚	C_6H_6O	分析纯	辣根过氧化物酶(POD)	—	分析纯
双酚 A	$C_{15}H_{16}O_2$	分析纯	5,5-二甲基-1-吡咯啉-N-氧化物	$C_6H_{11}NO$	分析纯
联苯二酚	$C_{12}H_{10}O_2$	分析纯	硼氢化钠	$NaBH_4$	分析纯
对苯醌	$C_6H_4O_2$	分析纯	氮气	N_2	99.99%

2. 仪器设备

本实验所用主要仪器见表 3-2。

表 3-2　实验主要仪器

仪器	型号	仪器	型号
电子天平	SQP	X 射线衍射分析仪	MiniFlex 600
反应釜	100mL	N_2 吸脱附 BET 比表面积分析仪	3Flex
干燥箱	DHG-9031A	场发射扫描电子显微镜	SUPPA 55

仪器	型号	仪器	型号
电热鼓风干燥箱	DHG-9123A	透射电子显微镜	TECNAI G2 F20
真空冷冻干燥机	YB-FD-1	原子力显微镜	5500AFM/SPM
多头磁力加热搅拌器	HJ-2	X 射线光电子能谱仪	ESCALAB 250
高速台式离心机	TGL-16C	紫外可见分光光度计	UV-2600
移液枪	20μL,100μL,1000μL	TOC 分析仪	TOC-V CPH
坩埚	25mL	电子自旋共振波谱仪	A300
马弗炉	JZ-5-1200	显微拉曼成像光谱仪	DXR 2xi
超声机	ZEALWAY	电感耦合等离子体发射光谱仪	Optima7000
管式炉	GSL-1500X		

3.2.2　样品的主要表征方法

本章所采用的分析表征设备主要有扫描电子显微镜(scanning electron microscope，SEM)、透射电子显微镜(transmission electron microscope，TEM)、原子力显微镜(atomic force microscope，AFM)、X 射线衍射(X-ray diffraction，XRD)分析仪、N_2 吸脱附 BET 比表面积分析仪、X 射线光电子能谱(X-ray photoelectron spectroscopy，XPS)、显微拉曼(Raman)成像光谱仪、TOC 分析仪、电子自旋共振波谱仪(electron spin resonance，ESR)。

1. 场发射扫描电子显微镜

扫描电子显微镜可用于观察样品的微观结构形貌，本章使用 SUPPA 55 型场发射扫描电子显微镜。场发射扫描电子显微镜主要参数为：分辨率 1nm@15kV，1.7nm@1kV，放大倍数为 12～1000000，加速电压为 0.02～30kV，能量分辨率优于 127eV，其中元素分析范围为 Be(4)～Pu(94)。除此之外，该仪器还配备能量色散 X 射线谱(X-ray energy dispersive spectrometer，EDS)仪，可实现材料表面微区成分的定性和定量分析。

在分析样品时，将待分析样品涂敷在导电胶或者分散在硅片上。对于导电性较差的材料，在样品上喷上一层导电性较好的物质，再进行显微结构观察，选用的导电性物质为 Au，喷涂时间控制在 1min。样品显微结构观察时，采用加速电压为 5kV，当进行元素扫描分析时，将加速电压切换至 15kV。

2. 透射电子显微镜

透射电子显微镜可以用来观察样品内部的微观结构，使用 TECNAI G2 F20 型透射电子显微镜。该仪器除了可以进行样品形貌观察，还可以进行选区电子衍射分析和高分辨率晶格条纹观察，仪器的分辨率为 0.24nm。

分析观察前，取少量的待测样品分散于乙醇溶液中，放置于超声机中超声分散 5min 后，用滴管吸取少量混合液，滴到 Cu 网上，在室温下直至乙醇挥发完全，即可将分散有样品的 Cu 网放入透射电子显微镜槽中进行观察。

3. X 射线衍射分析仪

X 射线衍射分析仪可以用来检测样品的物相和结晶性，本书采用 MiniFlex 600 型 XRD 分析仪。该仪器的主要参数为：光管为 Cu-Kα 靶材，$\lambda=0.154056nm$，精度为 1/10000，管电流为 15mA，管电压为 40kV，测量角度范围为 3°～140°。

测量时，将样品研磨成细粉状，分散在硅片凹槽中，用盖玻片去除掉多余的粉末，并使样品表面平整，与凹槽同高。将载有样品的硅片平整放入 X 射线衍射分析仪中，设置扫描范围 5°～85°，扫描速度为 3℃/min，步进 0.01°，启动仪器进行分析直至结束。扫描后得到的衍射图形，用计算机软件进行物相匹配分析。

4. X 射线光电子能谱仪

X 射线光电子能谱仪可以用来测试样品的元素组成和化合价，使用 ESCALAB 250 型 X 射线光电子能谱。该仪器使用的靶源为 Al-Kα X 射线，离子枪能量范围为 100～4000eV，128 通道检测器，束斑连续可调 30～400μm，步长 5μm。

实验测试时，将样品粉末置于模具中，用液压机压制成圆片状。将压制好的圆片样品黏附在带有导电胶面的铜箔上，然后放入 X 射线光电子能谱仪的高真空室内，抽离空气使真空度达到检测标准即可进行 XPS 测试。实验中采用 Cls 结合能 284.6eV 校准其他元素。

5. 原子力显微镜

原子力显微镜可用于表征样品薄层厚度及表面形貌，使用的是 5500AFM/ SPM 型原子力显微镜。该仪器主要技术参数：湿度控制 0%～99%；传输数据长度 16 位，所有通道；图像像素分辨率最大 1024×1024；扫描范围最大 90μm。

样品制备时，将固体粉末置于乙醇中，超声机超声至样品固体粉末完全分散。

取云母片样品台，将上层云母片层撕去，并使云母基片表面平整洁净，将分散好的样品混合液滴到洁净的云母片上，然后将云母片置于干净的环境中室温自然晾干，液体挥发完全后，即可进行 AFM 表征分析。

6. 比表面及微孔孔径分析仪

比表面及微孔孔径分析仪可以测量材料比表面积的大小以及材料的孔径分布情况，使用 3Flex 型 N_2 吸脱附 BET 比表面积分析仪。该仪器的技术参数为：比表面积分析范围 $0.0005m^2/g$ 至无上限；孔径分析范围为 $3.5\sim5000nm$，微孔区段的分辨率为 $0.2nm$；孔体积最小检测为 $0.0001cm^3/g$；相对压力（P/P_0）最低可至 10^{-9}；液氮系统分析杜瓦不小于 $3.2L$。可以提供标准模式和高精模式等多种测量模式，在每种模式下都能确保三站同时分析。

样品测试过程时，取大于 100mg 的样品放入玻璃样品管中，设置干燥温度 $100℃$，在 N_2 条件下脱气一晚上。之后，将样品管直接接入比表面及微孔孔径分析仪，并将样品管置于液氮下(77K)，设置好电脑程序参数，仪器按照设置程序自动运行进行 N_2 吸脱附测试，测试结束后仪器自动保存数据并停止。对于样品的比表面积、孔径分布，通过仪器配备的软件分析得出。

7. 显微拉曼成像光谱仪

拉曼光谱可以测定分子结构和化学键振动信息，使用 DXR 2xi 型显微拉曼成像光谱仪进行分析。该仪器光谱重复性优于$±0.1cm^{-1}$，最低波数 $50cm^{-1}$，光谱范围 $50\sim6000cm^{-1}$，空间分辨率 $500nm$，光谱分辨率小于 $2cm^{-1}$。

样品测试时，使用硅片进行峰位校正。对样品进行聚焦后，设置实验参数，测试得到拉曼光谱图。

8. 紫外可见分光光度计

紫外可见吸收光谱属于电子光谱，是由价电子的跃迁而产生的。利用物质的分子或离子对紫外和可见光的吸收所产生的紫外可见光谱及吸收程度可以对物质的组成、含量和结构进行分析、测定。使用 UV-2600 型紫外可见分光光度计进行水中有机物浓度的测定。测试仪器参数为光谱带宽 $0.1\sim5nm$，波长准确度$±0.1nm$，波长范围 $190\sim1200nm$，杂散光小于 0.00002%，双光束进行测试。

9. TOC 分析仪

TOC 分析仪以碳的含量表示水体中有机物质总量的综合指标。TOC 可以很直接地表示有机物的总量，因而它可作为评价水体中有机物污染程度的一项重要参考指标。其原理是先把水中有机物的碳氧化成二氧化碳，消除干扰因素后由二氧化碳检测器测定，再由数据处理把二氧化碳气体含量转换成水中有机物的浓度。使用的 TOC-V CPH 型分析仪的浓度范围为：总碳(TC)0～25000μg/L、无机碳(IC)0～30000μg/L，检测限 4μg/L，测定时间 3～4min，自动吸样进行计算机控制检测，每次的进样量 10～2000μL。

10. 电子自旋共振波谱仪

电子自旋共振波谱仪主要用于化学、物理、材料学、医学和生命科学等学科中含未成对电子的电子自旋共振特性研究，如自由基和过渡金属离子及其络合物等的检测。使用 A300 型电子自旋共振波谱仪进行水中自由基的检测分析，该仪器配置含 X 波段微波桥单元、谐振腔、超高稳定电磁体及其电源、谱仪系统和变温装置及样品混合装置，可检测最小绝对自旋数 2×10^9 spins/Gs[①]，相当于以弱沥青为标样时，信噪比 $S/N = 1500 : 1$，微波工作频率为 X 波段(9.2～9.9GHz)，最大输出功率为200mW，微波功率衰减为 0～60dB，分辨率1dB，频率计 1～10GHz，谐振腔最大调制幅度 10Gs，Q 值大于 15000，最大磁场强度不小于 14500Gs，中心磁场的设置分辨率为 1mGs。

11. 电感耦合等离子体发射光谱仪

电感耦合等离子体发射光谱仪用于测定各种物质中常量、微量、痕量金属元素或非金属元素的含量。使用 Optima 7000 型电感耦合等离子体发射光谱仪进行水中各种元素含量的测试。该仪器主要参数为：在 200nm 处，像素分辨率小于等于 0.003nm，光学分辨率小于等于 0.007nm；波长范围为 160～900nm 或包含以上范围全波长覆盖，稳定性为 1h RSD≤1.0%，4h 长时间稳定性的 RSD<2.0%，杂散光为 10000mg/L 的 Ca 溶液(等效背景浓度)在 As193.693nm 处，背景杂散光强度相当 As 的浓度小于 3mg/L。

3.2.3 实验的主要溶液配制

1. 苯酚和甲基蓝溶液配制

称量 50mg 苯酚放入 1L 的容量瓶中，加蒸馏水定容至刻度线，摇匀使苯酚完全溶于水，得到 50mg/L 的苯酚溶液。同样，称取 10mg 的甲基蓝置于 1L 的容量瓶中，加蒸馏水定容至刻度线，摇匀使甲基蓝完全溶于水，制得 10mg/L 的甲基蓝溶液。

---

① $1Gs = 10^{-4}T$。

对于配制混合有机物溶液模拟实际工业废水，称取 20mg 的苯酚、20mg 的双酚 A 和 10mg 的 4,4′-联苯二酚于 1L 的容量瓶中，加蒸馏水至容量瓶刻度线，摇匀使加入的酚类物质全部溶解，得到模拟的混合有机污染物溶液。

2. DPD 和 POD 试剂配制

取一定量的浓硫酸，稀释成 0.05mol/L。称取 0.1g 的 N,N-二乙基对苯二胺溶于 10mL 上述配制的硫酸溶液中，形成 DPD 试剂。称取 0.01g 的辣根过氧化物酶溶于 10mL 的蒸馏水中，制成 POD 试剂。DPD 试剂和 POD 试剂冷藏于 5℃的冰箱中，且每星期进行更换以保证试剂新鲜。

3.2.4　性能测试

1. 有机物去除性能测试

取配制好的 50mL 的 50mg/L 苯酚溶液于 100mL 的烧杯中，根据需要，用 0.1mol/L 的 HCl 和 NaOH 调节 pH 到特定范围，将烧杯放置于磁力搅拌器上，设置转速为 600r/min。称取 30mg 的 Mn_3O_4 或 Mn_2O_3 加入到上述溶液中进行苯酚去除实验，经过特定的时间后，从溶液中取 3mL 的液体于离心管中，用高速离心机进行离心分离，设置转速 12000r/min，时间 1min。离心后取上清液，用紫外可见分光光度计对每一个时间点的样品进行吸收值测试，并计算 Mn_3O_4 或 Mn_2O_3 对苯酚的去除率。去除率计算方程为

$$E = C/C_0 \tag{3-1}$$

其中，E 为去除率；C 为在特定时间点 t 的溶液中苯酚的浓度；C_0 为初始溶液中苯酚的浓度。

对于甲基蓝的去除实验，其初始浓度和加入的固体样品根据实际进行调整。其余步骤与苯酚的去除实验步骤类似。

2. H_2O_2 的检测

取降解苯酚后的样品上清液 3mL，用移液枪量取 50μL 的 DPD 试剂加入样品上清液中，摇匀后加入 50μL 的 POD 试剂，混合摇匀 30s 后，用紫外可见分光光度计测其吸光度。设置测试波长范围 400～650nm，其中 DPD 试剂和 POD 试剂捕获 H_2O_2 后，在 510nm 和 551nm 出现吸收峰。

3. HO・的检测

取降解苯酚过程中的溶液 0.5mL，用移液枪加入 DMPO(5,5-二甲基-1-吡啶-N-氧)溶液 20μL (DMPO 试剂与溶剂 H_2O 的体积配比为 DMPO：H_2O=1：10)，摇匀，

用毛细管吸取部分液体，并用橡皮泥封住毛细管口放入石英管中。将石英管固定在电子自旋共振波谱仪上进行自由基检测分析。

3.3 材料的合成及性能

工业生产排放大量的持续性有机污染废水严重影响生态环境和人体健康，因此，发展一种先进的有机废水处理方法具有重要的实际意义[45-48]。活性氧($\cdot OH$、$\cdot O_2$、SO_4^-)作为一种强氧化剂已经广泛应用于环境中有机污染物的处理[33,36,40,49]。不少研究者利用均相芬顿试剂($Fe + H_2O_2$)产生活性氧($\cdot OH$)的高级氧化法降解有机废水，取得了良好的效果[50-53]。而且研究表明，光[54,55]、声[56,57]、电[51,58]辅助可以显著提高活性氧的产生速率。除了芬顿试剂，其他的化学氧化剂，如高锰酸钾[59,60]、高铁酸盐[61]也可以高效地处理有机污染物。然而，现今的均相活性氧的反应过程常常不稳定、不可再生，且均相芬顿试剂的溶解使得金属离子浸出，对水体造成二次污染[37,62]。

异相过渡金属纳米材料，如 Mn^{2+}-TiO_2[63]、CuO/Fe_3O_4[64]、Fe_3O_4/CeO_2[40]、$Fe_xC0_{3-x}O_4$[65]、$ZnFe_2O_4/MnO_2$[43]，由于这些材料易于分离回收，不会产生二次污染，已经广泛替代传统的氧化剂[66]。研究发现，材料的尺寸[67]、形貌[68]、结构[42]对于催化剂的催化活性具有重要的影响。最近几年，分级结构的纳米材料多孔结构(Mn_2O_3 和 Cu_3N)[69,70]、中空结构(MnO_2 和 $Fe_3O_4@MnO_2$)[71,72]、层状结构($FeOCl$ 和 C_{16}/MnO_2)[37,73]被广泛关注。这些分级结构的纳米材料比随意的团聚体纳米晶在产生活性氧上具有更强的活性。

然而，这些分级结构的纳米材料也存在许多挑战：①制备分级纳米材料的过程中往往使用有机表面活性剂进行结构的构筑(柠檬酸[32]、十六烷基三甲基铵[73])，有机表面活性剂的使用使得纳米材料的表面也易受到相应的污染，大大降低纳米材料的活性[17]。②构建分级结构的纳米材料通常需要经过复杂的合成过程，而且在使用过程中需加入的一些助剂产生活性氧，导致材料自身的昂贵费用限制了它的应用[33,40,49]。③这些纳米材料在使用后由于发生了氧化还原反应，容易导致失活[37,44]，如何回收活化芬顿和类芬顿试剂还鲜有报道。因此，如何实现制备简单、活性高、稳定、不产生二次污染、易于回收活化、可循环利用的多级结构纳米材料，具有重要的研究意义。

本章基于纳米组装材料合成现状，通过二价金属锰盐在醇溶液体系分解，经过溶剂热一步合成低价态球形多孔的 Mn_3O_4 分级纳米材料，并通过煅烧获得高价态的 Mn_2O_3 多孔纳米材料。通过 XRD、SEM、TEM 和 XPS 等一系列表征，探究合成 Mn_3O_4 和 Mn_2O_3 分级纳米组装材料的物相、形貌和元素化合价。再者，将合成的锰基纳米组装材料应用于有机污染物降解，并探究其降解有机污染物的作用机理，提出类芬顿试剂新的作用机制。最后，将降解后的 Mn_3O_4 和 Mn_2O_3 类芬顿试剂进行循环回收，根据提出的降解机理进行类芬顿试剂的活化，实现类芬顿试剂的回收利用。

3.3.1　Mn_3O_4 与 Mn_2O_3 的制备

用天平称量 0.1818g(1mmol)二水甲锰酸于 100mL 烧杯中，加入 60mL 甲醇，用多头磁力搅拌器搅拌 30min 至固体完全溶解，将溶液倒入 100mL 不锈钢高压反应釜中，180℃下反应 18h，自然冷却至室温，离心分离得到沉淀物，用去离子水和乙醇交替洗涤数次，60℃下干燥得到 Mn_3O_4 纳米材料。

将合成的 Mn_3O_4 纳米材料前驱体置于马弗炉中，600℃(升温速率：5℃/min)下焙烧 18h，获得 Mn_2O_3 纳米材料。

3.3.2　Mn_3O_4 与 Mn_2O_3 的物相、形貌、结构分析

1. Mn_3O_4 和 Mn_2O_3 的 XRD 物相分析

用 XRD 对合成的样品相态、晶粒尺寸和纯度进行分析。图 3-5 显示，水热合成前驱体样品的相态为 Mn_3O_4，与四方相 Mn_3O_4 标准卡片 JCPDS 24-0734 很好地对应(JCPDS: Joint Committee on Powder Diffraction Standards，粉末衍射标准联合委员会)，并且没有其他物相出现。在 600℃下煅烧 18h，Mn_3O_4 的衍射峰消失，出现立方相 Mn_2O_3(JCPDS 65-7467)，没有其他衍射峰出现，说明 Mn_3O_4 完全转化成 Mn_2O_3。根据谢乐公式计算两种样品的晶粒尺寸得到，Mn_3O_4 和 Mn_2O_3 的晶粒尺寸分别为(20±3)nm 和(48±5)nm。

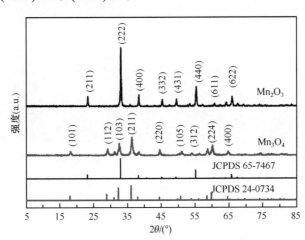

图 3-5　Mn_3O_4 和 Mn_2O_3 样品的 XRD 图谱

2. Mn₃O₄ 和 Mn₂O₃ 的 SEM 微观结构形貌

样品的 SEM 微观形貌如图 3-6 所示。Mn₃O₄ 由多孔微球组成，直径尺寸为 (1.5±0.5)μm(图 3~6 (a)、(b))，从微球表面可以看出，小颗粒的 Mn₃O₄ 纳米晶团聚组成球状形貌。元素扫描分析显示(图 3-6(d)~(f))，样品只有 Mn(41.9%)和 O(58.1%)两种元素，且 Mn 和 O 元素质量比接近 3:4，与 XRD 物相检索对应。600℃煅烧 18h 后，Mn₂O₃ 样品很好地保持了 Mn₃O₄ 微球三维形貌(图 3-6(g)~(i))，微球直径保持在(1.5±0.5)μm，表面分布微小的纳米晶粒，孔径变大。元素扫描分析 Mn(39.8%)和 O(60.2%)质量分数比例接近 2:3，与 XRD 分析的物相符合(图 3-6(j)~(l))。

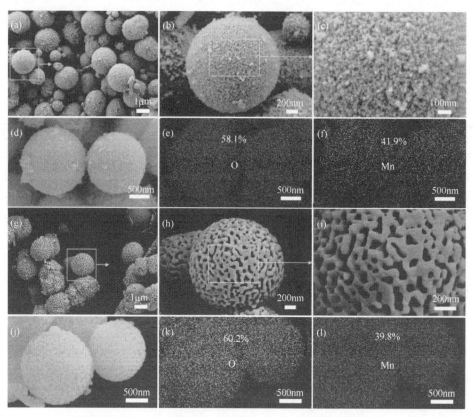

图 3-6   (a)、(b)低倍和(c)高倍 Mn₃O₄ 微球的 SEM 图；(e)、(f)O 和 Mn 在(d)平面 Mn₃O₄ 的元素分布图；(g)、(h)低倍和(i)高倍 Mn₂O₃ 微球的 SEM 图；(k)、(l)O 和 Mn 在(j)平面 Mn₂O₃ 的元素分布图

3. Mn₃O₄ 和 Mn₂O₃ 的 TEM 微观结构形貌

样品的 TEM 图像如图 3-7 所示。低分辨率透射下 Mn₃O₄ 颗粒堆积成微球形

貌(图 3-7(a)、(b))，高分辨率透射显示，Mn_3O_4 样品微球的晶面条纹间距为 0.209nm，与四方相 Mn_3O_4 的(220)晶面相对应(图 3-7(c))。煅烧后，低分辨 TEM 显示 Mn_2O_3 多孔结构清晰可见(图 3-7(d)、(e))，高分辨晶格条纹显示晶面间距为 0.268nm，与立方相的 Mn_2O_3 的(222)晶面相符合(图 3-7(f))。透射结果与 XRD 分析结果一致。样品的比表面积和孔径测试得到(图 3-7(g)、(h))，Mn_3O_4 和 Mn_2O_3 的比表面积分别为 $48.0m^2/g$ 和 $25.3m^2/g$，平均孔径大小分别为 13.0nm 和 18.9nm。因此，合成的 Mn_3O_4 和 Mn_2O_3 为介孔材料。

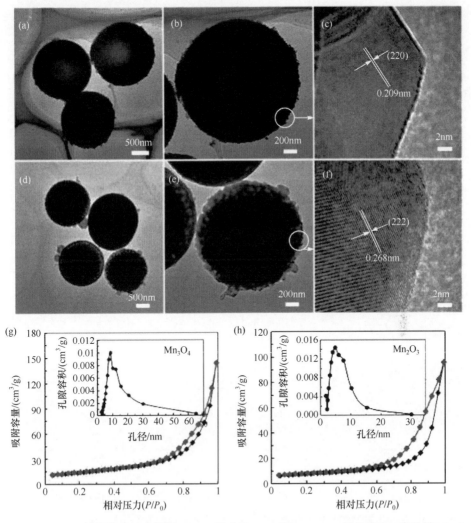

图 3-7　(a)、(b)低分辨和(c)高分辨 Mn_3O_4 微球的 TEM 图；(d)、(e)低分辨和(f)高分辨 Mn_2O_3 微球的 TEM 图；(g) Mn_3O_4 和(h) Mn_2O_3 的比表面积和孔径分析

3.3.3　Mn₃O₄ 与 Mn₂O₃ 对苯酚降解效率和 TOC 分析

通常，工业生产排放的有机废水为酸性，甚至强酸性(pH<2)，使得在实际的处理中面临更大的挑战[37,40,74]。为了模拟实际工业有机废水，配制 50mg/L，pH=2 的苯酚溶液。取 50mL 苯酚溶液，投入 30mg 合成的 Mn₂O₃ 或 Mn₃O₄，在室温下进行苯酚的降解(图 3-8)。从图 3-8(a)可知，1min 内，Mn₃O₄ 使苯酚快速降解，苯酚的最大吸收峰急剧下降。计算得到 Mn₃O₄ 对苯酚的降解效率在 1min 和 5min 分别达到 86.8% 和 96.9%(图 3-8(c))。相反，在相同条件下，Mn₂O₃ 在 5min 时仅降解了 30.6% 苯酚，在 40min 时降解 97.1% 的苯酚(图 3-8(b))、(c))。可以明显看出，Mn₃O₄ 对苯酚的降解效率比 Mn₂O₃ 对苯酚的降解效率高出 6~8 倍。根据一阶线性方程 $\ln(C/C_0)$ 对时间 t 进行拟合(C_0 和 C 分别代表苯酚的初始浓度和在特定时间的浓度)，可得一阶动力学 Mn₃O₄ 降解苯酚的速率常数 k 为 0.527min^{-1}(图 3-8(d))，是 Mn₂O₃ 速率常数的 7.5 倍($k=0.070\text{min}^{-1}$)。

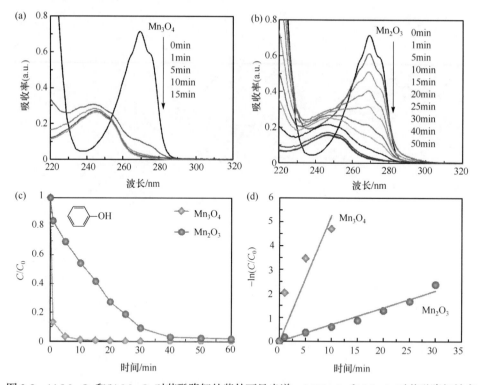

图 3-8　(a) Mn₃O₄ 和(b) Mn₂O₃ 对苯酚降解的紫外可见光谱；(c)Mn₃O₄ 和 Mn₂O₃ 对苯酚降解效率曲线图；(d) Mn₃O₄ 和 Mn₂O₃ 对苯酚降解动力学拟合的速率常数曲线图($V = 50\text{mL}$, $\text{pH} = 2.0 \pm 0.1$, [苯酚] $= 50\text{mg/L}$, [Mn₃O₄] $=$ [Mn₂O₃] $= 0.6\text{g/L}$)

用 TOC 分析仪对降解苯酚平衡后溶液中的 TOC 含量进行测定(图 3-9)。

Mn_3O_4 和 Mn_2O_3 处理苯酚后的溶液中分别仅有 5.7%和 3.6%的 TOC 含量遗留,说明在降解过程中大部分有机碳被移除。从图 3-8(a)、(b)紫外可见吸收光谱可知,遗留的有机物主要是对苯醌(最大吸收峰 246nm),这意味着 Mn_3O_4 和 Mn_2O_3 把苯酚氧化降解了[40,75]。

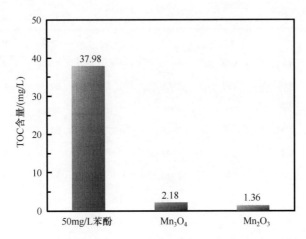

图 3-9　Mn_3O_4 和 Mn_2O_3 降解苯酚后溶液遗留的 TOC 含量图谱

为了定量测定降解后对苯醌的浓度,作出对苯醌紫外可见吸收值对对苯醌浓度的紫外可见标准曲线(图 3-10(a))。经标准曲线浓度对比(图 3-10(b)),Mn_3O_4 和 Mn_2O_3 降解苯酚后(t=60min)遗留的对苯醌浓度分别为 1.8mg/L 和 1.0mg/L,这与 TOC 测试的结果相符,说明碳主要以 CO_2 的形式释放到大气中。

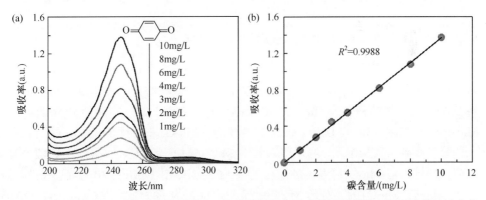

图 3-10　(a)特定浓度下对苯醌的紫外可见吸收光谱图;(b)对苯醌的紫外可见吸收值比浓度的标准曲线

对比前人制备的非均相催化剂降解有机物(表 3-3)可以得出,本实验制备的多孔锰基纳米材料(Mn_3O_4 和 Mn_2O_3)不仅可以高效降解苯酚有机物,还可以去除溶液中大部分 TOC 含量，使遗留在溶液中的中间产物大大降低，是一种高效的净水催化剂材料。

表3-3　多种材料对酚类有机物降解对比

材料	污染物	初始浓度/(mg/L)	添加剂	转换剂/%	TOC含量/%	速率/min^{-1}	参考文献
CuP/TiO$_2$	苯酚	40	无	50	—	0.019	[76]
FeOCl	苯酚	100	H$_2$O$_2$	100	—	0.099	[37]
Fe$_3$O$_4$/CeO	苯酚	100	H$_2$O$_2$	100	66	0.110	[40]
MnO$_2$	苯酚	20	PMS	100	—	0.076	[77]
α-Mn$_2$O$_3$	苯酚	25	PMS	100	90	0.062	[68]
β-MnO$_2$	苯酚	25	PMS	100	—	0.072	[42]
Fe$_x$Co$_{3-x}$O$_4$	双酚 A	20	PMS	95	39	0.049	[65]
MnO$_2$	苯酚	20	PMS	100	80	0.190	[71]
Fe$_1$Mn$_5$Co$_4$-H@C	双酚 A	20	PMS	100	—	0.480	[78]
ZnFe$_2$O$_4$/MnO$_2$	苯酚	20	PMS	100	—	0.032	[43]
MnO$_x$	苯酚	94	无	90	—	0.058	[45]
CuO-Fe$_3$O$_4$	苯酚	9.4	PMS	95	95	0.005	[64]
Mn$_3$O$_4$	苯酚	50	无	100	94	0.527	本次研究
Mn$_2$O$_3$	苯酚	50	无	98.2	97	0.070	本次研究

3.3.4　Mn$_3$O$_4$ 与 Mn$_2$O$_3$ 降解苯酚前后的 XPS 分析

用 XPS 测试降解前后 Mn$_3$O$_4$ 和 Mn$_2$O$_3$ 的化学元素及化合价。对于 Mn$_3$O$_4$ 样品(图 3-11(a)、(b))，在降解苯酚前，非对称 Mn 2p$_{3/2}$ 峰的光电子能量为 640.8eV，将其分峰可以得到两个小峰，根据文献[79]、[80]可知，这两个峰分别对应 Mn^{2+}(640.6eV)和 Mn^{3+}(641.6eV)。降解苯酚后，Mn$_3$O$_4$ 非对称 Mn 2p$_{3/2}$ 峰的光电子能量升高到 642.3eV，分峰后可知其由 Mn^{3+}(641.6eV)和 Mn^{4+}(642.8eV)两个峰组成。同样，对 Mn$_2$O$_3$ 降解苯酚前后进行 XPS 测试(图 3-11(c)、(d))，结果显示，降解苯酚前，Mn$_2$O$_3$ 的非对称 Mn 2p$_{3/2}$ 光电子能量为 641.7eV，由 Mn^{3+}(641.6eV)和 Mn^{4+}(642.8eV)两种化合价的 Mn 组成。降解苯酚后，Mn$_2$O$_3$ 的 Mn 2p$_{3/2}$ 光电子能量值少量升高到 642.0eV，同样由 Mn^{3+}(641.6eV)和 Mn^{4+}(642.8eV)两种化合价组成。

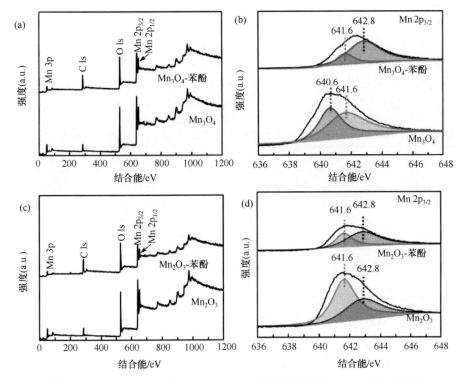

图 3-11　(a)、(b) Mn_3O_4 和(c)、(d) Mn_2O_3 降解苯酚前后 Mn 2p$_{3/2}$ 的 XPS 图

　　显然，从图 3-11 可知，苯酚的降解随着 Mn 价态的升高而加剧。采用 Wang 等[79]和 Shaikh 等[45]的 XPS 曲线拟合方法对降解前后样品所含的 Mn^{2+}、Mn^{3+} 和 Mn^{4+} 不同化合价进行定量计算(图 3-12)。未反应的 Mn_3O_4 含有 44.5%Mn^{2+} 和 55.5%Mn^{3+}，去除苯酚后回收的 Mn_3O_4 含有 23.4%Mn^{3+} 和 76.6%Mn^{4+}。因此，Mn_3O_4

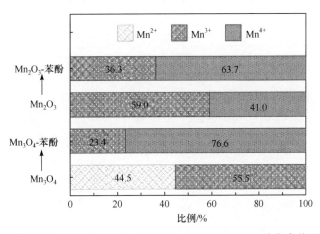

图 3-12　降解苯酚前后 Mn_3O_4 和 Mn_2O_3 中 Mn^{2+}、Mn^{3+} 和 Mn^{4+} 三种化合价元素的含量分布

中 Mn 的平均价态最初为 2.6，去除苯酚后，Mn 的平均价态上升到 3.7(表 3-4)。相反，未反应的 Mn_2O_3 含有 59.0%Mn^{3+}和 41.0%Mn^{4+}，在去除苯酚后，回收的 Mn_2O_3 含有 36.3%Mn^{3+}和 63.7%Mn^{4+}。Mn_2O_3 在去除苯酚前后，Mn 的平均价态由最初的 3.4，略微上升到 3.6(表 3-4)。显然，Mn 价态的大幅增加有助于 Mn_3O_4 催化苯酚降解，使得 Mn_3O_4 对苯酚的去除速度比 Mn_2O_3 快很多。

表 3-4　Mn $2p_{3/2}$ 的 XPS 光谱分析得到降解苯酚前后 Mn_3O_4 和 Mn_2O_3 中 Mn 的平均价态

样品	Mn^{2+}	Mn^{3+}	Mn^{4+}	Mn 的平均价态
Mn_3O_4	44.5%	55.5%	n.d.	2.6
Mn_3O_4-苯酚	n.d.	23.4%	76.6%	3.7
Mn_2O_3	n.d.	59.0%	41.0%	3.4
Mn_2O_3-苯酚	n.d.	36.3%	63.7%	3.6

注：n.d.表示未检测到。

为了进一步验证，进行了 Mn_3O_4 和 Mn_2O_3 对双酚 A 的降解实验(图 3-13)。同样，Mn_3O_4 对双酚 A 的降解效率比 Mn_2O_3 高出很多(图 3-13(a)~(c))。XPS 测试结果表明(图 3-13(d)~(f))，Mn_3O_4 和 Mn_2O_3 降解双酚 A 后，Mn 的价态也上升了，且 Mn_3O_4 中 Mn 上升的价态变化比 Mn_2O_3 中 Mn 的价态变化更大，与 Mn_3O_4 去除双酚 A 效率高于 Mn_2O_3 相对应。这一结果与 Mn_3O_4 和 Mn_2O_3 对苯酚的降解

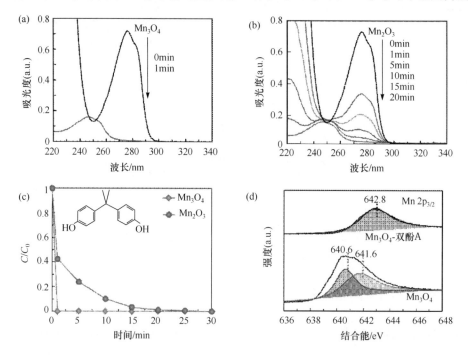

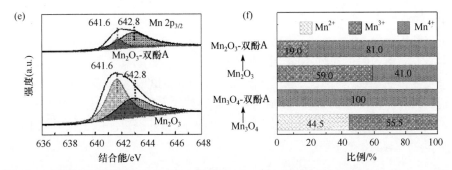

图 3-13　(a)Mn$_3$O$_4$ 和(b)Mn$_2$O$_3$ 对双酚 A 降解的紫外可见光谱；(c) Mn$_3$O$_4$ 和 Mn$_2$O$_3$ 对双酚 A 降解效率曲线图；(d)Mn$_3$O$_4$ 和(e)Mn$_2$O$_3$ 降解双酚 A 前后 Mn 2p$_{3/2}$ 的 XPS 图；(f) Mn$_3$O$_4$ 和 Mn$_2$O$_3$ 降解双酚 A 前后 Mn^{2+}、Mn^{3+}和 Mn^{4+}三种化合价元素的含量分布(V = 50mL, pH = 2.0 ± 0.1, [双酚 A] = 50mg/L, [Mn$_3$O$_4$] = [Mn$_2$O$_3$] = 0.6g/L)

实验具有相同的效果。因此，Mn$_3$O$_4$ 和 Mn$_2$O$_3$ 可能作为一种类芬顿试剂，在有机物的去除过程中提供了电子，使自身化合价升高。

3.3.5　Mn$_3$O$_4$ 与 Mn$_2$O$_3$ 对苯酚的降解机理

1. 降解机理概述与假设

锰氧化物是一种已广泛用作处理持续性有机污染物的环境友好型材料。根据前人的研究可知，Mn 氧化物对持续性有机污染物的去除机制可以概括如下。

(1) 高价态的 Mn^{7+}，主要以 MnO$_4^-$形式存在，由于其有强氧化性，可以直接氧化降解有机物，反应方程如式(3-2)所示[41,59,60]：

$$Mn^{7+} + POPs \longrightarrow Mn^{4+}/Mn^{2+} + CO_2 + H_2O \tag{3-2}$$

(2) 中间价态的 Mn^{4+}和 Mn^{3+}，主要以氧化物的形式存在，在 2KHSO$_5$·KHSO$_4$·K$_2$SO$_4$(PMS)和 Na$_2$S$_2$O$_8$(PS)助剂下，可以催化其产生 SO$_4^-$·进行有机污染物降解(式(3-3)和式(3-4))[42,68,81]：

$$Mn^{4+}/Mn^{3+} + PMS/PS \longrightarrow Mn^{4+}/Mn^{3+} + SO_4^- \cdot \tag{3-3}$$

$$SO_4^- \cdot + POPs \longrightarrow 中间介质 \longrightarrow CO_2 + H_2O \tag{3-4}$$

(3) 低价态的 Mn^{2+}，作为一种类芬顿试剂(Mn^{2+} + H$_2$O$_2$)，在 H$_2$O$_2$ 存在时催化产生 HO·，再将有机物降解(式(3-5)和式(3-6))[34,54,63,82]：

$$Mn^{2+} + H_2O_2 \longrightarrow Mn^{3+} + OH^- + HO \cdot \tag{3-5}$$

$$HO \cdot + POPs \longrightarrow 中间介质 \longrightarrow CO_2 + H_2O \tag{3-6}$$

然而，高价态的 Mn(通常以 KMnO$_4$ 的形式存在)在降解有机污染物后，通常会产生 Mn^{4+}或 Mn^{2+}释放到溶液中，并与沉降的污泥一起排出。此外，H$_2$O$_2$、PMS

和 PS 的添加往往使得处理废水的成本高昂，或容易导致二次污染。相比之下，本研究利用低价 Mn_3O_4，在不使用 H_2O_2、PMS 或 PS 时，即可高效去除苯酚，所以本研究降解苯酚的机理不同于以上三种。

XPS 分析表明(图 3-11)，在以 Mn_3O_4 作为还原剂的类芬顿反应过程中，Mn_3O_4 的苯酚去除与低价态的 Mn^{2+} 和/或 Mn^{3+}(式(3-7)和式(3-8))失去电子被氧化密切相关。因此，参考前人的相关报道[54,83-85]，推测 Mn_3O_4 提供的电子被空气中的 O_2 捕获，产生 H_2O_2(式(3-9))。

$$Mn^{2+} \longrightarrow Mn^{3+} + e^- \tag{3-7}$$

$$Mn^{3+} \longrightarrow Mn^{4+} + e^- \tag{3-8}$$

$$O_2 + 2H^+ + 2e^- \longrightarrow H_2O_2 \tag{3-9}$$

在芬顿反应中，金属离子通过提供电子给 H_2O_2 产生 $HO\cdot$。强氧化性的 $HO\cdot$ 可以快速地降解有机污染物(式(3-10)和式(3-11))[37,40,63]：

$$M^{n+} + H_2O_2 \longrightarrow M^{(n+1)+} + HO^- + HO\cdot \tag{3-10}$$

$$HO\cdot + 有机混合物 \longrightarrow 中间产物 \longrightarrow CO_2 + H_2O \tag{3-11}$$

其中，n 表示化合价；M 表示金属元素。

结合式(3-2)～式(3-11)，给出 Mn_3O_4 降解苯酚的机理过程，降解过程如式(3-12)～式(3-15)所示，该机理由以下一系列实验验证。

$$Mn^{2+} + O_2 + 2H^+ \longrightarrow Mn^{4+} + H_2O_2 \tag{3-12}$$

$$2Mn^{3+} + O_2 + 2H^+ \longrightarrow 2Mn^{4+} + H_2O_2 \tag{3-13}$$

$$Mn^{n+} + H_2O_2 \longrightarrow Mn^{(n+1)+} + OH^- + HO\cdot \ (n=2, 3) \tag{3-14}$$

$$HO\cdot + 苯酚 \longrightarrow 中间产物 \longrightarrow CO_2 + H_2O \tag{3-15}$$

2. H_2O_2 的检测

根据文献[83]、[86]，用 DPD-POD 方法验证 Mn_3O_4 和 Mn_2O_3 在去除苯酚过程中产生了 H_2O_2(图 3-14)。为此，在 Mn_3O_4 和 Mn_2O_3 降解苯酚 30min 后，取其中少量降解后的溶液，加入 DPD-POD 进行紫外可见光谱测定。可以发现，在 510nm 和 551nm(H_2O_2 的紫外特征峰)处检测到两个明显的特征吸收峰，证明溶液中存在 H_2O_2。然而，在相同的条件下，没有加入 Mn_3O_4 和 Mn_2O_3 的去离子水及苯酚溶液中检测不到 H_2O_2 存在。这表明 Mn_3O_4 和 Mn_2O_3 催化剂在去除苯酚实验中促使 H_2O_2 的形成。从图中可以看出，Mn_3O_4 比 Mn_2O_3 产生更多的 H_2O_2，这与 Mn_3O_4 比 Mn_2O_3 降解苯酚的效率高是一致的。

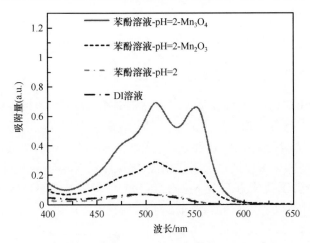

图 3-14　Mn_3O_4 和 Mn_2O_3 降解苯酚过程中 H_2O_2 检测的紫外可见光谱图(反应时间为 $t=30min$)

3. EDTA 和 N_2 气氛对苯酚降解速率的影响

在式(3-12)和式(3-13)中，O_2 对于 Mn_3O_4 和 Mn_2O_3 去除苯酚过程是必不可少的。因此，在厌氧条件下进行对照实验。在 N_2 气氛保护下(Mn_3O_4-N_2)，Mn_3O_4 去除苯酚的效率比原始空气气氛降低许多(图 3-15(a))，5min 后仅有 54.2%苯酚被 Mn_3O_4 去除。因此，O_2 在 Mn_3O_4 高效去除苯酚中起着关键作用。类似地，在不存在 O_2(Mn_2O_3-N_2)的情况下，40min 后仅有 30.3%的苯酚被 Mn_2O_3 去除(图 3-15(b))。根据文献[87]可知，Mn_3O_4 和 Mn_2O_3(Mn_3O_4 和 Mn_2O_3 的等电点分别在 pH = 3.8 和 pH = 7.5)在酸性条件下(pH = 2.0)带正电荷,因此在 N_2 保护下 Mn_3O_4 和 Mn_2O_3 对苯酚的去除由吸附作用产生。

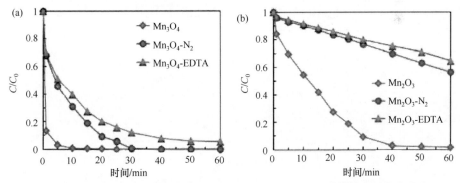

图 3-15　(a)Mn_3O_4 和(b)Mn_2O_3 在 N_2 气氛和螯合剂 EDTA 存在下降解苯酚的效率曲线图(V = 50mL, pH = 2.0 ± 0.1, [苯酚] = 50mg/L, [Mn_3O_4] = [Mn_2O_3] = 0.6g/L)

在提出的机理中，低价态的 Mn^{2+} 和 Mn^{3+}参与 H_2O_2 还原生成 HO·(方程式 (3-12)~式(3-14))。因此，通过使用乙二胺四乙酸(EDTA)螯合剂钝化 Mn^{2+} 和

Mn³⁺(Mn₃O₄- EDTA 和 Mn₂O₃-EDTA)来进行对照实验。结果显示，添加 EDTA 后，Mn₃O₄ 和 Mn₂O₃ 去除苯酚的效率急剧下降(图 3-15(a)、(b))。

4. 叔丁醇对苯酚降解速率的影响及 HO·检测

在方程式(3-14)中，锰催化剂可以通过与 H₂O₂ 反应分解生成 HO·。为了测试在苯酚去除中是否真正产生 HO·，向反应溶液中加入叔丁醇(一种强有力的 HO·消耗剂)来检测苯酚的降解效率是否降低。如图 3-16(a)、(b)所示，在添加了叔丁醇后，苯酚依然可以通过吸附作用被 Mn₃O₄ 和 Mn₂O₃ 缓慢除去，但所用的时间更长。显然，添加叔丁醇使 Mn₃O₄ 和 Mn₂O₃ 的降解速率降低，说明 HO·在去除苯酚过程中确实存在，并对苯酚的去除起着重要作用。

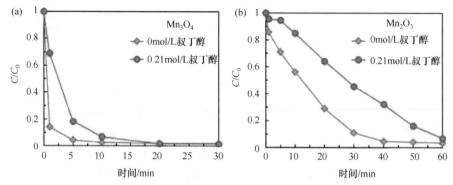

图 3-16　(a)Mn₃O₄ 和(b)Mn₂O₃ 在叔丁醇存在下降解苯酚的效率曲线图(V = 50mL, pH = 2.0 ± 0.1, [苯酚] = 50mg/L, [Mn₃O₄] = [Mn₂O₃] = 0.6g/L, [叔丁醇]=0.21mol/L)

为了进一步阐明 HO·的生成，对 Mn₃O₄ 和 Mn₂O₃ 降解苯酚溶液进行电子顺磁共振(electron paramagnetic resonance, EPR)光谱测试(图 3-17)。DMPO 捕获 HO·

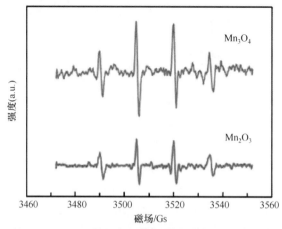

图 3-17　Mn₃O₄ 和 Mn₂O₃ 降解苯酚过程中 HO·检测

显示,在 Mn_3O_4 和 Mn_2O_3 降解苯酚时,EPR 光谱可以清楚地观察到强度为 1：2：2：1 的经典四重态 DMPO-OH 特征峰信号出现,这也证实了 Mn_3O_4 和 Mn_2O_3 在苯酚的去除过程中产生了 HO · [88]。值得注意的是,EPR 光谱强度信号显示, Mn_3O_4 产生的 HO · 浓度明显高于 Mn_2O_3 ,这与其去除率相符。

5. Mn_3O_4 和 Mn_2O_3 降解苯酚机理

图 3-18 是 Mn_3O_4 和 Mn_2O_3 去除苯酚的机理图。具体而言, Mn_3O_4 和 Mn_2O_3 微球表面上的 Mn^{2+} 和/或 Mn^{3+} 转化为 Mn^{4+} ,释放的电子被 O_2 捕获,产生 H_2O_2 。如前人所述, H_2O_2 随后在 Mn 离子作用下产生 HO · 以降解有机污染物。HO · 的非选择性攻击产生多种有机中间体。研究表明,苯酚的降解可能产生对苯醌、苯酚二聚体、对苯二酚和其他中间体等。所有这些中间体和亚中间体最终都会被 Mn_3O_4 和 Mn_2O_3 氧化或吸附,最终将水中的苯酚完全去除。

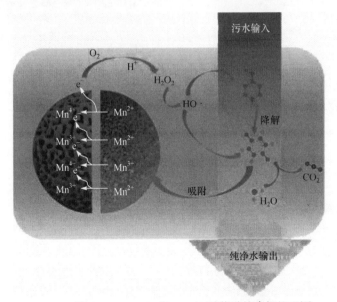

图 3-18　Mn_3O_4 和 Mn_2O_3 对苯酚的降解机理图

根据 XPS 分析, Mn_3O_4 比 Mn_2O_3 具有更多的低价态 Mn^{2+} 和/或 Mn^{3+} ,所以在降解苯酚过程中, Mn_3O_4 中 Mn 的平均价态变化更大,相应的 Mn_3O_4 比 Mn_2O_3 产生 H_2O_2 的量高 2～5 倍(图 3-14),产生较大量 H_2O_2 的 Mn_3O_4 具有更高的反应活性,去除苯酚的速率更快。因此,较低价态的 Mn_3O_4 对苯酚的去除率比 Mn_2O_3 高,说明低价态的 Mn 在苯酚去除中起关键作用。

3.3.6　Mn_3O_4 与 Mn_2O_3 的 Mn 离子溶出率和回收循环实验

在 pH = 2.0 的苯酚去除过程中,研究了溶液中 Mn_3O_4 和 Mn_2O_3 溶解出的 Mn

离子浓度(图 3-19)。电感耦合等离子体(inductive coupled plasma，ICP)测试显示，Mn_3O_4 的 Mn 总损失量约为 8.53%，Mn_2O_3 的 Mn 总损失量约为 3.68%。相反，与前人研究广泛使用的 $KMnO_4$ 处理有机物废水相比，在使用相同的 Mn 物质的量浓度的 $KMnO_4$，溶液中遗留有 71.7%的 Mn 离子(图 3-19(a))。将处理有机废水后的溶液静置 1h，发现使用 Mn_3O_4 和 Mn_2O_3 后获得的上清液清澈可见，固体 Mn_3O_4 和 Mn_2O_3 可以沉入底部自动分离。而对于 $KMnO_4$ 处理后的溶液，静置后溶液呈现泥泞且难以沉淀凝固，溶液浑浊(图 3-19(b))。因此，Mn_3O_4 和 Mn_2O_3 不仅可以高效率处理苯酚有机污染物、释放低浓度 Mn，且易回收利用，综合性能明显优于 $KMnO_4$。

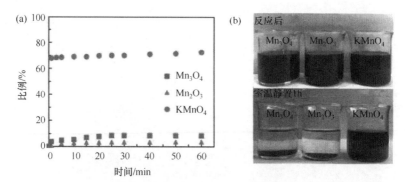

图 3-19　(a)Mn_3O_4、Mn_2O_3 和 $KMnO_4$ 降解苯酚过程中 Mn 离子的溶出率；(b) Mn_3O_4、Mn_2O_3 和 $KMnO_4$ 降解苯酚后静置沉淀效果对比图

　　样品回收利用有助于降低成本，避免二次污染。但对于类芬顿试剂，通常在反应后活性大为降低，因此被人们处置丢弃。图 3-20 显示了回收的 Mn_3O_4 和 Mn_2O_3 对苯酚的循环处理性能。对于每一次的循环利用，Mn_3O_4 和 Mn_2O_3 都在 N_2 气氛保护下，300℃退火 3h 除去 Mn_3O_4 和 Mn_2O_3 表面上的残余有机物质。从图 3-20 可以看出，四次循环后，Mn_3O_4 在 5min 内的去除苯酚的效率从 96.9%下降到 65.3%(图 3-20(a))，60min 内 Mn_2O_3 去除苯酚效率从 98.2%下降到 69.4% (图 3-20(b))。因此，反复循环利用，Mn_3O_4 和 Mn_2O_3 的活性持续下降，这是由于 Mn_3O_4 和 Mn_2O_3 表面的 Mn 离子在去除苯酚过程中化合价上升，使得 Mn 离子在类芬顿反应中丧失了提供电子的能力，相应地对有机物的降解效率也逐渐降低。

　　为了克服 Mn_3O_4 和 Mn_2O_3 在苯酚去除后表面 Mn 离子化合价上升导致后续循环降解苯酚失活问题，使用 $NaBH_4$($C = 50mmol/L$，$V = 20mL$)将回收利用的 Mn_3O_4 和 Mn_2O_3 表面的高价态 Mn^{4+}还原成 Mn^{3+}和/或 Mn^{2+}。用 $NaBH_4$ 处理 Mn_3O_4 和 Mn_2O_3 后，其活性恢复(图 3-20(a)、(b))。在第五次循环中($NaBH_4$ 处理样品)，5min 内 91.3%的苯酚被 Mn_3O_4 去除，60min 内 96.3%的苯酚被 Mn_2O_3 除去。这一结果

进一步表明，低价态的 Mn 物质(Mn^{2+} 和/或 Mn^{3+})在除去苯酚方面起着关键作用。显然，$NaBH_4$ 可以作为一种优良的还原试剂，通过将高价 Mn 物质还原成低价 Mn 物质来回收和再生循环 Mn_3O_4 及 Mn_2O_3(图 3-20(c))，与传统使用高价态锰(Mn^{7+} 和 Mn^{4+})相比，本书的方法开辟了一条更为绿色、环保、高效的去除持续性有机物的途径。

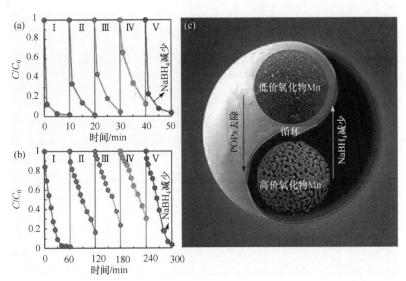

图 3-20 (a)Mn_3O_4 和(b)Mn_2O_3 循环降解苯酚曲线图；(c) Mn_3O_4 和 Mn_2O_3 循环回收利用示意图

当然，对于 Mn_3O_4 和 Mn_2O_3 的活化循环，还可以用另一种光催化还原方法。利用光催化剂可实现高价态的 Mn 物质还原成低价态的 Mn。根据 Fe^0 再生的研究报道，光生电子可以代替 $NaBH_4$ 将 Fe^{3+}/Fe^{2+} 还原成 $Fe^{0[89,90]}$，从而实现 Fe^0 的活化。因此，我们推测，当 Mn_3O_4 负载在适当的光催化剂上时，光生电子也会实现将高价态的 Mn 还原成低价态的 Mn，从而使 Mn_3O_4 重新活化。

3.3.7 Mn_3O_4 与 Mn_2O_3 降解混合性有机污染物

在工业生产实际中，排放的废水往往含有多种有机污染物，因此对于合成的锰氧化物是否可以同时降解多种有机污染物至关重要。我们对合成的 Mn_3O_4 和 Mn_2O_3 在处理复杂混合有机污染物的性能方面进行了实验评估。首先制备同时含有三种酚类有机物的溶液：苯酚(20mg/L)、双酚 A(20mg/L)和 4,4'-联苯二酚(10mg/L)模拟废水。从图 3-21 可以看出，Mn_3O_4 处理的混合有机物的紫外可见吸收光谱的吸收峰迅速下降，说明水中混合的酚类有机物被降解了，并可在 15min 内完全去除(图 3-21(a))。相比之下，Mn_2O_3 降解混合酚类有机物的效率较低，但仍能在 50min 内清除所有酚类污染物(图 3-21(b))。因此，Mn_3O_4 不仅可以降解单一的有机污染物, 而且可以快速降解复杂的有机酚类混合物。因此, 制备的 Mn_3O_4 非常适合处理工业废水。

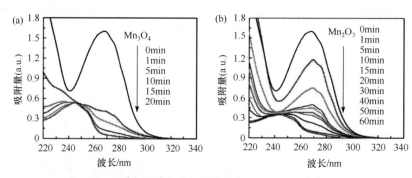

图 3-21　(a)Mn_3O_4 和(b)Mn_2O_3 降解混合性有机物的紫外可见吸收光谱图($V = 50mL$, $pH = 2.0 \pm 0.1$, [苯酚] $= 20mg/L$, [双酚 A] $= 20mg/L$, [4,4′-联苯二酚] $= 10mg/L$, [Mn_3O_4] $=$ [Mn_2O_3] $= 0.6g/L$)

3.4　本 章 小 结

本章通过锰盐在醇溶液体系经过溶剂热法可一步合成低价态的 Mn_3O_4 纳米材料。该合成方法无需模板剂、表面活性剂、有机助剂参与, 突破了传统合成方法的限制。研究发现, 该 Mn_3O_4 可作为一种类芬顿试剂进行有机物的降解, 在无需外加 H_2O_2 条件下, 即可高效地降解酚类有机污染物。机理探究首次发现低价态的 Mn_3O_4 在酸性条件下可以将空气中的 O_2 还原产生 H_2O_2, 进而与材料表面低价态 Mn^{2+} 作用, 以类芬顿试剂的形式产生活性氧 HO· 降解有机物。本章合成的 Mn_3O_4 以低价态的 Mn 起主导作用, 降解有机物后 XPS 分析显示 Mn 的价态上升, 为实现材料的循环利用, 将降解后的 Mn_3O_4 回收, 并用 $NaBH_4$ 还原处理, 即可实现材料活性的恢复。该研究合成的材料克服了传统材料模板法的限制, 并发现了材料自身自发产生 H_2O_2 降解有机物, 且材料易于回收循环再生, 克服了传统芬顿试剂不可循环的缺点。该机理探究结果对如何合理设计催化剂具有重要的参考价值。

参 考 文 献

[1] Yang D, Lu Z Y, Rui X H, et al. Synthesis of two-dimensional transition-metal phosphates with highly ordered mesoporous structures for lithium-ion battery applications[J]. Angewandte Chemie International Edition, 2014, 53: 9352-9355.

[2] Hu X L, Zhu S F, Huang H H, et al. Controllable synthesis and characterization of α-MnO_2 nanowires[J]. Journal of Crystal Growth, 2016, 434: 7-12.

[3] Sun Z, Liao T, Dou Y, et al. Generalized self-assembly of scalable two-dimensional transition metal oxide nanosheets[J]. Nature Communications, 2014, 5: 3813.

[4] Gimenez-Lopez M D C, La Torre A, Fay M W, et al. Assembly and magnetic bistability of Mn3O4 nanoparticles encapsulated in hollow carbon nanofibers[J]. Angewandte Chemie International Edition, 2013, 52: 2051-2054.

[5] Ma T Y, Dai S, Jaroniec M, et al. Graphitic carbon nitride nanosheet-carbon nanotube three-dimensional porous composites as high-performance oxygen evolution electrocatalysts[J]. Angewandte Chemie International Edition, 2014, 53(28): 7281-7285.

[6] Panda S K, Hickey S G, Demir H V, et al. Bright white-light emitting manganese and copper co-doped ZnSe quantum dots[J]. Angewandte Chemie International Edition, 2011, 50: 4432-4436.

[7] Lin T, Yu L, Sun M, et al. Mesoporous α-MnO2 microspheres with high specific surface area: Controlled synthesis and catalytic activities[J]. Chemical Engineering Journal, 2016, 286: 114-121.

[8] Cai R, Yang D, Peng S J, et al. Single nanoparticle to 3D supercage: Framing for an artificial enzyme system[J]. Journal of the American Chemical Society, 2015, 137(43): 13957-13963.

[9] Shen X F, Ding Y S, Liu J, et al. Control of nanometer-scale tunnel sizes of porous manganese oxide octahedral molecular sieve nanomaterials[J]. Advanced Materials, 2005, 36: 805-809.

[10] Li Y, Fu Z Y, Su B L, Hierarchically structured porous materials for energy conversion and storage[J]. Advanced Functional Materials, 2012, 22(22): 4634-4667.

[11] Zhang G Q, Lou X W. General synthesis of multi-shelled mixed metal oxide hollow spheres with superior lithium storage properties[J]. Angewandte Chemie International Edition, 2014, 53(34): 9041-9044.

[12] Li Q, Yin L W, Li Z Q, et al. Copper doped hollow structured manganese oxide mesocrystals with controlled phase structure and morphology as anode materials for lithium ion battery with improved electrochemical performance[J]. ACS Applied Materials & Interfaces, 2013, 5(21): 10975-10984.

[13] Chen X Q, Lin H B, Zheng X W, et al. Fabrication of core-shell porous nanocubic Mn2O3@TiO2 as a high-performance anode for lithium ion batteries[J]. Journal of Materials Chemistry A, 2015, 3(35): 18198-18206.

[14] Ma Y J, Chen X, Wu H S, et al. Highly efficient adsorption/photodegradation of organic pollutants using Sn1-0.25xCuxS2 flower-like as a novel photocatalyst[J]. Journal of Alloys and Compounds, 2017, 702: 489-498.

[15] Cheng C M, Huang Y, Wang N, et al. facile fabrication of Mn2O3 nanoparticle-assembled hierarchical hollow spheres and their sensing for hydrogen peroxide[J]. ACS Applied Materials & Interfaces, 2015, 7(18): 9526-9533.

[16] Cao J, Zhu Y C, Bao K, et al. Microscale Mn2O3 hollow structures: sphere, cube, ellipsoid, dumbbell, and their phenol adsorption properties[J]. The Journal of Physical Chemistry C, 2009, 113(41): 17755-17760.

[17] Zhuang Z, Chen H, Lin Z, et al. Mn2O3 hollow spheres synthesized based on an ion-exchange strategy from amorphous calcium carbonate for highly efficient trace-level uranyl extraction[J]. Environmental Science: Nano, 2016, 3: 1254-1258.

[18] Wang Y H, Wang Y H, Jia D, et al. All-nanowire based Li-ion full cells using homologous Mn2O3 and Li Mn2O4[J]. Nano Letters, 2014, 14: 1080-1084.

[19] Qiao Y, Yu Y, Jin Y, et al. Synthesis and electrochemical properties of porous double-shelled Mn2O3 hollow microspheres as a superior anode material for lithium ion batteries[J]. Electrochimica Acta, 2014, 132: 323-331.

[20] Wu Y T, Wang X. Preparation and characterization of single-phase α-Fe2O3 nano-powders by Pechini sol-gel method[J]. Materials Letters, 2011, 65(13): 2062-2065.

[21] Mukherjee S, Yang H D, Pal A K, et al. Magnetic properties of MnO nanocrystals dispersed in a silica matrix[J]. Journal of Magnetism And Magnetic Materials, 2012, 324: 1690-1697.

[22] Ching S, Richter I J, Tutunjian K A, et al. Synthesis of highly monodisperse porous manganese oxide spheres using a butyric acid microemulsion[J]. Chemical Communications, 2015, 51(10): 1961-1964.

[23] Lin H B, Rong H B, Huang W, et al. Triple-shelled Mn2O3 hollow nanocubes: force-induced synthesis and excellent performance as the anode in lithium-ion batteries[J]. Journal of Materials Chemistry A, 2014, 2: 14189-14194.

[24] Gu X, Yue J, Li L J, et al. General synthesis of MnOx(MnO2, Mn2O3, Mn3O4, MnO) hierarchical microspheres as lithium-ion battery anodes[J]. Electrochimica Acta , 2015, 184: 250-256.

[25] Zhang X, Qian Y T, Zhu Y C, et al. Synthesis of Mn2O3 nanomaterials with controllable porosity and thickness for enhanced lithium-ion batteries performance[J]. Nanoscale, 2014, 6(3): 1725-1731.

[26] Huang S Z, Jin J, Cai Y, et al. Three-dimensional(3D) bicontinuous hierarchically porous Mn2O3 single crystals for high performance lithium-ion batteries[J]. Scientific Reports, 2015, 5: 14686-18697.

[27] Wei W F, Cui X W, Chen W X, et al. Manganese oxide-based materials as electrochemical supercapacitor electrodes[J]. Chemical Society Reviews, 2011, 40: 1697-1721.

[28] Huang S Z, Jin J, Cai Y, et al. Engineering single crystalline Mn3O4 nano-octahedra with exposed highly active {011} facets for high performance lithium ion batteries[J]. Nanoscale, 2014, 6: 6819-6827.

[29] Su H, Xu Y F, Feng S, et al. Hierarchical Mn2O3 hollow microspheres as anode material of lithium ion battery and its conversion reaction mechanism investigated by XANES[J]. ACS Applied Materials & Interfaces, 2015, 7: 8488-8494.

[30] Zhang X J, Ma Z A, Song Z X, et al. Role of cryptomelane in surface-adsorbed oxygen and Mn chemical valence in MnOx during the catalytic oxidation of toluene[J]. The Journal of Phsical Chemistry C, 2019, 123: 17255-17264.

[31] Ching S, Kriz D A, Luthy K M, et al. Self-assembly of manganese oxide nanoparticles and hollow spheres. Catalytic activity in carbon monoxide oxidation[J]. Chemical Communications, 2011, 47: 8286-8288.

[32] Pal P, Pahari S K, Giri A K, et al. Hierarchically order porous lotus shaped nano-structured MnO2 through MnCO3: Chelate mediated growth and shape dependent improved catalytic activity[J]. Journal of Materials Chemistry A, 2013, 1: 10251-10258.

[33] Bokare A D, Choi W. Review of iron-free Fenton-like systems for activating H_2O_2 in advanced oxidation processes[J]. Journal of Hazardous Materials, 2014, 275: 121-135.

[34] Wan Z, Wang J L. Degradation of sulfamethazine antibiotics using Fe_3O_4-Mn_3O_4 nanocomposite as a Fenton-like catalyst[J]. Journal of Chemical Technology & Biotechnology, 2017, 92: 874-883.

[35] Sopaj F, Oturan N, Pinson J, et al. Effect of the anode materials on the efficiency of the electro-Fenton process for the mineralization of the antibiotic sulfamethazine[J]. Applied Catalysis B: Environmental, 2016, 199: 331-341.

[36] Zhao H Y, Chen Y, Peng Q S, et al. Catalytic activity of MOF(2Fe/Co)/carbon aerogel for improving H_2O_2 and OH generation in solar photo-electro-Fenton process[J]. Applied Catalysis B: Environmental, 2017, 203: 127-137.

[37] Yang X J, Xu X M, Xu J, et al. Iron oxychloride(FeOCl): An efficient Fenton-like catalyst for producing hydroxyl radicals in degradation of organic contaminants[J]. Journal of the American Chemical Society, 2013, 135: 16058-16061.

[38] Cheng J H, Shao G, Yu H J, et al. Excellent catalytic and electrochemical properties of the mesoporous MnO_2 nanospheres/nanosheets[J]. Journal of Alloys and Compounds, 2010, 505: 163-167.

[39] Li F, Wu J F, Qin Q H, et al. Facile synthesis of gamma-MnOOH micro/nanorods and their conversion to β-MnO_2, Mn_3O_4[J]. Journal of Alloys and Compounds, 2010, 492: 339-346.

[40] Xu L J, Wang J L. Magnetic nanoscaled Fe_3O_4/CeO_2 composite as an efficient Fenton-like heterogeneous catalyst for degradation of 4-chlorophenol[J]. Environmental Science & Technology, 2012, 46: 10145-10153.

[41] Sun B, Guan X H, Fang J, et al. Activation of manganese oxidants with bisulfite for enhanced oxidation of organic contaminants: The involvement of Mn(Ⅲ)[J]. Environmental Science & Technology, 2015, 49: 12414-12421.

[42] Saputra E, Muhammad S, Sun H Q, et al. Different crystallographic one-dimensional MnO_2 nanomaterials and their superior performance in catalytic phenol degradation[J]. Environmental Science & Technology, 2013, 47: 5882-5887.

[43] Wang Y X, Sun H Q, Ang H M, et al. Facile synthesis of hierarchically structured magnetic MnO_2/$ZnFe_2O_4$ hybrid materials and their performance in heterogeneous activation of peroxymonosulfate[J]. ACS Applied Materials & Interfaces, 2014, 6: 19914-19923.

[44] Wang Y, Zhu L, Yang X, et al. Facile synthesis of three-dimensional Mn_3O_4 hierarchical microstructures and their application in the degradation of methylene blue[J]. Journal of Materials Chemistry A, 2015, 3: 2934-2941.

[45] Shaikh N, Taujale S, Zhang H C, et al. Spectroscopic investigation of interfacial interaction of manganese oxide with triclosan, aniline, and phenol[J]. Environmental Science & Technology, 2016, 50: 10978-10987.

[46] Musee N, Thwala M, Nota N. The antibacterial effects of engineered nanomaterials: Implications for wastewater treatment plants[J]. Journal of Environmental Monitoring, 2011, 13: 1164-1183.

[47] Zhang Y N, Dai W G, Wen Y Z, et al. Efficient enantioselective degradation of the inactive(S)-

herbicide dichlorprop on chiral molecular-imprinted TiO_2[J]. Applied Catalysis B: Environmental, 2017, 212: 185-192.

[48] Zai J T, Cao F L, Liang N, et al. Rose-like I-doped $Bi_2O_2CO_3$ microspheres with enhanced visible light response: DFT calculation, synthesis and photocatalytic performance[J]. Journal of Hazardous Materials, 2017, 321: 464-472.

[49] Chuang Y H, Parker K M, Mitch W A. Development of predictive models for the degradation of halogenated disinfection byproducts during the UV/H_2O_2 advanced oxidation process[J]. Environmental Science & Technology, 2016, 50: 11209-11217.

[50] Ahmed B, Limem E, Abdel-Wahab A, et al. Photo-Fenton treatment of actual agro-industrial wastewaters[J]. Industrial & Engineering Chemistry Research, 2011, 50: 6673-6680.

[51] Ghenymy A, Garrido J A, Centellas F, et al. Electro-Fenton and photoelectro-Fenton degradation of sulfanilic acid using a boron-doped diamond anode and an air diffusion cathode[J]. The Journal of Physical Chemistry A, 2012, 116: 3404-3412.

[52] Baza-Garcia M, Cabeza A, Olivera-Pastor P, et al. Photodegradation of phenol over a hybrid organo-inorganic material: Iron(Ⅱ) hydroxyphosphonoacetate[J]. The Journal of Physical Chemistry C, 2012, 116: 14526-14533.

[53] van Genuchten C, Peña J. Mn(Ⅱ) oxidation in Fenton and Fenton type systems: Identification of reaction efficiency and reaction products[J]. Environmental Science & Technology, 2017, 51: 2982-2991.

[54] Khataee A R, Fathinia M, Zarei M, et al. Modeling and optimization of photocatalytic/photoassisted-electro-Fenton like degradation of phenol using a neural network coupled with genetic algorithm[J]. Journal of Industrial and Engineering Chemistry, 2014, 20: 1852-1860.

[55] Navalon S, de Miguel M, Martin R, et al. Enhancement of the catalytic activity of supported gold nanoparticles for the Fenton reaction by light[J]. Journal of the American Chemical Society, 2011, 133: 2218-2226.

[56] Expósito A J, Monteagudo J M, Durán A, et al. Dynamic behavior of hydroxyl radical in sono-photo-Fenton mineralization of synthetic municipal wastewater effluent containing antipyrine[J]. Ultrasonics Sonochemistry, 2017, 35: 185-195.

[57] Dindarsafa M, Khataee A, Kaymak B, et al. Heterogeneous sono-Fenton-like process using martite nanocatalyst prepared by high energy planetary ball milling for treatment of a textile dye[J]. Ultrasonics Sonochemistry, 2017, 34: 389-399.

[58] Irmak S, Yavuz H I, Erbatur O. Degradation of 4-chloro-2-methylphenol in aqueous solution by electro-Fenton and photoelectro-Fenton processes[J]. Applied Catalysis B: Environmental, 2006, 63: 243-248.

[59] Jiang J, Gao Y, Pang S Y, et al. Understanding the role of manganese dioxide in the oxidation of phenolic compounds by aqueous permanganate[J]. Environmental Science & Technology, 2015, 49: 520-528.

[60] Sun B, Zhang J, Du J S, et al. Reinvestigation of the role of humic acid in the oxidation of phenols by permanganate[J]. Environmental Science & Technology, 2013, 47: 14332-14340.

[61] Sharma V K. Ferrate(Ⅵ) and ferrate(V) oxidation of organic compounds: Kinetics and

mechanism[J]. Coordination Chemistry Reviews, 2013, 257: 495-510.

[62] Hartmann M, Kullmann S, Keller H. Wastewater treatment with heterogeneous Fenton-type catalysts based on porous materials[J]. Journal of Materials Chemistry, 2010, 20: 9002-9017.

[63] Li H T, Gao Q, Han B, et al. Partial-redox-promoted Mn cycling of Mn(II)-doped heterogeneous catalyst for efficient H_2O_2-mediated oxidation[J]. ACS Applied Materials & Interfaces, 2016, 9: 371-380.

[64] Lei Y, Chen C S, Tu Y J, et al. Heterogeneous degradation of organic pollutants by persulfate activated by $CuO-Fe_3O_4$: Mechanism, stability, and effects of pH and bicarbonate ions[J]. Environmental Science & Technology, 2015, 49: 6838-6845.

[65] Li X N, Wang Z H, Zhang B, et al. $Fe_xCo_{3-x}O_4$ nanocages derived from nanoscale metal-organic frameworks for removal of bisphenol A by activation of peroxymonosulfate[J]. Applied Catalysis B: Environmental, 2016, 181: 788-799.

[66] Sun H M, Yang X J, Zhao L, et al. One-pot hydrothermal synthesis of octahedral $CoFe/CoFe_2O_4$ submicron composite as heterogeneous catalysts with enhanced peroxymonosulfate activity[J]. Journal of Materials Chemistry A, 2016, 4: 9455-9465.

[67] Wang D, Zhao Y, Xu X, et al. Novel Li_2MnO_3 nanowire anode with internal Li-enrichment for use in a Li-ion battery[J]. Nanoscale, 2014, 6: 8124-8129.

[68] Saputra E, Muhammad S, Sun H Q, et al. Shape-controlled activation of peroxymonosulfate by single crystal α-Mn_2O_3 for catalytic phenol degradation in aqueous solution[J]. Applied Catalysis B: Environmental, 2014, 154-155: 246-251.

[69] Chang L, Mai L Q, Xu X, et al. Pore-controlled synthesis of Mn_2O_3 microspheres for ultralong-life lithium storage electrode[J]. RSC Advances, 2013, 3: 1947-1952.

[70] Deshmukh R, Tervoort E, Käch J, et al. Assembly of ultrasmall Cu_3N nanoparticles into three-dimensional porous monolithic aerogels[J]. Dalton Transactions, 2016, 45: 11616-11619.

[71] Wang Y X, Sun H Q, Ang H M, et al. 3D-hierarchically structured MnO_2 for catalytic oxidation of phenol solutions by activation of peroxymonosulfate: Structure dependence and mechanism[J]. Applied Catalysis B: Environmental, 2015, 164: 159-167.

[72] Zhang S W, Fan Q H, Gao H H, et al. Formation of $Fe_3O_4@MnO_2$ ball-in-ball hollow spheres as a high performance catalyst with enhanced catalytic performances[J]. Journal of Materials Chemistry A, 2016, 4: 1414-1422.

[73] Nakayama M, Shamoto M, Kamimura A. Surfactant-induced electrodeposition of layered manganese oxide with large interlayer space for catalytic oxidation of phenol[J]. Chemistry of Materials, 2010, 22: 5887-5894.

[74] Ganiyu S O, Huong Le T X, Bechelany M, et al. A hierarchical CoFe-layered double hydroxide modified carbon-felt cathode for heterogeneous electro-Fenton process[J]. Journal of Materials Chemistry A, 2017, 5: 3655-3666.

[75] Su R, Tiruvalam R, He Q, et al. Promotion of phenol photodecomposition over TiO_2 using Au, Pd, and Au-Pd nanoparticles[J]. ACS Nano, 2012, 6: 6284-6292.

[76] Chen H H, Xu Y M. Cooperative effect between cation and anion of copper phosphate on the photocatalytic activity of TiO_2 for phenol degradation in aqueous suspension[J]. The Journal of

Physical Chemistry C, 2012, 116: 24582-24589.

[77] Liu Q R, Duan X G, Sun H Q, et al. Size-tailored porous spheres of manganese oxides for catalytic oxidation via peroxymonosulfate activation[J]. The Journal of Physical Chemistry C, 2016, 120: 16871-16878.

[78] Li X N, Ao Z M, Liu J Y, et al. Topotactic transformation of metal-organic frameworks to graphene-encapsulated transition-metal nitrides as efficient Fenton-like catalysts[J]. ACS Nano, 2016, 10: 11532-11540.

[79] Wang F, Dai H X, Deng J G, et al. Manganese oxides with rod-, wire-, tube-, and flower-like morphologies: Highly effective catalysts for the removal of toluene[J]. Environmental Science & Technology, 2012, 46: 4034-4041.

[80] Piumetti M, Fino D, Russo N. Mesoporous manganese oxides prepared by solution combustion synthesis as catalysts for the total oxidation of VOCs[J]. Applied Catalysis B: Environmental, 2015, 163: 277-287.

[81] Liu H Z, Bruton T A, Li W, et al. Oxidation of benzene by persulfate in the presence of Fe(III)- and Mn(IV)-containing oxides: Stoichiometric efficiency and transformation products[J]. Environmental Science & Technology, 2016, 50: 890-898.

[82] Neumann R, Gara M. The manganese-containing polyoxometalate, $[WZnMn_2(ZnW_9O_{34})_2]^{12-}$, as a remarkably effective catalyst for hydrogen peroxide mediated oxidations[J]. Journal of the American Chemical Society, 1995, 117: 5066-5074.

[83] Weng B, Wu J, Zhang N, et al. Observing the role of graphene in boosting the two-electron reduction of oxygen in graphene-WO_3 nanorod photocatalysts[J]. Langmuir: the ACS Journal of Surfaces and Colloids, 2014, 30: 5574-5584.

[84] Sheriff T S, Cope S, Varsani D S. Kinetics and mechanism of the manganese(II) catalysed calmagite dye oxidation using in situ generated hydrogen peroxide[J]. Dalton Transactions, 2013, 42: 5673-5681.

[85] Wan X, Wang H J, Yu H, et al. Highly uniform and monodisperse carbon nanospheres enriched with cobalt-nitrogen active sites as a potential oxygen reduction electrocatalyst[J]. Journal of Power Sources, 2017, 346: 80-88.

[86] Bader H, Sturzenegger V, Hoigné J. Photometric method for the determination of low concentrations of hydrogen peroxide by the peroxidase catalyzed oxidation of N, N-diethyl-p-phenylenediamine(DPD)[J]. Water Research, 1988, 22: 1109-1115.

[87] Škapin S, Čadež V, Suvorov D, et al. Formation and properties of nanostructured colloidal manganese oxide particles obtained through the thermally controlled transformation of manganese carbonate precursor phase[J]. Journal of Colloid and Interface Science, 2015, 457: 35-42.

[88] Zhao H, Qian L, Guan X, et al. Continuous bulk FeCuC aerogel with ultradispersed metal nanoparticles: An efficient 3D heterogeneous electro-Fenton cathode over a wide range of pH 3-9[J]. Environmental Science & Technology, 2016, 50: 5225-5233.

[89] Wang X, Hong M Z, Zhang F W, et al. Recyclable nanoscale zero valent iron doped g-C_3N_4/MoS_2 for efficient photocatalysis of RhB and Cr(VI) driven by visible light[J]. ACS

Sustainable Chemistry & Engineering, 2016, 4: 4055-4063.

[90] Wang X, Zhou Z M, Liang Z Y, et al. Photochemical synthesis of the $Fe^0/C_3N_4/MoS_2$ heterostructure as a highly active and reusable photocatalyst[J]. Applied Surface Science, 2017, 423: 225-235.

第 4 章　铜锰基纳米净化材料

工业生产造成的水体污染问题多样化、复杂化，严重威胁人类生命健康。因此，对于合成特定材料应用于水体修复净化上具有重要的意义[1]。不少研究者利用过渡金属盐，合成单一组分的金属氧化物，在水体处理上取得了巨大进步[2]。但是这些合成的材料也面临许多挑战：①组分、结构单一，使得在实际应用上存在局限，往往只能针对某些特定的污染物起作用，很难扩展材料性能；②材料分级结构构建存在挑战，分级结构的构建可以有效提升材料的活性位点，促进材料性能的提高，但难以找到一种简便可行的方法有效进行材料的分级结构构建[3]。

因此，利用多金属掺杂，或者利用两种氧化物进行材料的相互复合，合成多组分的金属氧化物，应用于水体处理是现今研究的重要趋势[4,5]。通过调节其他金属进行掺杂复合，实现机体材料的组分可调，对于合成的材料，在性能应用上往往取得了意想不到的效果[6]。而对于构建设计材料结构形貌，很多研究者采用模板法制备特定维度、形貌的纳米材料，从而实现对材料的维度可调、形貌可调，实现材料活性位点增多取得了一定的进步[7-9]。但这些方法操作复杂、不易控制、难以均匀合成所需的材料，难以得到实际的大范围应用[10]。因此，对于简单的金属掺杂复合，如何一步实现材料组分可调、结构可调和形貌可调具有重要的研究意义。

另外，对于合成特定分级结构、形貌的金属氧化物，现今对其形成机理的探究仍存在不足，人们对很多材料的性质尚不明确，使得材料在性能应用上受到限制[11,12]。分级纳米材料的组装方式多样，组装条件各异，如何探究材料在一定环境体系下的组装方式、过程，将使人们对组装材料的性质具有更多的认识，这可以有效地扩展材料的性能，并可以指导人为设计合成特定结构的分级纳米组装材料[13]。

基于第 3 章所获得的 Mn_3O_4，通过进一步简单掺杂，可以诱导原始 Mn_3O_4 发生形貌转变，形成 Mn_3O_4 二维纳米薄片。其中，AFM 分析表明，超薄的 Mn_3O_4 二维纳米片的尺寸相对均匀，仅有 2～5nm。简单调控掺杂离子的浓度，可以进一步诱导纳米片形成具有自支撑结构的花状材料。结合时间分辨的 XRD 和 XPS 分析，片状结构的形成源于 Cu 和 Mn 之间的化学反应及 Cl^- 的协同作用。这样的生长机制与传统的奥斯特瓦尔德熟化机制明显不同。

本章利用掺杂金属离子，对锰基纳米材料进行形貌、结构和组分的精确调控，探究材料的形成机理，并扩展其应用领域。主要的研究内容为：对合成的 Mn_3O_4 分级多孔纳米材料进行 $CuCl_2$ 掺杂改性，实现对 Mn_3O_4 形貌、结构和组分的调控；通过掺杂不同物质的量浓度的 $CuCl_2$，实现对锰基纳米组装材料的精确调控，并探究其调控机制；将调控合成的锰基纳米组装材料应用于甲基蓝的降解，探究其改性前后样品的性能差异，并对其做出合理解释。

此处，本章基于现今分级纳米组装材料结构、形貌和组分的精确调控问题，通过锰盐掺杂 $CuCl_2$，一步水热合成多种分级纳米组装材料。通过调节锰盐与 $CuCl_2$ 的配比，实现不同结构形貌的锰基纳米组装材料精确调控，并探究其形成机制。该机理探究结果对精确构建分级结构纳米组装材料具有重要的参考价值。再者，利用合成的不同结构形貌的锰基纳米组装材料，应用于有机污染物降解，探究其作用性能差异，并做出合理的解释。

总之，本章主要对锰基分级纳米组装材料构筑合成，以及其形成机制和性能应用的作用机制进行深入探究，研究结果有助于理解新型纳米组装材料的形成，为纳米材料的非经典生长机制研究提供思路。

4.1　Mn-Cu 纳米材料的制备

用天平称量二水甲酸锰(0.181g)和二水合氯化铜于 100mL 烧杯中，加入 60mL 甲醇，用多头磁力搅拌器搅拌 30min 至固体完全溶解，将溶液倒入 100mL 不锈钢高压反应釜中，180℃下反应 18h，自然冷却至室温，离心分离得到沉淀物，用去离子水和乙醇交替洗涤数次后，放入冰箱低温冷冻 2h，将冷冻后的样品用冷冻干燥机进行冷冻干燥 12h 得到最终样品。其中，根据加入的二水甲酸锰和二水合氯化铜的物质的量之比 1∶0、1∶0.1 和 1∶0.3，分别标记样品名为 Mn-Cu-0、Mn-Cu-0.1 和 Mn-Cu-0.3。

4.2　Mn-Cu 样品的物相、形貌、结构分析

4.2.1　Mn-Cu 样品的 XRD 物相分析

用 XRD 对合成的样品相态和纯度进行分析。图 4-1 显示，没有掺杂 $CuCl_2$(Mn-Cu-0)水热合成的样品物相为 Mn_3O_4，与四方相 Mn_3O_4 标准卡片 JCPDS 24-0734 对应，并且没有其他物相出现。当掺杂 10%的 Cu^{2+}时(Mn-Cu-0.1)，可以发现，除保留了 Mn_3O_4 的物相外，在衍射角 2θ 为 43.3°、50.4°和 74.1°出现了新的衍射峰，对比标准卡片可知，这些衍射峰对应 Cu^0(JCPDS 04-0836)的(111)、(200)和(220)晶面，说明水热过程中发生了氧化还原反应，产生了新的物相 Cu^0。除此之外，

在低角度衍射角 $2\theta=11.0°$ 出现了一个极高的衍射峰,对比参考文献[14]～[17]可知,这是样品层状结构的衍射峰,说明掺杂 $CuCl_2$ 后,样品结构形貌发生了改变。当继续掺杂 $CuCl_2$(Mn-Cu-0.3)时,同样出现了 Mn_3O_4 和 Cu^0 两种物相,相对于 Mn-Cu-0.1 样品,Mn-Cu-0.3 样品中 Cu^0 的衍射峰更加尖锐,而在低角度的层状结构的衍射峰强度则较弱,这说明 Mn-Cu-0.3 样品的结构形貌相对于 Mn-Cu-0 和 Mn-Cu-0.1 样品也发生了改变。对比掺杂 $CuCl_2$ 前后的样品,可知 Mn-Cu-0.1 和 Mn-Cu-0.3 样品的 XRD 衍射峰出现了宽化。根据谢乐公式可知,其晶粒尺寸比未掺杂 $CuCl_2$ 的 Mn-Cu-0 样品小。局部放大 XRD 图谱(33°～40°)可知,掺杂 $CuCl_2$ 后,Mn-Cu-0.1 和 Mn-Cu-0.3 样品的 XRD 衍射峰向高角度偏移,说明 Cu^{2+} 取代了 Mn 的位置。

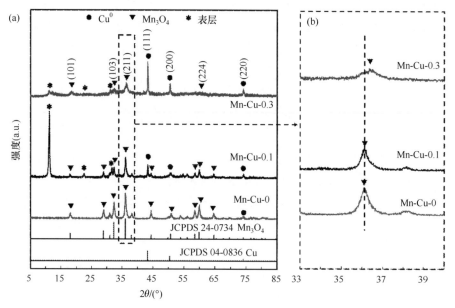

图 4-1　Mn-Cu-0、Mn-Cu-0.1 和 Mn-Cu-0.3 样品的 XRD 图谱

4.2.2　Mn-Cu 样品的 SEM 和 TEM 的微观结构形貌分析

　　样品的 SEM 微观形貌如图 4-2 所示。Mn-Cu-0 样品与先前研究合成的 Mn_3O_4 球状多孔形貌相同[18],球直径尺寸为(1.5±0.5)μm,从微球表面可以看出,球表面分布着小颗粒的 Mn_3O_4 纳米晶(图 4-2(a1)、(a2))。元素扫描分析显示,样品只有 Mn(41.9%)和 O(58.1%)两种元素(图 4-2(a3)、(a4)),且 Mn/O 元素质量分数比例接近 3:4,与 XRD 物相检索对应。当掺杂 10%$CuCl_2$ 后,相对于原始的 Mn-Cu-0 样品,Mn-Cu-0.1 样品的形貌发生了改变,为层状堆积组成的二维片状结构(图 4-2(b1)、(b2)),这与 XRD 在低角度得到层状结构的衍射峰结果一致。元素扫

描分析显示，样品含有 Cu(4.27%)、Mn(29.2%)、O(64.8%)和 Cl(1.73%)四种元素
(图 4-2(b3)~(b6))。继续增加 CuCl$_2$ 掺杂量为 30%后，Mn-Cu-0.3 样品的形貌变成
了花状的球形结构(图 4-2(c1)、(c2))，表面放大显示，许多纳米片无序连接组成
球状(图 4-2(c2))，这与 XRD 分析结果一致。元素扫描分析显示，样品含有
Cu(14.8%)、Mn(15.8%)、O(65.0%)和 Cl(4.40%)四种元素(图 4-2(c3)~(c6))。

图 4-2　(a1)低倍和(a2)高倍 Mn-Cu-0 样品的 SEM 图；(a3)、(a4) Mn 和 O 在(a1)平面的元素分
布图；(b1)低倍和(b2)高倍 Mn-Cu-0.1 样品的 SEM 图；(b3)~(b6) Cu、Mn、O 和 Cl 在(b1)平面
的元素扫描；(c1)低倍和(c2)高倍 Mn-Cu-0.3 样品的 SEM 图；(c3)~(c6)Cu、Mn、O 和 Cl 在(c1)
平面的元素分布图

　　将 Mn-Cu-0.1 样品进行透射分析显示，表面纳米线布满整个纳米片状结构
(图 4-3(a1))，高分辨率显示，二维纳米片的晶格条纹间距为 0.289nm，对应 Mn$_3$O$_4$
的(200)晶面，这与 XRD 分析的物相一致(图 4-3(a2))。对应区域的电子衍射分析
显示，样品为多晶结构，且有(200)晶面(图 4-3(iii))。由 Mn-Cu-0.3 样品透射分析

可知，从球剥落的片由一层层更小的纳米片堆积而成，这与 XRD 分析的结构相符(图 4-3(b1))。高分辨率晶格条纹显示晶面间距为 0.306nm，对应 Mn₃O₄ 的(112)晶面，与 XRD 分析的物相一致(图 4-3(b2))。对应区域的电子衍射分析显示样品为多晶结构，且有(112)晶面(图 4-3(b3))。

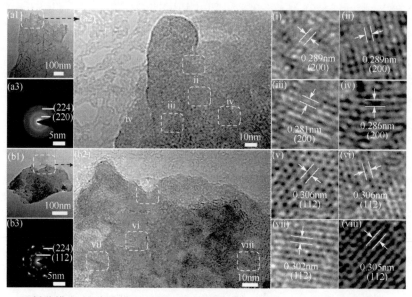

图 4-3　(a1)低分辨和(a2)高分辨 Mn-Cu-0.1 的 TEM 图；(a3) Mn-Cu-0.1 电子衍射图；(i)～(iv)对应(a2)相应区域的晶格间距；(b1)低分辨和(b2)高分辨 Mn-Cu-0.3 的 TEM 图；(b3) Mn-Cu-0.3 电子衍射图；(v)～(viii)对应(b2)相应区域的晶格间距

4.2.3　Mn-Cu 样品的 AFM 结构分析和 BET 分析

扫描和透射分析显示，经过掺杂 CuCl₂ 后，样品由球状多孔转变成二维片状再转变为三维花状结构，用原子力显微镜测试掺杂 CuCl₂ 后二维片状和花状片层的厚度(图 4-4)。当掺杂 10%CuCl₂ 时，样品 Mn-Cu-0.1 的样品厚度约为 5.0nm(图 4-4(a)、(b))；掺杂 30%的 CuCl₂，样品 Mn-Cu-0.3 的样品厚度约为 2.0nm(图 4-4(c)、(d))，说明掺杂不同物质的量的 Cu²⁺，会影响样品的片层厚度，这可能是不同物质的量的 CuCl₂ 影响了材料晶面的生长，使得样品晶粒择优生长，导致片层厚度不一样，从而样品的形貌结构也不一样。用比表面积测试仪测试 Mn-Cu-0、Mn-Cu-0.1 和 Mn-Cu-0.3 的比表面积(图 4-4(e))，分别为 48.0m²/g、65.2m²/g、和 61.4m²/g，说明掺杂 CuCl₂ 后，Mn-Cu-0.1 和 Mn-Cu-0.3 样品的比表面积增加。

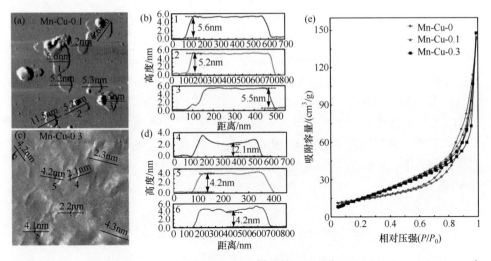

图 4-4　(a)、(b) Mn-Cu-0.1 和(c)、(d) Mn-Cu-0.3 样品的 AFM 图，(e) Mn-Cu-0、Mn-Cu-0.1 和 Mn-Cu-0.3 样品的 N_2 吸脱附曲线

4.3　Mn-Cu 样品的 FTIR 分析和 TGA

样品的傅里叶变换红外吸收光谱仪(Fourier transform infrared spectrometer, FTIR)分析显示(图 4-5(a))，对于 Mn-Cu-0、Mn-Cu-0.1 和 Mn-Cu-0.3 三个样品，在 3450cm^{-1} 都有强的吸收峰，这归因于—OH 和 H_2O 的伸缩振动，与样品表面或层间存在的 H_2O 有关[19,20]。在 1605cm^{-1} 是由 H—O—H 弯曲振动引起的[21]。400～650cm^{-1} 吸收带对应 Mn_3O_4 氧化物内部 Mn-O 伸缩振动的结果[22]。通过对比掺杂 $CuCl_2$ 前后的样品可知，Mn-Cu-0.1 和 Mn-Cu-0.3 在 1406cm^{-1}、1055cm^{-1} 和 860cm^{-1} 新出现了三个振动峰。根据相关文献报道，1406cm^{-1} 是 CO_3^{2-} 的伸缩振动，这可能

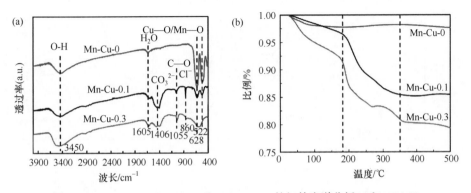

图 4-5　Mn-Cu-0、Mn-Cu-0.1 和 Mn-Cu-0.3 的红外光谱分析(a)和 TGA(b)

是因为水热过程中或保存时空气中的 CO_2 进入样品中形成的[23]。$860cm^{-1}$ 是卤素物种的吸收峰，这可能归因于 Mn-Cu-0.1 和 Mn-Cu-0.3 样品层间存在 Cl^-[24,25]。

样品的热重分析(thermogravimetric analysis，TGA)显示(图 4-5(b))，在 25～180℃，三个样品产生物理吸附水去除效应，损失量分别对应 1.5%、3.8%和 9.2%。在 180～350℃，Mn-Cu-0 样品的质量基本保持不变，但 Mn-Cu-0.1 和 Mn-Cu-0.3 样品质量却急剧下降，损失量分别达到 10.9%和 10.6%，这主要归因于其二维片上和层间较多的 H_2O 和 Cl^- 去除，与 FTIR 分析相符。FTIR 和 TGA 测试结果表明，Mn-Cu-0.1 和 Mn-Cu-0.3 样品存在层状结构，且层间被 H_2O 和 Cl^- 占据。

4.4 Mn-Cu 样品的拉曼光谱分析

拉曼光谱仪可以测试样品中的分子状态信息。本节分别测试了 Mn-Cu-0、Mn-Cu-0.1 和 Mn-Cu-0.3 三个样品的拉曼光谱。从图 4-6 可以看出，三个样品在 $318cm^{-1}$、$379cm^{-1}$ 和 $657cm^{-1}$ 都检测出特征峰，据参考文献可知，这些特征峰对应 Mn_3O_4 的拉曼光谱[26]，这也与 XRD 检测的物相相符。对比三个样品发现，掺杂 Cu^{2+} 后，在 $480～630cm^{-1}$ 处 Mn-Cu-0.1 和 Mn-Cu-0.3 样品的特征光谱明显高于 Mn-Cu-0 样品的光谱。在 $620～690cm^{-1}$ 处发现，掺杂 $CuCl_2$ 后，Mn-Cu-0.1 和 Mn-Cu-0.3 样品的拉曼光谱会相对于 Mn-Cu-0 样品光谱出现红移现象，根据相关文献报道[27,28]，掺 Cu^{2+} 前后这些拉曼特征光谱的变化可以归因为样品内部电子的相互作用导致分子化学状态变化。

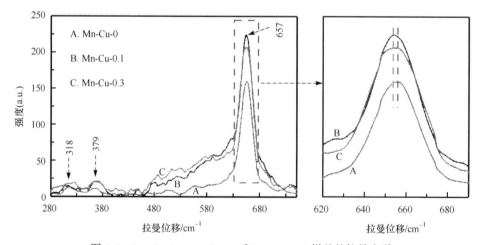

图 4-6 Mn-Cu-0、Mn-Cu-0.1 和 Mn-Cu-0.3 样品的拉曼光谱

4.5　Mn-Cu 样品结构形貌的形成机制探究

4.5.1　Mn-Cu 样品的 XPS 分析

用 XPS 测试样品掺杂 $CuCl_2$ 前后化学元素和化合价(图 4-7)。对于 Mn-Cu-0 样品，非对称 O1s 峰分峰为两个小峰，根据参考文献可知，分别对应晶格氧 (529.8eV)和表面吸附氧(531.6eV)，且以晶格氧为主[29]。掺杂 Cu^{2+} 后(Mn-Cu-0.1 和 Mn-Cu-0.3)，其晶格氧含量降低，表面吸附氧含量增加，且吸附氧占据主导地位(图 4-7(a))。对于 Mn-Cu-0 样品(图 4-7(b))，非对称 $Mn\ 2p_{3/2}$ 峰(640.8eV)可以分峰为两个小峰，分别对应 Mn^{2+}(640.6eV)和 Mn^{3+}(641.6eV)[30]。当掺杂摩尔分数 10% 的 $CuCl_2$ 后，Mn-Cu-0.1 样品非对称 $Mn\ 2p_{3/2}$ 峰的光电子能量升高到 641.7eV，分峰后可知其由 Mn^{2+}(640.6eV)、Mn^{3+}(641.6eV)和 Mn^{4+}(642.8eV)三个峰组成。对掺杂摩尔分数 30% 的 Cu^{2+} 的 Mn-Cu-0.3 样品进行 XPS 测试，结果显示，Mn-Cu-0.3 的非对称 $Mn\ 2p_{3/2}$ 峰光电子能量在 641.9eV，由 Mn^{2+}(640.6eV)、Mn^{3+}(641.6eV)和 Mn^{4+}(642.8eV)三种化合价的 Mn 组成。同样，对 Mn-Cu-0.1 和 Mn-Cu-0.3 样品中 Cu 元素进行 XPS 测试可知(图 4-7(c))，非对称 $Cu\ 2p_{3/2}$ 峰可以分峰为两个小峰，分别对应 Cu^0(933.0eV)和 Cu^{2+}(935.0eV)[31-34]。

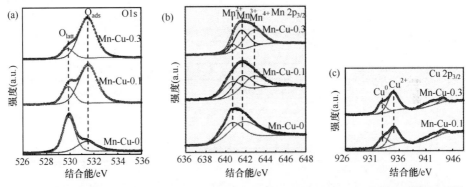

图 4-7　Mn-Cu-0、Mn-Cu-0.1 和 Mn-Cu-0.3 中(a) O1s、(b) $Mn\ 2p_{3/2}$、(c) $Cu\ 2p_{3/2}$ 的 XPS 图

显然，从以上 XPS 分析可知，随着 $CuCl_2$ 的掺入，Mn 的化合价升高，Cu 的化合价降低。采用 Wang 等[30]和 Shaikh 等[35]的 XPS 曲线拟合方法对样品元素所含不同化合价进行定量计算(图 4-8)。对于未掺杂 $CuCl_2$ 的 Mn-Cu-0 样品，含有 44.5% 的 Mn^{2+} 和 55.5% 的 Mn^{3+}。当掺杂 10% 摩尔分数的 Cu^{2+} 后，Mn-Cu-0.1 样品含有 32.0% 的 Mn^{2+}、36.2% 的 Mn^{3+} 和 31.8% 的 Mn^{4+}(图 4-8(a))，对于 Cu 元素，Mn-Cu-0.1 样品中含有 37.7% 的 Cu^0 和 62.3% 的 Cu^{2+}(图 4-8(b))。同样，当掺杂 30%

摩尔分数的CuCl$_2$后,Mn-Cu-0.3样品中含有12.4%的Mn^{2+}、40.4%的Mn^{3+}和47.2%的Mn^{4+}(图4-8(a)),对于Cu元素,Mn-Cu-0.3样品中含有31.2%的Cu^{0}和68.8%的Cu^{2+}(图4-8(b))。

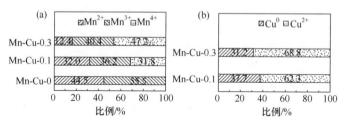

图4-8　不同Mn化合价(a)和不同Cu化合价(b)在Mn-Cu-0、Mn-Cu-0.1和Mn-Cu-0.3样品中的含量分布

　　根据以上的分峰定量计算,分别得到 Mn 和 Cu 两种元素的平均化合价(表4-1)。随着掺 CuCl$_2$ 摩尔分数的增加, Mn 元素的平均价态由最初的2.5(Mn-Cu-0),升到 3.0(Mn-Cu-0.1),接着上升到 3.3(Mn-Cu-0.3)。同样,对于Cu的化合价,原始未掺杂 CuCl$_2$ 的 Mn-Cu-0 样品平均价态记为2,当掺杂摩尔分数 10%的 CuCl$_2$ 后, Cu 的平均价态降为1.2,当掺杂摩尔分数 30%的 CuCl$_2$ 后,Cu 的平均价态降为1.4。显然,掺杂 CuCl$_2$ 使得 Cu 和 Mn 离子之间发生了化学氧化还原反应,造成 Cu 平均价态降低;相反, Mn 的平均价态升高。Cu 和 Mn之间的这种化学反应,对于样品结构形貌可能造成影响,这也与先前 SEM 和 TEM表征得到不同样品结构形貌符合。

表4-1　Mn-Cu-0、Mn-Cu-0.1 和 Mn-Cu-0.3 样品中 Mn 和 Cu 元素的平均价态

样品	Mn 平均价态	Cu 平均价态
Mn-Cu-0	2.5	2
Mn-Cu-0.1	3.0	1.2
Mn-Cu-0.3	3.3	1.4

4.5.2　Mn-Cu-0.1 的形貌演变过程

　　为了探究不同浓度的 CuCl$_2$ 对 Mn-Cu 样品结构形貌的影响,分别对Mn-Cu-0.1 和 Mn-Cu-0.3 两个样品进行时间系列制备,来探究其结构形貌的演变。图 4-9 所示为 Mn-Cu-0.1 样品分别水热 2h、9h 和 18h 对应的 SEM 图。由图可以看出, Mn-Cu-0.1 水热 2h 时(图 4-9(a1)、(a2)),纳米颗粒堆积形成球状结构,此时纳米多孔球已经形成,球体分明,表面分布着许多纳米粒子,整个多孔球直径为 0.5~2μm。元素扫描分析显示(图 4-9(a3)~(a6)),此时的元素以 Mn(26.0%)和

O(66.4%)为主，且均匀分布在球体表面，而 Cu(7.1%)元素整体分散，分布不均，说明此时 Cu 还未进入 Mn₃O₄ 微球，Cl(0.5%)基本未检测到。继续延长水热时间至 9h(图 4-9(b1)、(b2))，多孔球体开始破裂分解成纳米粒子，并在其周围重新结晶形成二维的纳米片，纳米片与纳米粒子无直接连接，说明该过程是纳米颗粒溶解再结晶的过程。元素扫描分析显示(图 4-9(b3)~(b6))，此时 Mn 和 O 分别为29.9%和60.1%，Cu 元素已经进入 Mn₃O₄ 破裂的球体，且此时样品的 Cl(5.4%)元素突然增加，说明二维片的形成与 Cu 和 Cl 的掺入有关。当水热时间为 18h 后(图 4-9(c1)、(c2))，可以看到，二维纳米材料替代了原始的多孔球，只剩少量的纳米粒子还在片上。元素扫描分析显示，Mn(23.3%)、Cu(12.6%)、O(57.0%)和Cl(7.1%)均匀分布在二维片上(图 4-9(c3)~(c6))。

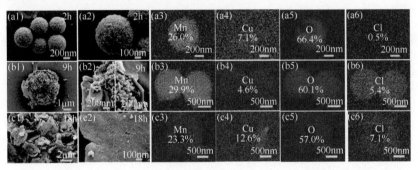

图 4-9　不同水热时间下 Mn-Cu-0.1 样品的形貌演变 SEM 图和元素分布图，(a1)~(a6)2h，(b1)~(b6)9h 和(c1)~(c6)18h

对 Mn-Cu-0.1 样品在水热 2h、9h 和 18h 进行了 XRD 分析，探究不同水热时间对 Mn-Cu-0.1 样品物相的演变过程(图 4-10(a))。从图 4-10(a)可以看出，水热 2h时，所有的 XRD 衍射峰对应 Mn₃O₄ 相，无其他相可以检索到，这说明在水热初始阶段，纳米球为 Mn₃O₄。当水热 9h 后，除 Mn₃O₄ 外，还检测到另一种物相 Cu^0，并在低角度($2\theta=11.0°$)出现片层结构的衍射峰，结合 SEM 分析可知，此时物相和结构形貌都在进行转化和形成。当水热 18h 后，物相为 Mn₃O₄ 和 Cu^0，没有其他物相出现，此时低角度衍射峰($2\theta=11.0°$)更为尖锐，说明片层结构的二维纳米材料形成得更多，这与 SEM 分析相符。

同时，对 Mn-Cu-0.1 样品水热 2h、9h 和 18h 做了 XPS 测试，探究不同水热时间对其元素化合价的影响(图 4-10(b)~(d))。当水热 2h 时，其表面分布着晶格氧和少量吸附氧，此时 Cu 的价态为 Cu^{2+}，Mn 的价态为 Mn^{2+} 和 Mn^{3+}，这说明Cu^{2+} 还未与 Mn 离子发生反应，这与 XRD 测试结果相符。当水热进行到 9h 时，表面的吸附氧逐渐增多，此时 Cu^{2+} 开始转化为 Cu^0，Mn 的价态也由 Mn^{2+} 和 Mn^{3+}向 Mn^{4+} 转化。当水热 18h 时，吸附氧含量继续增加，Cu^0 和 Mn^{4+} 的含量也逐渐增加。

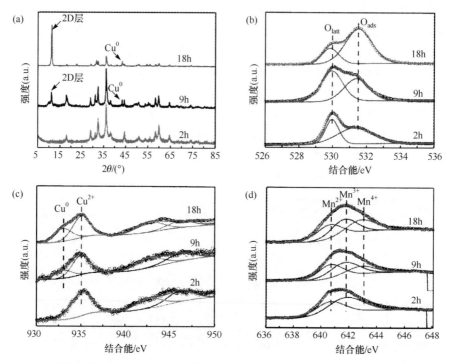

图 4-10　(a)不同水热时间下 Mn-Cu-0.1 样品的 XRD 图；不同水热时间下 Mn-Cu-0.1 样品中(b) O 1s(c) Mn $2p_{3/2}$(d) Cu $2p_{3/2}$ 的 XPS 图

以上分析显示，掺杂摩尔分数 10%CuCl$_2$ 的 Mn-Cu-0.1 样品，通过先形成 Mn$_3$O$_4$ 微球，接着在 Cu^{2+} 和 Cl$^-$ 的作用下，Mn$_3$O$_4$ 多孔球溶解再结晶形成二维纳米片，此时 Cu^{2+} 价态降低转化为 Cu^0、Mn^{2+} 和 Mn^{3+} 的价态升高转化为 Mn^{4+}、Cl$^-$ 元素进入二维纳米片构成层状结构。

4.5.3　Mn-Cu-0.3 的形貌演变过程

同样，探究了 Mn-Cu-0.3 样品结构形貌对时间的演变过程。如图 4-11 所示为 Mn-Cu-0.3 样品分别水热 2h、9h 和 18h 对应的 SEM 图。由图可以看出，Mn-Cu-0.3 水热 2h 时(图 4-11(a1)、(a2))，纳米颗粒堆积成规则的球状，整个球直径为 0.5～10μm，其表面上可以清晰地看到同时分布的纳米颗粒和生长的二维片。元素扫描分析显示(图 4-11(a3)～(a6))，Mn(18.6%)、Cu(15.0%)和 O(65.1%)均匀分布在球体表面，而 Cl(1.3%)有少量元素分布在球体表面，但分布不均，这与球体表面部分形成二维片相符合。当水热时间为 9h(图 4-11(b1)、(b2))，规则的球状形貌仍然维持，但微球表面的纳米颗粒消失，全部被纳米片所替代，整个球展现出花状的形

貌、元素扫描分析得到(图 4-11(b3)~(b6))，Mn(24.8%)、Cu(12.3%)、O(52.2%)
和 Cl(10.7%)均匀分布在球体表面，且此时 Cl 元素含量较 2h 的样品急剧增加，
说明 Cl⁻进入球体内部，形成花状形貌与 Cl⁻作用。当继续延长水热时间至
18h(图 4-11(c1)、(c2))，二维纳米片生长变大，并维持球状结构形貌。元素扫
描分析可知(图 4-11(c3)、(c6))，Mn(22.1%)、Cu(17.0%)、O(51.0%)和 Cl(9.9%)
分布均匀。

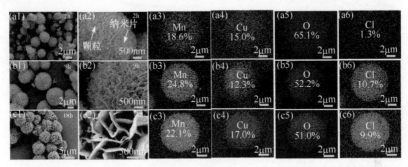

图 4-11 不同水热时间下 Mn-Cu-0.3 样品的形貌演变 SEM 图和元素分布图，(a1)~(a6)2h，
(b1)~(b6) 9h 和(c1)~(c6) 18h

将 Mn-Cu-0.3 样品不同水热时间(2h、9h 和 18h)进行 XRD 分析，探究其物
相的演变过程(图 4-12(a))。水热 2h 时 XRD 衍射峰对应 Mn_3O_4 和 Cu^0 两相，并在
低角度($2\theta=11.0°$)开始出现衍射峰，表明其已经开始形成二维纳米片，这与 2h 的
Mn-Cu-0.3SEM 表征相符。当水热延长至 9h 和 18h 时，除了 Mn_3O_4 相，Cu^0 物相
衍射峰更加明显，且低角度($2\theta=11.0°$)二维片的衍射峰更加尖锐，XRD 物相的转
化过程与 SEM 表征得到形貌生长结果一致。

用 XPS 表征测试 Mn-Cu-0.3 水热 2h、9h 和 18h 后的元素价态(图 4-12(b)~(d))。
当水热 2h 时，其表面分布着晶格氧和大量吸附氧，此时 Cu 的价态已经出现 Cu^0
和 Cu^{2+} 两种价态，Mn 的价态为 Mn^{2+}、Mn^{3+} 和 Mn^{4+} 共存，这说明在水热 2h 时，
Cu 与 Mn 离子已经开始发生反应，这与 XRD 和 SEM 测试结果相符。当水热进

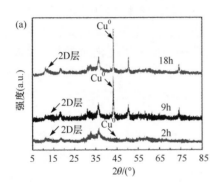

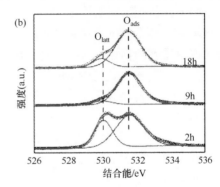

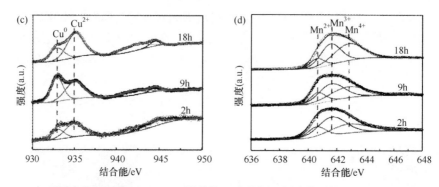

图 4-12　(a)不同水热时间下 Mn-Cu-0.3 样品的 XRD 图；不同水热时间下 Mn-Cu-0.3 样品中(b)
O 1s(c) Mn 2p$_{3/2}$(d) Cu 2p$_{3/2}$ 的 XPS 图

行到 9h 和 18h 时，表面的吸附氧含量继续增加，Cu 与 Mn 离子继续反应，使得 Cu 价态降低，Mn 价态逐渐上升。

　　以上分析显示，Mn-Cu-0.3 样品形成机制与 Cu^{2+} 和 Cl$^-$作用相关。生长过程中，Cu 和 Mn 之间进行化学反应诱导 Mn$_3$O$_4$ 纳米颗粒溶解重结晶，Cl$^-$进入二维片的构建层状结构，这与 Mn-Cu-0.1 的形成机制相似。但是，体系中的 Cu^{2+} 和 Cl$^-$浓度会影响 Mn$_3$O$_4$ 的纳米颗粒溶解重结晶的速度，且影响材料形貌的形成，增加 Cu^{2+} 和 Cl$^-$浓度，使得 Mn-Cu-0.3 可以限定在球体上进行结晶重构，不造成结构的塌陷，这与 Mn-Cu-0.1 的形成过程明显不同。

4.5.4　Cl$^-$对 Mn-Cu 样品的作用机制

　　用 CuSO$_4$ 和 Cu(NO$_3$)$_2$ 代替 CuCl$_2$，验证 Cl$^-$对 Mn-Cu-0.1 和 Mn-Cu-0.3 层状结构形成的影响。从 SEM 图可以看出(图 4-13(a)、(b))，掺杂 10%的 CuSO$_4$，样品颗粒无规则堆积，部分形成微球形貌，掺杂 30%的 CuSO$_4$，样品颗粒堆积形成微球，大小不均，无片状结构生成。同样，对于掺杂 10%和 30%的 Cu(NO$_3$)$_2$，样品的形貌规则不一，没有形成特定均匀的形貌(图 6-34(d)、(e))。XRD 测试显示(图 4-13(c)、(f))，对于掺杂 CuSO$_4$ 和 Cu(NO$_3$)$_2$，物相分析除 Mn$_3$O$_4$ 外，也产生了 Cu^0 相，说明 Mn 和 Cu 之间依然可以进行化学反应实现电子的转移，这与掺杂 CuCl$_2$ 得到的物相一样。但是，在低角度衍射出现了变化，两者并未检测到层状结构的衍射峰，这说明 Mn-Cu-0.1 和 Mn-Cu-0.3 样品二维片状的形成与 Cl$^-$具有重要的关系。结果表明，Mn 和 Cu 的反应使样品生成特定的物相，而 Cl$^-$使样品生成层状结构。

　　根据 FTIR 和 TGA 分析，Cl$^-$存在于 Mn-Cu-0.1 和 Mn-Cu-0.3 样品的层间。为了再次验证 Cl$^-$对层状结构的决定性，将 Mn-Cu-0.1 和 Mn-Cu-0.3 样品在马弗炉进行煅烧，设置煅烧温度 300℃，煅烧时间为 3h，将层间 Cl$^-$煅烧去除(煅烧后

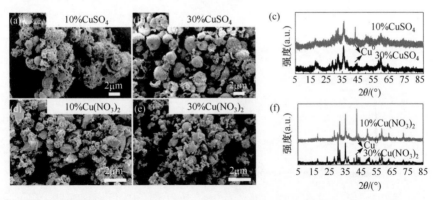

图 4-13　样品掺杂(a)10%CuSO₄和(b) 30%CuSO₄ 的 SEM 图；(c)　掺杂 10%CuSO₄ 和 30%CuSO₄
样品的 XRD 图谱；样品掺杂(d)10%Cu(NO₃)₂ 和(e)30% Cu(NO₃)₂ 的 SEM 图；(f) 掺杂 10%
Cu(NO₃)₂ 和 30% Cu(NO₃)₂ 样品的 XRD 图谱

样品标记为 Mn-Cu-0.1-300 和 Mn-Cu-0.3-300)。煅烧后的 SEM 显示(图 4-14(a1)～
(b2))，Mn-Cu-0.1-300 和 Mn-Cu-0.3-300 样品均可以保持二维片状和三维花状结
构。将煅烧后的 Mn-Cu-0.1-300 和 Mn-Cu-0.3-300 进行 XRD 测试(图 4-14(c1)、(c2))，
可以看出，Mn-Cu-0.1-300 和 Mn-Cu-0.3-300 物相除了原始的 Mn_3O_4，在衍射角
$2\theta=35.5°$ 出现新的特征衍射峰，其物相对应 CuO 相(JCPDS 45-0937)，Cu^0 的特征
衍射峰完全消失，这归因于 300℃下可以将 Cu^0 氧化成 CuO，与 TGA 结构相符(出
现质量上升)。但更有意思的是，煅烧后的样品此时 XRD 的低角度并未出现层状
结构的衍射峰，说明随着 Cl⁻的去除，其层状结构已经塌陷，这再次证明 Cl⁻的存
在，决定了样品层状结构的生成。

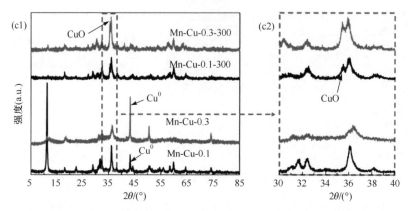

图 4-14 (a1)、(a2) Mn-Cu-0.1 样品在 300℃煅烧 2h 后的 SEM 图；(b1)、(b2) Mn-Cu-0.3 样品在 300℃煅烧 2h 后的 SEM 图；(c1)、(c2)为 Mn-Cu-0.1 和 Mn-Cu-0.3 样品煅烧前后的 XRD 图谱

4.5.5 CuCl₂加入前后对样品形貌的影响

XPS 和形貌演变过程分析，$CuCl_2$ 可以诱导 Mn_3O_4 形貌的转变，并与 Mn 离子相互作用。为了探究 $CuCl_2$ 对样品形成机制的影响，在水热过程中，先合成 Mn_3O_4 多孔球，再加入 $CuCl_2$ 进行再次水热，检测后加入 $CuCl_2$ 是否可以诱导 Mn_3O_4 进行形貌的演变，并与实验同时加入二水甲酸锰和氯化铜水热进行对比。由图 4-15 的 SEM 分析可知，后加入 $CuCl_2$ 水热得到 Mn-Cu-0.1 和 Mn-Cu-0.3 样品维持原始的 Mn_3O_4 微球结构(4-15(a1)、(a2)、(b1)、(b2))，不会出现低维片状结构。EDS分析显示,此时 Cu 和 Cl 两种元素均未进入原始的 Mn_3O_4 微球(图 4-15(a3)～

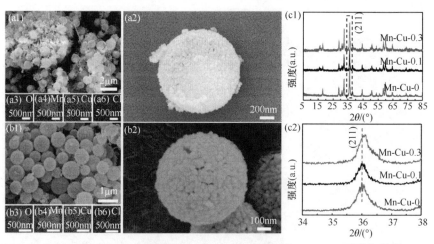

图 4-15 (a1)、(a2)Mn-Cu-0.1 样品后加入 $CuCl_2$ 的 SEM 图和(a3)～(a6)元素扫描图；(b1)、(b2)Mn-Cu-0.3 样品后加入 $CuCl_2$ 的 SEM 图和(b3)～(b6)元素分布图；(c1)、(c2)样品后加入 $CuCl_2$ 的 XRD 图谱及局部放大图

(a6)，(b3)～(b6))，说明这一过程中并不能诱导 Mn_3O_4 进行形貌的演变。由 XRD 分析可知(图 4-15(c1)、(c2))，在水热合成 Mn_3O_4 后，再加入 $CuCl_2$，Mn-Cu-0.1 和 Mn-Cu-0.3 样品的物相对应 Mn_3O_4，并不会出现 Cu^0，且在低角度不会出现层状结构的衍射峰，说明在这一过程中，Mn 与 Cu 并未发生化学反应，也并未形成层状结构，但是部分 Cu 替代了 Mn 的位置导致衍射峰出现少量偏移，分析结果与 SEM 相符(4-15(c2))。结果表明，Mn 和 Cu 离子必须在水热时同时存在，协同反应进行，才能诱导 Mn_3O_4 形貌发生演变。

4.5.6　Mn-Cu 样品的形成机理

具体而言，Mn-Cu-0.1 和 Mn-Cu-0.3 样品的生长机制与 Mn 和 Cu 离子之间相互的化学反应，以及溶液中存在的 Cl^- 息息相关。Mn 和 Cu 同时在溶液中进行化学反应传递电子，可以使原始的 Mn_3O_4 纳米颗粒溶解并重结晶，其间 Cu^{2+} 转为 Cu^0，低价态 Mn^{2+} 和 Mn^{3+} 转化为高价态 Mn^{4+}。在重结晶生长的过程中，Cl^- 进入生成的二维片之间，构建出层状结构的纳米片。其中 Cu^{2+} 和 Cl^- 的浓度会影响 Mn_3O_4 溶解重结晶和片层生长的速率，使得 Mn-Cu-0.1 和 Mn-Cu-0.3 样品的形貌发生差异。低浓度的 Cu^{2+} 和 Cl^- 有助于构建低维的二维纳米片，而高浓度的 Cu^{2+} 和 Cl^- 则可以限定在原始球体结构进行二维片的构筑，形成花状形貌。

4.6　Mn-Cu 样品对于甲基蓝的降解性能探究

配制 10mg/L 的甲基蓝溶液模拟工业废水。取 30mL 甲基蓝溶液，投入 15mg 合成的样品，在室温下进行甲基蓝去除实验(图 4-16)。从图 4-16(a)中可以看出，未掺杂 $CuCl_2$ 的 Mn-Cu-0 样品对甲基蓝基本没什么去除效果，而对于掺杂了 $CuCl_2$ 样品的 Mn-Cu-0.1 和 Mn-Cu-0.3 则对甲基蓝表现出强的去除效果(图 4-16(b)、(c))，1min 内，Mn-Cu-0.1 和 Mn-Cu-0.3 即可使甲基蓝快速去除，其甲基蓝的最大吸收峰(630nm)急剧下降。图 4-16(d)为不同样品对甲基蓝的去除率曲线，计算得到

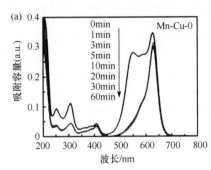
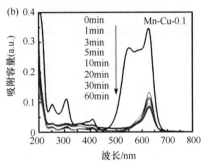

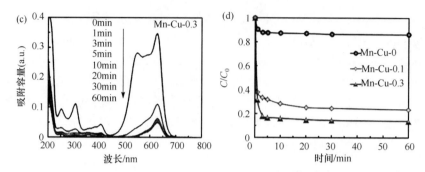

图 4-16 (a) Mn-Cu-0、(b) Mn-Cu-0.1 和(c) Mn-Cu-0.3 对甲基蓝降解的紫外可见光谱图；
(d) Mn-Cu-0、Mn-Cu-0.1 和 Mn-Cu-0.3 对甲基蓝降解效率曲线图($V = 30\text{mL}$, pH $= 7.0 \pm 0.1$, [甲基蓝] $= 10\text{mg/L}$, [Mn-Cu-0] $=$ [Mn-Cu-0.1] $=$ [Mn-Cu-0.3]$=0.5$ g/L)

Mn-Cu-0 对甲基蓝的去除率在 60min 仅达到 13.9%。相反，在相同的条件下，Mn-Cu-0.1 在 1min 时去除了 62.2%的甲基蓝，在 10min 时去除 71.8%的甲基蓝。对于 Mn-Cu-0.3，则表现出更强的去除效果，在 1min 时去除了 68.3%的甲基蓝，在 10min 时去除 84.0%的甲基蓝。结果表明，掺杂了 CuCl₂ 的 Mn-Cu 样品，可以促进其对甲基蓝的去除，这可能归因于 Mn-Cu-0.1 和 Mn-Cu-0.3 中包含 Cu^0 相，且层状结构含有更大的比表面积，有助于甲基蓝的去除。

为了证明 Mn-Cu-0.1 和 Mn-Cu-0.3 在去除甲基蓝的实验过程中，Cu^0 和层状结构可以促进甲基蓝的去除，将煅烧后形成的 Mn-Cu-0.1-300 和 Mn-Cu-0.3-300 样品，在相同实验条件下进行甲基蓝去除实验，此时 Cu^0 已经转化为 CuO，其对甲基蓝的降解如图 4-17 所示。从图 4-17(a)、(b)可以看出，Mn-Cu-0.1-300 和 Mn-Cu-0.3-300 对甲基蓝的去除率不高，最大特征吸收峰下降缓慢。绘制两者对甲基蓝的去除率曲线，从图 4-17(c)可以看出，在 1min 和 10min 时 Mn-Cu-0.1-300 对甲基蓝的去除率分别为 33.4%和 36.3%，对于 Mn-Cu-0.3-300 样品，在 1min 时去除 46.7%的甲基蓝，在 5min 时去除甲基蓝 54.8%。相比于煅烧之前的 Mn-Cu-0.1 和 Mn-Cu-0.3，去除甲基蓝的效率明显降低。这说明，Mn-Cu-0.1 和 Mn-Cu-0.3 样品的层状分级结构及其低价态的 Cu^0 比高价态的 CuO 更能促进甲基蓝的去除。

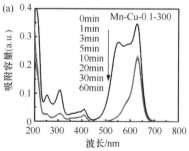
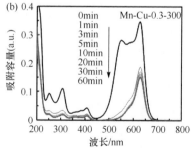

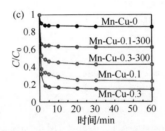

图 4-17　(a) Mn-Cu-0.1-300 和(b) Mn-Cu-0.3-300 对甲基蓝降解的紫外可见光谱图；(c) Mn-Cu- 0.1-

300 和 Mn-Cu-0.3-300 对甲基蓝降解效率曲线图(V = 30mL, pH = 7.0 ± 0.1, [甲基蓝] = 10mg/L,

[Mn-Cu-0] = [Mn-Cu-0.1] = [Mn-Cu-0.3]= [Mn-Cu-0.1-300] = [Mn-Cu-0.3-300]=0.5 g/L)

4.7　本 章 小 结

通过简单掺杂不同物质的量浓度的 CuCl₂，能使 Mn₃O₄ 纳米多孔球诱导形成二维片状结构和三维花状结构，实现了对 Mn₃O₄ 结构、形貌和组分的精确调控。所得样品的二维片可以达到 2～5nm，尺寸均匀。机理探究结果显示，样品的水热合成过程中，Mn 和 Cu 离子之间相互发生化学反应导致 Mn₃O₄ 重结晶生长，在 Cl⁻作用下形成二维层状结构。Cu²⁺和 Cl⁻的浓度，可以决定 Cu²⁺和 Cl⁻与 Mn₃O₄ 作用的起始时间，且影响重结晶和片层生长的速率，使得样品构筑的形貌产生差异。其间，Mn 和 Cu 离子反应产生的 Cu⁰ 对甲基蓝的降解起到极大的促进作用。这样的生长机制与传统的奥斯特瓦尔德熟化机制明显不同。

参 考 文 献

[1] Jiang J, Gao Y, Pang S, et al. Understanding the role of manganese dioxide in the oxidation of phenolic compounds by aqueous permanganate[J]. Environmental Science & Technology, 2015, 49: 520-528.

[2] Shaikh N, Taujale S, Zhang H, et al. Spectroscopic investigation of interfacial interaction of manganese oxide with triclosan, aniline, and phenol[J]. Environmental Science & Technology, 2016, 50: 10978-10987.

[3] Hyett G, Barrier N, Clarke S, et al. Topotactic oxidative and reductive control of the structures and properties of layered manganese oxychalcogenides[J]. Journal of the American Chemical Society, 2007, 129: 11192-11201.

[4] Feng Y, Wu D, Deng Y, et al. Sulfate radical-mediated degradation of sulfadiazine by CuFeO₂ rhombohedral crystal-catalyzed peroxymonosulfate: Synergistic effects and mechanisms[J]. Environmental Science & Technology, 2016, 50: 3119-3127.

[5] Alvarez G, Lidbaum H, Ortega A, et al. Two-, three-, and four-component magnetic multilayer onion nanoparticles based on iron oxides and manganese oxides[J]. Journal of the American Chemical Society, 2011, 133: 16738-16741.

[6] Li W, Zamani R, Ibanez M, et al. Metal ions to control the morphology of semiconductor nanoparticles: Copper selenide nanocubes[J]. Journal of the American Chemical Society, 2013, 135: 4664-4667.

[7] Hu X, Zhu S, Huang H, et al. Controllable synthesis and characterization of α-MnO$_2$ nanowires[J]. Journal of Crystal Growth, 2016, 434: 7-12.

[8] Shen X, Ding Y, Liu J, et al. Control of nanometer-Scale tunnel sizes of porous manganese oxide octahedral molecular sieve nanomaterials[J]. Advanced Materials, 2005, 36: 805-809.

[9] Gu J, Zhang W, Su H, et al. Morphology genetic materials templated from natural species[J]. Advanced Materials, 2015, 27: 464-478.

[10] Wang C, Tian W, Ding Y, et al. Rational synthesis of heterostructured nanoparticles with morphology control[J]. Journal of the American Chemical Society, 2010, 132: 6524-6529.

[11] Umemura A, Diring S, Furukawa S, et al. Morphology design of porous coordination polymer crystals by coordination modulation[J]. Journal of the American Chemical Society, 2011, 133: 15506-15513.

[12] Yang C, Chanda K, Lin P, et al. Fabrication of Au-Pd core-shell heterostructures with systematic shape evolution using octahedral nanocrystal cores and their catalytic activity[J]. Journal of the American Chemical Society, 2011, 133: 19993-20000.

[13] Li W, Fan J, Li J, et al. Controllable grain morphology of perovskite absorber film by molecular self-assembly toward efficient solar cell exceeding 17%[J]. Journal of the American Chemical Society, 2015, 137: 10399-10405.

[14] Sumboja A, Chen J, Zong Y, et al. NiMn layered double hydroxides as efficient electrocatalysts for the oxygen evolution reaction and their application in rechargeable Zn-air batteries[J]. Nanoscale, 2017, 9: 774-780.

[15] Chen H, Chang X, Chen D, et al. Graphene-karst cave flower-like Ni-Mn layered double oxides nanoarrays with energy storage electrode[J]. Electrochimica Acta, 2016, 220: 36-46.

[16] Jiratova K, Kovanda F, Ludvikova J, et al. Total oxidation of ethanol over layered double hydroxide-related mixed oxide catalysts: Effect of cation composition[J]. Catalysis Today, 2016, 277: 61-67.

[17] Gao Z, Xie S, Zhang B, et al. Ultrathin Mg-Al layered double hydroxide prepared by ionothermal synthesis in a deep eutectic solvent for highly effective boron removal[J]. Chemical Engineering Journal, 2017, 319: 108-118.

[18] Weng Z, Li J, Weng Y, et al. Surfactant-free porous nano-Mn$_3$O$_4$ as a recyclable Fenton-like reagent that can rapidly scavenge phenolics without H$_2$O$_2$[J]. Journal of Materials Chemistry A, 2017, 5: 15650-15660.

[19] Xu J, Deng H, Song J, et al. Synthesis of hierarchical flower-like Mg$_2$Al-Cl layered double hydroxide in a surfactant-free reverse microemulsion[J]. Journal of Colloid and Interface Science, 2017, 505: 816-823.

[20] Guo X, Yin P, Yang H. Superb adsorption of organic dyes from aqueous solution on hierarchically porous composites constructed by ZnAl-LDH/Al(OH)$_3$ nanosheets[J]. Microporous and Mesoporous Materials, 2018, 259: 123-133.

[21] Yue X, Liu W, Chen Z, et al. Simultaneous removal of Cu(Ⅱ) and Cr(VI) by Mg-Al-Cl layered double hydroxide and mechanism insight[J]. Journal of Environmental Sciences-China, 2017, 53: 16-26.

[22] Wang Y, Zhu L, Yang X. et al. Facile synthesis of three-dimensional Mn_3O_4 hierarchical microstructures and their application in the degradation of methylene blue[J]. Journal of Materials Chemistry A, 2015, 3: 2934-2941.

[23] Fahami A, Duraia E, Beall G, et al. Facile synthesis and structural insight of chloride intercalated Ca/Al layered double hydroxide nanopowders[J]. Journal of Alloys and Compounds, 2017, 727: 970-977.

[24] Zhou M, Yan L, Ling H, et al. Design and fabrication of enhanced corrosion resistance Zn-Al layered double hydroxides films based anion-exchange mechanism on magnesium alloys[J]. Applied Surface Science, 2017, 404: 246-253.

[25] Xia S, Qian M, Zhou X, et al. Theoretical and experimental investigation into the photocatalytic degradation of hexachlorobenzene by ZnCr layered double hydroxides with different anions[J]. Molecular Catalysis, 2017, 435: 118-127.

[26] Chen C, Ding G, Zhang D, et al. Microstructure evolution and advanced performance of Mn_3O_4 nanomorphologies[J]. Nanoscale, 2012, 4: 2590-2596.

[27] Feng J, Wu J, Tong Y, et al. Efficient hydrogen evolution on Cu nanodots-decorated Ni_3S_2 nanotubes by optimizing atomic hydrogen adsorption and desorption[J]. Journal of the American Chemical Society, 2018, 140: 610-617.

[28] Feng J, Xu H, Dong Y, et al. Efficient hydrogen evolution electrocatalysis using cobalt nanotubes decorated with titanium dioxide nanodots[J]. Angewandte Chemie International Edition, 2017, 56: 2960-2964.

[29] Li X, Wang Z, Zhang B, et al. $Fe_xCo_{3-x}O_4$ nanocages derived from nanoscale metal—Organic frameworks for removal of bisphenol A by activation of peroxymonosulfate[J]. Applied Catalysis B: Environmental, 2016, 181: 788-799.

[30] Wang F, Dai H, Deng J, et al. Manganese oxides with rod-, wire-, tube-, and flower-like morphologies: Highly effective catalysts for the removal of toluene[J]. Environmental Science & Technology, 2012, 46: 4034-4041.

[31] Hajduk S, Dasireddy V, Likozar B, et al. CO_x-free hydrogen production via decomposition of ammonia over Cu-Zn-based heterogeneous catalysts and their activity/stability[J]. Applied Catalysis B: Environmental, 2017, 211: 57-67.

[32] Liu S, Zhao X, Zeng H, et al. Enhancement of photoelectrocatalytic degradation of diclofenac with persulfate activated by Cu cathode[J]. Chemical Engineering Journal, 2017, 320: 168-177.

[33] Liu P, Hensen E. Highly efficient and robust $Au/MgCuCr_2O_4$ catalyst for gas-phase oxidation of ethanol to acetaldehyde[J]. Journal of the American Chemical Society, 2013, 135: 14032-14035.

[34] Ali S, Chen L, Yuan F, et al. The Manganese-Containing PolyoxometalateSynergistic effect between copper and cerium on the performance of Cu_x-$Ce_{0.5-x}$-$Zr_{0.5}$(x = 0.1-0.5) oxides

catalysts for selective catalytic reduction of NO with ammonia[J]. Applied Catalysis B: Environmental, 2017, 210: 223-234.

[35] Mahmoud K H. Synthesis and spectroscopic investigation of cobalt oxide nanoparticles[J]. Polymer Composites, 2016, 6: 1881-1885.

第 5 章　铁锰基纳米净化材料

第 4 章通过锰盐掺杂 $CuCl_2$，一步水热合成多种分级纳米组装材料。通过调节锰盐与 $CuCl_2$ 的配比，实现不同结构形貌的锰基纳米组装材料精确调控，并探究了其形成机理。该机理探究结果对精确构建分级结构纳米组装材料具有重要的参考价值。合成的不同结构形貌的锰基纳米组装材料，可用于降解有机污染物。

本章利用模板剂和表面活性剂，通过溶剂热法合成磁性纳米材料 Fe_3O_4，探究其对重金属离子的吸附性能；同时为了提高磁性 Fe_3O_4 纳米净化材料的吸附性能，受第 4 章启发，由于过渡金属元素锰的多价态，以 Fe_3O_4 为基体，将 Fe_3O_4 浸泡于一定浓度的高锰酸钾$(KMnO_4)$溶液中，使 Fe_3O_4 材料表面发生氧化还原反应，进行表面修饰改性，制备具有高效处理低浓度金属离子和选择性吸附的铁锰基纳米净化材料。本章通过各种表征方法，对铁基磁性纳米材料 Fe_3O_4 改性前后的结构组成进行分析对比，研究其改性前后对重金属离子吸附性能的变化，并对铁基磁性纳米材料改性前后吸附重金属离子的机理进行探究，提出合理的解释，为解决工业废水中重金属离子去除的问题提供理论依据。

5.1　铁基纳米材料的分类与合成方式

铁基纳米材料[1]是重要的纳米材料，我国从古代开始就已经对铁有各种应用与研究。因铁具有来源广、价格低廉、可方便回收等特征，常用于磁学、吸附、催化等领域。为了使铁系材料的应用更为广泛，广大研究者对铁系复合材料进行了研究。复合材料结合了单一材料的优点，拥有更好的性能。常见的磁性铁氧化物或铁氮化物，有较为广泛的应用。研究者常将它们作为核，在它们的外层包覆有特定功能的壳层，如其他氧化物、有机物等，以此形成有特殊性能的复合材料。

铁基纳米材料一般包括铁单质、铁合金、铁系化合物、复合铁系纳米材料，如 Fe、Fe/O、Fe/C 等。为了得到不同种类的铁系纳米材料，不少研究人员对此合成做了大量研究，得到下面几种制备铁系纳米材料的方法。

5.1.1　铁单质和铁合金材料

铁单质及其合金主要通过物理和化学方法合成[2]。

(1) 物理方法主要运用机械外力、加热等物理手段，细化铁与铁合金。物理方法操作简单、制备周期短，缺点是产物杂质较多，颗粒尺寸不均一等。

(2) 化学方法则是运用超声、等离子体等方式对不稳定的金属化合物进行一定程度的处理，使其重新生成化学键，形成新的纳米粒子。或者利用硼氢化钠等较强的还原剂将金属离子还原，得到金属单质或者合金材料。化学方法合成成本较高，操作烦琐，但是此法制得的纳米材料纯度较高，尺寸相对均匀。

5.1.2　铁系化合物和复合铁系纳米材料

铁系化合物主要有 Fe/O(Fe_2O_3、Fe_3O_4)，Fe/N(Fe_3N、Fe_4N)，Fe/Si，Fe/C 等；对铁系化合物进行改性得到复合铁系纳米材料。溶胶-凝胶法、化学沉淀法和水热(溶剂热)法是较为常见的合成方法[3]。

(1) 溶胶-凝胶法是在液相下，将高化学活性组分的原料混合，并进行水解、缩合化学反应，在溶液中形成稳定的透明溶胶体系，后经陈化，形成三维空间网状的凝胶，再经过煅烧处理得到分散性良好、粒径分布均匀的铁系化合物或复合铁系纳米材料[4-6]。

(2) 化学沉淀法是向目标溶液中加入适当的沉淀剂，与金属离子形成沉淀，后将沉淀进行干燥或煅烧等方式处理，获得目标产物。化学沉淀法操作简单、周期短，但得到的产物不够均匀，尺寸大、纯度不高。

(3) 水热(溶剂热)法是以水或有机物作为溶剂，在封闭的体系中产生高温高压，前驱体在此条件下充分溶解于溶剂中，然后按照一定的成核方式形成纳米材料。水热(溶剂热)法应用广泛，因为该方法合成的纳米材料形貌均一、纯度较高、尺寸均匀[7]。

铁的氧化物作为吸附材料[1]，拥有较强的吸附性能，可以很好地去除废水中的污染物。另外，可对铁氧化物表面进行改性修饰，例如，引入含 N、O、S 等特定功能的官能团，使其在吸附反应中，具有更好的分散稳定性及优异的性能；还可引入其他无机材料，增强复合材料的综合性能。Zheng 等[8]和 Zhang 等[9]都通过溶剂热法分别合成 Fe_3O_4@C 和层状结构 Fe_3O_4/NiO 纳米材料。Fe_3O_4@C 复合吸附剂对 Cr^{6+}的吸附性能比单一的 Fe_3O_4 有明显的提高，去除率高达 90%；而 Fe_3O_4/NiO 对 Cr^{6+}最大吸附容量也高达 184.2mg/g。

5.2　Fe_3O_4纳米吸附剂的合成与改性方法

Fe_3O_4(通常称为磁铁矿)，是立方反尖晶石结构，晶体点群为[Fd3m]，晶胞中具有 Fe^{2+}和 Fe^{3+}两个价态的非等效阳离子，形成一种具有磁性的特异结构[10]。Fe_3O_4 晶体结构如图 5-1 所示[11]，大原子代表 O^{2-}，小原子代表 Fe^{3+}和 Fe^{2+}。

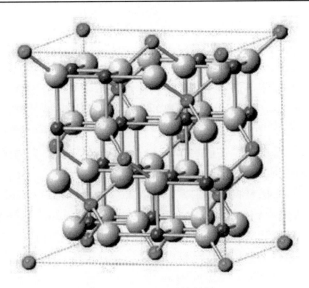

图 5-1　Fe_3O_4 晶体结构

Fe_3O_4 纳米颗粒具有磁性，使其可以便捷地从反应体系中分离回收再利用，这一特性让 Fe_3O_4 频繁应用于催化、吸附处理等领域；其还有小尺寸、高比表面积等优点。此外，为了使 Fe_3O_4 纳米颗粒具有多方面的性能，应用于更多的领域，还可以对其表面进行修饰改性。

5.2.1　Fe_3O_4 纳米吸附剂的合成方法

Fe_3O_4 纳米吸附剂[12]的合成方法可归为湿法和干法两大类。

(1) 湿法主要有沉淀法、水热或溶剂热法、微乳液法等，就是在液相体系中，加入相关的原料和模板剂等物质，给予混合体系一定的外界条件，使体系中生成所需要的新物质，或者经过一系列的后期处理(如煅烧)，把混合体系中新生成的物质加工成所需要的 Fe_3O_4 纳米材料。

(2) 干法主要是通过球磨、热分解等方法，对固相物质进行不同途径(如加热、外加机械力)的加工，最终获得 Fe_3O_4 纳米材料。

在不同的领域，可以根据不同的 Fe_3O_4 纳米材料性能需求，选择不同的制备方法。湿法从经济上说，造价较为昂贵，但是合成的 Fe_3O_4 纳米材料纯度较高，颗粒尺寸也相对均匀。而干法则成本相对较低，操作便捷，但是合成的纳米材料纯度低，且颗粒尺寸没有湿法合成的均匀。

5.2.2　Fe_3O_4 纳米吸附剂的表面修饰改性

现代技术合成的 Fe_3O_4 磁性纳米粒子有较小的粒径和较大的比表面积，但同时存在易被氧化腐蚀、分散性不好、极易发生大范围的团聚等问题，使吸附效果不佳，故 Fe_3O_4 纳米吸附剂吸附水中重金属的性能有待提高。因此很有必要对 Fe_3O_4 进行改性修饰，克服以上缺点，使其具有更为优秀的性能[13]。

广大研究者为了提高磁性 Fe_3O_4 材料在液相体系中的分散性以及其对目标污染物的吸附性能，常通过在 Fe_3O_4 材料的合成过程中加入改性剂，用一步法合成新物质；或通过两步法，在合成 Fe_3O_4 材料后，继续选择相关的改性剂对其进行改性。这两种途径都能获得性能比单一 Fe_3O_4 纳米净化材料更为优异的复合型材料。根据改性的物质成分，对 Fe_3O_4 纳米材料的改性可以分为无机材料改性和有机材料改性[13,14]。无机材料改性通常是根据需要选择无机材料与 Fe_3O_4 纳米材料形成核壳结构，如性质较为稳定的 Au，它可以保护 Fe_3O_4 纳米材料不被轻易氧化，同时具有良好的光催化性能；多孔的 C，赋予 Fe_3O_4 纳米材料优异的吸附性能。有机材料改性就是在 Fe_3O_4 纳米材料中引入特定功能的官能团，改善其在液相中的分散性及对某些污染物的特定吸附。

Fe_3O_4 纳米净化材料的无机材料改性。

(1) 碳改性。碳材料有较大的孔面积和良好的稳定性等特点，被广大学者所关注[15]。王辉[16]通过溶剂热法制备出以碳包覆的磁响应光子晶体。实验通过改变反应中 H_2O_2 的量，制备出不同尺寸分布的碳包覆氧化铁纳米晶体，晶体的尺寸和衍射颜色都不同。此外，将合成的晶体封存在乙醇中数月后，其衍射强度与初始晶体相比基本不变，说明碳包覆层提高了晶体的稳定性。

(2) 二氧化硅改性。Stober 法和溶胶-凝胶法是较为常用的二氧化硅改性磁性纳米粒子的方法。将二氧化硅引入 Fe_3O_4 纳米材料表面，同时引入大量羟基，赋予其很多活性位点，羟基还可以引入其他官能团，使其为后续的多功能化奠定基础[17]。胡建邦[18]先制备出 Fe_3O_4 磁性纳米材料，再对 Fe_3O_4 磁性纳米粒子进行表面包覆与修饰，合成 Fe_3O_4-SiO_2 复合材料。吸附试验表明，Fe_3O_4-SiO_2 复合材料对 U^{6+} 的吸附率由未改性前 Fe_3O_4 颗粒的 84.2%提升到 98.6%，吸附容量大，且操作方法快速简便，吸附后的磁粒子可方便回收。

(3) 贵金属改性。将贵金属包覆在 Fe_3O_4 纳米净化材料表面，可以有效地防止其被腐蚀氧化，同时引入贵金属的性能。蒋彩云等[19]采用水相共沉淀法合成小尺寸磁性 Fe_3O_4 纳米颗粒，以没食子酸当作还原剂和表面修饰剂，还原 $Ag[(NH_3)_2]^+$ 制备出 Fe_3O_4/Ag 磁性纳米颗粒。研究表明，该磁性纳米颗粒对水溶液中铅离子的去除率可达 99.7%以上，并且有很好的循环再生利用性能，在水处理方面拥有良好的应用前景。

(4) 金属氧化物改性。金属氧化物在磁性纳米粒子表面的包覆主要有 MnO、ZnO、Al_2O_3、ZrO_2、TiO_2 等。张晓蕾等[20]合成出 Fe_3O_4/MnO_2 复合材料，此材料为壳-核结构且有较强的磁性，易于磁分离。吸附表明，Fe_3O_4/MnO_2 在低浓度下，

对 Pb^{2+} 具有良好的吸附效果和较快的吸附速率，最大吸附容量可达 142.0mg/g。

Fe_3O_4 纳米净化材料的有机材料改性：

通常使用生物相容性高的高分子材料(如壳聚糖、聚吡咯、聚苯胺、聚羟基乙酸等)对磁性纳米粒子进行有机改性。通过物理吸附或化学法将有机物材料固定在磁性纳米粒子的表面，使磁性纳米粒子能稳定地分散在悬浮液中。王萌等[21]先制备出 Fe_3O_4 纳米材料，再利用高分子改性剂对所制备的纳米 Fe_3O_4 进行巯基修饰和胡敏酸包裹改性。吸附结果表明，与未改性的 Fe_3O_4 纳米颗粒和巯基修饰的纳米 Fe_3O_4 相比，经胡敏酸包裹的纳米 Fe_3O_4 对 Cd^{2+} 和 Cu^{2+} 具有较高的吸附能力和吸附亲和力，而对 Pb^{2+} 的吸附并无明显差异。

5.3　Fe_3O_4 纳米材料的性能分析及其选择吸附性能研究

铁系纳米材料作为污水处理的吸附材料有许多优点，如价格便宜、来源广泛、化学性质较稳定、吸附能力较强。Fe_3O_4 纳米颗粒除具有一般纳米粒子所具有的小尺寸效应、高比表面积等优点外，还表现出较强的磁性。反应结束后，在外加磁场的作用下，可轻易将其从液相体系环境中分离，不会造成二次污染，也方便后续的循环重复利用。

本节主要介绍利用常见的溶剂热法合成磁性四氧化三铁(Fe_3O_4)，并对其进行性能探究，同时讨论其的选择吸附性能，进行废水模拟研究。

首先将 0.46g 的模板剂尿素溶于 6mL 无水乙醇和盐酸(12mol/L)的混合溶液(无水乙醇和盐酸的体积比为 12：1)中，室温下搅拌至完全溶解；在所得溶液中加入 0.60g 的四水合氯化亚铁($FeCl_2 \cdot 4H_2O$)，继续搅拌；15min 后加入 25mL 的乙二醇，继续搅拌 15min；将所得的溶液倒入 100mL 高压反应釜中，在水热温度为 170℃的条件下进行水热反应 5h。然后自然冷却、离心，用去离子水和无水乙醇各洗涤 3 次，在 80℃下真空干燥 12h，得到 Fe_3O_4 固体黑色粉末，备用。

5.3.1　Fe_3O_4 纳米材料的性能分析

1. XRD 分析

通过 XRD 分析，观察样品的结晶度和晶型。如图 5-2 所示，该样品的 XRD 图谱中 2θ 值为 30.1°、35.5°、43.1°、53.5°、57.0°、62.6°和 74.0°的特征衍射峰，分别对应于 Fe_3O_4(JCPDS card no. 65-3107)的(220)、(311)、(400)、(422)、(511)、(440)以及(533)晶面。峰强强度较大，峰形尖锐，这说明 Fe_3O_4 纳米颗粒具有较好的结晶性能，晶型良好；通过晶粒尺寸计算公式，得出颗粒的尺寸约为 34nm；且并未存在其余杂峰，由此说明本实验制备的粒子样品纯度较高。

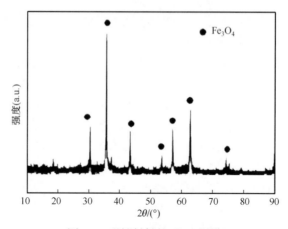

图 5-2　磁性材料的 XRD 图谱

2. SEM 分析

通过 SEM 来表征 Fe_3O_4 纳米材料的表面形貌。从图 5-3(a)～(c)可以看出，Fe_3O_4 纳米颗粒形成球状聚集体，且样品聚集体的尺寸为 100～200nm，相对比较均匀，而且表面粗糙。为了进一步确认纳米颗粒的元素组成，还进行了色散谱(energy dispersive spectroscopy，EDS)分析。图 5-3(d)～(f)为样品的 EDS 图谱，从图中可以看出，除导电胶中的 C 元素外，合成的样品只含 Fe 和 O 两种元素，Fe/O 相对原子比大概为 0.73，确定样品为 Fe_3O_4(Fe_3O_4 在空气中易被氧化)，与 XRD 的结果相对应。

图 5-3　Fe_3O_4 的(a)～(c)SEM 图和(d)～(f)EDS 图谱

3. TEM 分析

为了进一步探索 Fe_3O_4 的微观结构，本实验对样品 Fe_3O_4 进行了 TEM 实验。从图 5-4(a)、(d)中的 TEM 图可知，本样品聚集体为较均匀的球状颗粒，聚集体尺寸为 $100\sim200nm$，表面不平整，与 SEM 的结果一致。高分辨透射电子显微镜 (high-resolution transmission electron microscope，HRTEM)图像(图 5-4(b)、(c))表明所制备的 Fe_3O_4 对应于立方反尖晶石型 Fe_3O_4，晶面间距为 0.214nm 和 0.297nm，分别对应 Fe_3O_4 的(400)和(220)晶面，TEM 和高分辨 TEM 的结果进一步说明所制备的样品为 Fe_3O_4。此外，本实验还研究了 Fe_3O_4 的 EDS 图，如图 5-4(e)、(f)所示，确定该样品的元素组成为 Fe 和 O，与之前的 EDS 相对应。

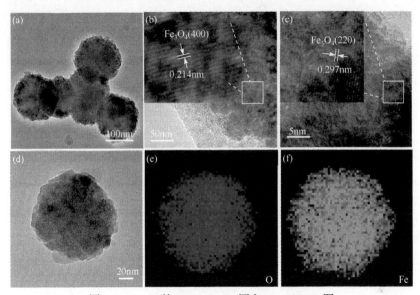

图 5-4 Fe_3O_4 的(a)～(d)TEM 图和(e)～(f)EDS 图

4. XPS 分析

通过 XPS 检测样品中的表面元素组成和元素化学价态。图 5-5(a)所示样品的 XPS 全谱图，在 709.8eV 与 723.7eV 两处峰，分别属于 Fe $2p_{3/2}$、Fe $2p_{1/2}$ 的轨道结合能，在 529eV 处的峰是 O 1s 的结合能，可知样品的组成元素为 Fe 和 O。

图 5-5(b)所示为元素铁的化合价，根据文献[22]分析可知，元素 Fe 在 710.6eV 和 713.0eV 处存在两个峰，表明此样品中有 Fe^{2+}、Fe^{3+} 两种价态，与 XRD 的物相分析相符；XPS 分析进一步验证了合成的磁性纳米材料的元素组成。图 5-5(c)所示为 O 1s 的两处特征峰，结合能 529.3eV 处代表晶格氧；在 530.5eV 处的特征峰，代表以羟基(—OH)形式存在的吸附氧。

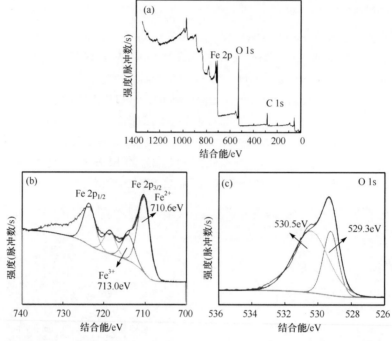

图 5-5　Fe₃O₄ 的 XPS 图：(a)全谱；(b)Fe 2p 的高分辨图；(c)O 1s 的高分辨图

5. FTIR 分析

图 5-6 是磁性 Fe₃O₄ 样品 FTIR 图谱。本次测试的扫描范围为 400～4000cm⁻¹。根据文献[23]可知，582cm⁻¹ 处代表 Fe—O 的特征峰；3400cm⁻¹ 代表纳米材料表面羟基的特征峰。

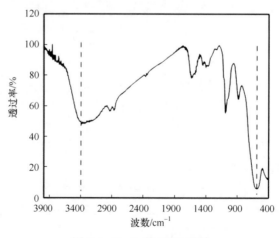

图 5-6　Fe₃O₄ 的 FTIR 图谱

6. Zeta 电位分析

吸附剂常用 Zeta 电位来表征其表面的带电情况，同时判定其在水中的分散性。用本实验制备的纳米磁性样品分散在去离子水中，配制成悬浮液，样品浓度为 0.5mg/mL。

本节实验制备的磁性 Fe_3O_4 纳米材料分散在去离子水中，测得 Zeta 电位，数值为+40mV，说明 Fe_3O_4 纳米粒子表面带较强的正电荷。Zeta 电位越大，说明其表面正电荷越多。但是对带正电的重金属离子，吸附剂表面的正电荷越多，越不利于重金属阳离子的去除。

7. N_2 吸附-脱附分析

为揭示微观比表面积对 Fe_3O_4 后续性能的影响，本实验探讨了布鲁尼尔、埃梅特和特勒(Brunauer-Emmett-Teller，BET)测试比表面积和样品孔隙率。图 5-7(a) 为样品 Fe_3O_4 的 N_2 吸附-脱附等温线。从图中可以看出，样品的吸附-脱附等温曲线为Ⅳ型，且它的脱附曲线和吸附曲线之间形成 H_3 型的回滞环吸附等温线。从吸附-脱附曲线中还可以观察到 Fe_3O_4 的吸附集中发生在中压区域和高压区域 $(0.4<P/P_0<1)$。

从 Fe_3O_4 的孔径分布曲线图 5-7(b)可知，该样品的孔径主要分布在 2～10nm。从表 5-1 可知，样品 Fe_3O_4 的比表面积为 75.81m^2/g，孔隙容积为 0.24cm^3/g，平均孔径大小为 4.72nm(2～50nm 为介孔)，表明样品 Fe_3O_4 是典型的介孔材料。

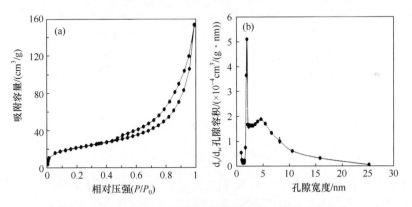

图 5-7　Fe_3O_4 的(a)N_2 吸附-脱附等温线和(b)孔径分布曲线

表 5-1　Fe_3O_4 的结构参数

样本	BET 比表面积/(m^2/g)	孔隙容积/(cm^3/g)	孔径尺寸/nm
Fe_3O_4	75.81	0.24	4.72

8. 磁性现象分析

吸附剂分离回收的难易，很大程度上决定其应用价值。一般的吸附剂在水中会出现难以分离，造成二次污染的问题。以下实验就是为了证明所制备的 Fe_3O_4 磁性纳米材料拥有磁分离效果，为后续的分离回收及循环应用提供基础。将样品溶于水中，搅拌均匀后，分别取部分混合液于左右两个比色皿中，并在右边的比色皿旁边放一个磁铁，赋予一个外加磁场。

2min 后，如图 5-8 所示，从左边的比色皿中可看出，磁性纳米材料 Fe_3O_4 呈悬浮状分散在液相中；而右侧的比色皿中可看到原来分散的吸附剂粉末由于自身磁性的原因逐渐向磁铁聚集，溶液逐渐清澈。由此表观实验可知，磁性纳米材料 Fe_3O_4 在分离回收方面具有优越的性能。

图 5-8　Fe_3O_4 与水混合 2min 后(左)，磁铁侧立于混合液 2min 后(右)

5.3.2　Fe_3O_4 磁性纳米材料对 Pb^{2+} 的吸附影响因素探讨

1. 吸附时间对 Pb^{2+} 吸附的影响

吸附剂达到吸附平衡的时间快慢(吸附速率)，很大程度上影响了其应用价值。较大的吸附速率，在工业应用中可以节约大量的时间成本，有很高的实际应用价值。以下实验评估了所合成的 Fe_3O_4 磁性纳米材料对水中重金属离子 Pb^{2+} 的吸附性能，确定其达到吸附平衡的时间，便于后续研究。

本节通过相关实验测定 Fe_3O_4 磁性纳米材料对 Pb^{2+} 的吸附达到平衡状态所需时间。具体操作如下：取 25mL 模拟废液置于 50mL 烧杯中，模拟废液中 Pb^{2+} 的初始浓度为 10mg/L。在烧杯中加入磁性纳米材料 10mg。在实验环境温度 25℃下，磁力搅拌速度为400r/min，进行吸附实验，吸附时间为30min。取样时间点为1min、5min、10min、20min、30min。按时间点取吸附后溶液，进行离心，取上清液，并测定上清液中的Pb^{2+}浓度，考察时间对Pb^{2+}吸附的影响。

吸附实验结果如图5-9所示，该磁性纳米材料对Pb^{2+}的吸附曲线大致分为"快速—缓慢—平衡"三个阶段。Fe_3O_4磁性纳米材料在吸附时间为0～1min时，吸附速率极快；在1～5min时，吸附速率较第一阶段稍缓慢；在5～10min时，吸附速率没有明显增长。因此，该样品对Pb^{2+}的吸附在10min基本达到平衡，对Pb(II)去除率约达到20.00%，吸附容量约为5.00mg/g。

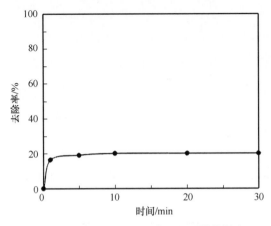

图5-9　时间对Fe_3O_4吸附Pb^{2+}吸附的影响

2. 模拟废液初始浓度C_0对吸附的影响

事实上，磁性纳米颗粒的吸附性能与目标物的初始浓度密切相关。因此，为了探究模拟废液的初始浓度对Fe_3O_4磁性纳米材料吸附Pb^{2+}的影响，配制初始浓度为10mg/L、20mg/L、30mg/L、40mg/L、60mg/L、80mg/L、100mg/L的Pb^{2+}模拟废液。取本章Fe_3O_4磁性样品10mg投入以上初始浓度的25mL Pb^{2+}模拟废液中，吸附时间为30min，实验环境温度为25℃。按时间点取吸附后的溶液进行离心，取上清液，测定吸附后溶液中的Pb^{2+}浓度，计算不同浓度时Fe_3O_4磁性样品的吸附容量。

本实验是为了探究模拟废液初始浓度对Fe_3O_4吸附Pb^{2+}的影响，结果如图5-10所示。在初始浓度20mg/L之前，随着浓度的增大，该样品对Pb^{2+}的吸附容量增加非常显著。但当初始浓度大于20mg/L后，该样品对Pb^{2+}的吸附容量非常缓慢地增长，变化不大。吸附剂在30mg/L时，吸附容量基本达到饱和，约为8.00mg/g。实验结果表明，Fe_3O_4样品对Pb^{2+}的吸附效果不佳，这很可能是由于吸附剂上对Pb^{2+}的吸附位点数量有限；而且由于此样品的Zeta电位为+40mV，正电荷不利于吸附重金属阳离子。

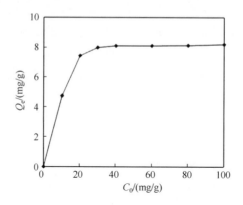

图 5-10　模拟废液初始浓度对 Fe_3O_4 吸附 Pb^{2+} 的影响

图 5-11 表示模拟废液初始浓度对 Fe_3O_4 吸附 Pb^{2+} 去除率的影响。由图可知，当初始浓度为 10mg/L 时，样品 Fe_3O_4 对 Pb^{2+} 的去除率达到最大，约为 20%；而后随着模拟废液初始浓度的增大，去除率呈下降的趋势。这是由于当吸附实验中吸附剂用量一定时，样品 Fe_3O_4 对 Pb^{2+} 的吸附位点数量是一定的，所以样品 Fe_3O_4 吸附 Pb^{2+} 会达到饱和，之后达到动态平衡，吸附容量基本不变。但很明显，其吸附容量和去除率较低。

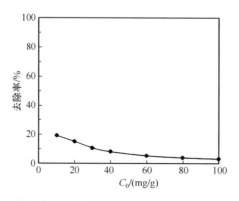

图 5-11　模拟废液初始浓度对 Fe_3O_4 吸附 Pb^{2+} 去除率的影响

5.3.3　模拟铅锌尾矿工业废水中对 Pb^{2+} 的选择吸附

尽管磁性纳米颗粒 Fe_3O_4 的吸附性能较低，但为了和后续改性样品的平行对比，仍然对其进行一定的后续分析。需要提及的是，相比高浓度的重金属离子污染体系，从低浓度体系中对 Pb^{2+} 进行选择去除难度更大。

模拟废液的初始浓度对磁性纳米材料吸附 Pb^{2+} 的实际应用有着很关键的意

义。配制模拟铅锌尾矿工业废水三种各 100mL，分别如下：

(1) 10mg/L Pb^{2+}、10mg/L Zn^{2+}、11.80mg/L Mg^{2+}、34.40mg/L Ca^{2+}、68.30mg/L Na^+、6.44mg/L K^+ 和大量的 SO_4^{2-}、NO_3^-、Cl^-。

(2) 20mg/L Pb^{2+}、20mg/L Zn^{2+}、11.80mg/L Mg^{2+}、34.40mg/L Ca^{2+}、68.30mg/L Na^+、6.44mg/L K^+ 和大量的 SO_4^{2-}、NO_3^-、Cl^-。

(3) 60mg/L Pb^{2+}、60mg/L Zn^{2+}、11.80mg/L Mg^{2+}、34.40mg/L Ca^{2+}、68.30mg/L Na^+、6.44mg/L K^+ 和大量的 SO_4^{2-}、NO_3^-、Cl^-。

取本节磁性 Fe_3O_4 样品各 10mg 投入 25mL 三种模拟混合废液中，实验环境温度为 25℃，磁力搅拌速度为 400r/min，进行吸附实验，吸附时间为 30min。取样时间点为 1min、5min、10min、20min、30min。按时间点取吸附后溶液，进行离心，取上清液，并测定上清液中的 Pb^{2+}、Zn^{2+} 的浓度。

图 5-12 分别为当模拟铅锌尾矿废液初始浓度为 10mg/L、20mg/L、60mg/L 时，本节磁性材料 Fe_3O_4 对 Pb^{2+} 和 Zn^{2+} 的吸附容量。

从图 5-12(a)可知，当模拟铅锌尾矿废液初始浓度都为 10mg/L 时，该吸附剂对 Pb^{2+} 和 Zn^{2+} 的吸附容量分别为 4.74mg/g 和 0.68mg/g；从图 5-12(b)可知，当模拟铅锌尾矿废液初始浓度都为 20mg/L 时，该吸附剂对 Pb^{2+} 和 Zn^{2+} 的吸附容量分别为 7.44mg/g 和 0.74mg/g；从图 5-12(c)可知，当模拟铅锌尾矿废液初始浓度都为 60mg/L 时，该吸附剂对 Pb^{2+} 和 Zn^{2+} 的吸附容量分别为 8.11mg/g 和 0.75mg/g。

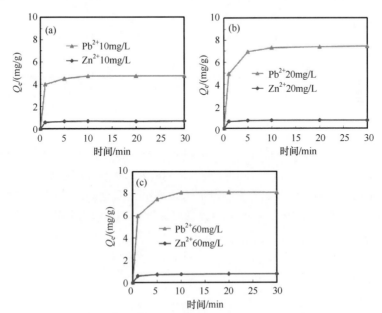

图 5-12　不同初始浓度((a)10mg/L、(b)20mg/L、(c)60mg/L)下，
Fe_3O_4 对 Pb^{2+} 和 Zn^{2+} 的吸附情况

综上可知，Fe_3O_4 对 Pb^{2+} 和 Zn^{2+} 的吸附容量，约在 10min 后达到平衡，且该样品对 Pb^{2+} 的吸附容量，随着浓度的升高而增大；而对于 Zn^{2+} 的吸附容量则都较低，基本不吸附。

5.3.4　吸附等温线

吸附等温线是描述吸附平衡的重要方法。图 5-13 曲线表示的是本章磁性样品 Fe_3O_4 在 25℃下，模拟铅锌尾矿工业废液中吸附 Pb^{2+} 和 Zn^{2+} 的等温线。从图中可以看出，在较低平衡浓度时，Fe_3O_4 样品对 Pb^{2+} 和 Zn^{2+} 的吸附容量快速增长；在较高平衡浓度时，缓慢增长，最后达到平衡吸附容量。在平衡浓度小于 20mg/L时，Fe_3O_4 对 Pb^{2+} 的吸附容量随着平衡浓度的升高而急剧增大；在平衡浓度为 20～30mg/L 时，吸附容量渐渐平缓增长；在平衡浓度大于 30mg/L 时，Fe_3O_4 样品对 Pb^{2+} 的吸附容量基本保持不变，达到平衡。对于 Zn^{2+}，Fe_3O_4 样品则在平衡浓度大于 20mg/L 时就达到平衡。Fe_3O_4 样品对 Pb^{2+} 和 Zn^{2+} 的平衡吸附容量分别为 8.11mg/g 和 0.75mg/g。

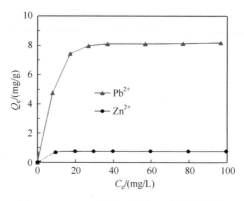

图 5-13　Fe_3O_4 吸附 Pb^{2+} 和 Zn^{2+} 的等温线

如图 5-14 所示，对磁性样品 Fe_3O_4 吸附 Pb^{2+} 的实验数据，用 Langmuir 和 Freundlich 这两种模型进行拟合，其中图 5-14(a) 为 Langmuir 模型拟合，图 5-14(b) 为 Freundlich 模型拟合。表 5-2 表示以上这两种拟合模型的线性回归系数(R^2)及其各自的相关量，R^2 是用来检验拟合的数据可靠性评判的重要标准，其数值越接近 1，表明数据拟合程度越可靠。用 Langmuir 模型拟合后的 R^2 为 0.9946，而 Freundlich 模型拟合后的 R^2 为 0.9049。相比之下，前者的 R^2 更为接近 1，故 Langmuir 模型拟合会比 Freundlich 模型拟合的数据更为可靠。可以用 Langmuir 模型来描述磁性样品 Fe_3O_4 吸附 Pb^{2+} 的过程。此过程是 Fe_3O_4 对 Pb^{2+} 发生单层吸附，可以算出样品 Fe_3O_4 吸附 Pb^{2+} 的理论最大吸附容量 q_m 为 8.45mg/g。

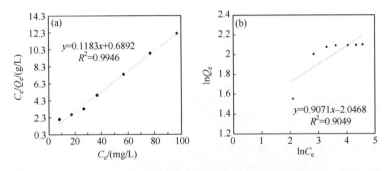

图 5-14　(a)Langmuir 和(b)Freundlich 模型拟合

表 5-2　Langmuir 模型和 Freundlich 模型拟合的参数和线性回归系数(R^2)

样品	Langmuir 模型			Freundlich 模型		
	q_m/(mg/g)	K_L/(mg/L)	R_2	n	K_F	R^2
Fe₃O₄	8.45	0.17	0.9946	1.10	0.13	0.9049

5.3.5　低浓度复杂离子体系中的吸附状况

在实际的水体污染中，可能存在多种重金属离子，要对目标金属离子进行选择性去除，有一定的难度，尤其是在低浓度体系中。因此，需进一步研究磁性 Fe_3O_4 在多离子共存的废液中对 Pb^{2+} 的选择性，以及低浓度下复杂离子体系中对各种离子的吸附状况。而在实际废液中，除了常见的铅锌尾矿工业废水，还有 Cu^{2+}、Zn^{2+}、Ag^+ 和 Cd^{2+} 这些有害金属离子，以这些离子来设计复杂水体实验。

本实验针对低浓度复杂离子体系，探究 Fe_3O_4 对 Pb^{2+} 的选择吸附，及其对其余离子的吸附状况。配置了含有以下重金属离子的模拟混合废液 100mL：Pb^{2+}10mg/L、Zn^{2+} 10mg/L、Cu^{2+} 10mg/L、Cd^{2+} 10mg/L、Ag^+ 10mg/L；取磁性 Fe_3O_4 样品 10mg 投入模拟混合废液 25mL 中，实验温度 25℃，搅拌速度为 400r/min，取样时间点为 1min、5min、10min、20min、30min。按时间点取吸附后溶液离心，取上清液，并测定上清液中的 Pb^{2+}、Zn^{2+}、Cu^{2+}、Cd^{2+} 和 Ag^+ 的浓度。探讨低浓度复杂离子的环境中该样品对各离子的吸附性能。

图 5-15(a)表示了随着时间变化，本章制备的磁性样品 Fe_3O_4 在 10mg/L 复杂混合离子体系中对 Pb^{2+}、Zn^{2+}、Cu^{2+}、Cd^{2+} 和 Ag^+ 去除率。达到平衡后，该样品对 Pb^{2+}、Zn^{2+}、Cu^{2+}、Cd^{2+} 和 Ag^+ 的去除率分别为 3.57%、1.30%、1.33%、2.40% 和 75.14%。

图 5-15(b)表示，该磁性样品 Fe_3O_4 在 10mg/L 复杂混合离子体系中，对 Pb^{2+}、Zn^{2+}、Cu^{2+}、Cd^{2+} 和 Ag^+ 的吸附容量分别为 0.89mg/g、0.32mg/g、0.34mg/g、0.60mg/g、18.55mg/g。说明在更多竞争离子条件下，该样品对 Pb^{2+} 的吸附能力急剧下降，

同时除对 Ag⁺有一定的吸附能力外，对 Cd²⁺等毒性较高的离子，基本没有吸附能力。

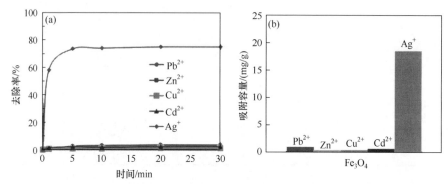

图 5-15　Fe₃O₄对 Pb²⁺、Zn²⁺、Cu²⁺、Cd²⁺和 Ag⁺的去除率(a)及吸附容量(b)

为了与改性后的样品性能形成对比，进一步探究 Fe₃O₄吸附剂单独对 Ag⁺和 Cu²⁺的吸附效果。分别配置只含 10mg/L Ag⁺及只含 10mg/L Cu²⁺的单一重金属离子溶液。取 Fe₃O₄样品 10mg 两份，分别投入 25mL 的 Ag⁺溶液和 Cu²⁺溶液，实验温度 25℃，搅拌速度为 400r/min，取样时间点为 1min、5min、10min、20min、30min。按时间点取吸附后溶液，进行离心，取上清液，并测定上清液中 Cu²⁺和 Ag⁺的浓度。探讨 Fe₃O₄吸附低浓度(10mg/L)Ag⁺和 Cu²⁺的效果。

图 5-16(a)所示，Fe₃O₄样品对 Cu²⁺基本没有吸附能力，平衡去除率只有 4.71%；而对 Ag⁺有较高的去除率，平衡去除率达 83.79%。由图 5-16(b)可知，Fe₃O₄对 Ag(Ⅰ)的吸附容量达到 21.00mg/g；对 Cu²⁺的吸附容量只有 1.20mg/g。综上可知，Fe₃O₄对 Ag⁺有一定的去除能力，对 Cu²⁺则没有去除能力。

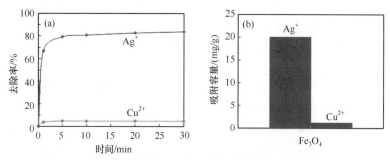

图 5-16　Fe₃O₄分别对 Ag⁺和 Cu²⁺的去除率(a)及吸附容量(b)

5.3.6　吸附机理探究

1. XRD 分析

为了探究样品 Fe₃O₄的吸附机理，对吸附模拟铅锌尾矿后的 Fe₃O₄样品进行

XRD 分析。如图 5-17 所示，吸附后的样品依然由 Fe_3O_4 构成，并未出现铅和锌相关的特征衍射峰，可能是这两种元素在吸附剂表面以离子的形式存在或含量较低，故 XRD 检测不出来。

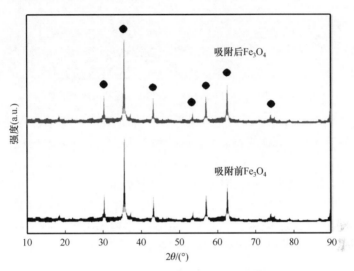

图 5-17　Fe_3O_4 吸附后的 XRD 图谱

2. SEM 分析

图 5-18 为本节所合成纳米材料 Fe_3O_4 吸附模拟铅锌尾矿工业废水后的 SEM 形貌分析图。由图 5-18(a)～(c)可以看出，样品保留原有的尺寸和形貌。图 5-18(d)～(h)为样品吸附后的 EDS 图谱，可以明显看出，吸附后，样品表面带有少量的元素 Pb 和 Zn，说明样品表面吸附了一定量的 Pb^{2+} 和 Zn^{2+}。

3. XPS 分析

进一步对 Fe_3O_4 吸附铅离子后的样品进行 XPS 分析。从图 5-19(a)、(b)中可

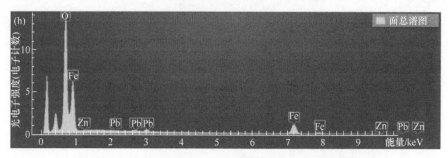

图 5-18　吸附后的 Fe_3O_4(a)~(c)SEM 图和(d)~(h)EDS 图

以看出,在 138.1eV 和 142.9eV 处出现了新的结合能峰,两峰结合能之差为 4.8eV,根据文献[24]判断为 PbO 的特征峰。此结果表明,吸附的 Pb^{2+} 没有发生化合价的变化,仍保持着+2 价。因此,模拟废液中 Pb^{2+} 的减少,是因为其被 Fe_3O_4 吸附,而不是发生了氧化还原反应。通过对 Fe_3O_4 吸附前的 XPS 分析可知,其表面带有一定量的羟基。由此推测羟基与 Pb^{2+} 相互作用,生成铅氢氧化物($Pb(OH)_2$)[1],其干燥后脱水生成 PbO,但是由于量少,XRD 并未检测出来。Fe_3O_4 表面带正电荷,会排斥金属离子,不利于金属离子接近吸附剂,故 Fe_3O_4 对 Pb^{2+} 的吸附性能不佳。

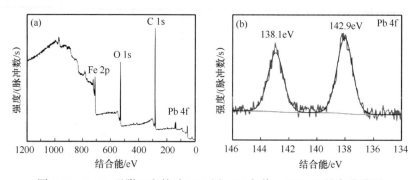

图 5-19　Fe_3O_4 吸附 Pb^{2+} 的后 XPS 图;(a)全谱;(b)Pb 4f 的高分辨图

5.4　铁锰基纳米净化材料的性能分析
及其选择吸附性能研究

如 5.3 节所述,现有技术合成的 Fe_3O_4 磁性纳米粒子有较小的粒径和较大的比表面积,但其对重金属离子的吸附性能较差,其可能原因在于 Fe_3O_4 表面带正电荷,且易被氧化腐蚀等。因此,为了克服以上缺点,提高 Fe_3O_4 纳米材料对重金属离子的吸附,急需对 Fe_3O_4 进行改性修饰。

当前研究者为了提高磁性 Fe_3O_4 材料在液相体系中的分散性以及其对目标污染物的吸附性能,常通过在 Fe_3O_4 材料的合成过程中加入改性剂,一步法合成新物质;或者通过两步法,在合成 Fe_3O_4 材料后,继续选择相关的改性剂对其进行改性。这两种途径都能获得性能比单一 Fe_3O_4 纳米材料更为优异的复合型材料。根据改性的物质成分，对 Fe_3O_4 纳米材料的改性可以分为无机材料改性和有机材料改性。无机材料改性通常是根据需要选择无机材料与 Fe_3O_4 纳米材料形成核壳结构。例如，性质稳定的 Au，可以保护 Fe_3O_4 纳米材料不被轻易氧化，同时具有良好的光催化性能；多孔的 C，既可以提高 Fe_3O_4 纳米材料的稳定性，也赋予其优异的吸附性能。有机材料改性就是在 Fe_3O_4 纳米材料中引入特定功能的官能团，改善其在液相中的分散性及对某些污染物的特定吸附。改性后的复合材料同时兼有磁性与对重金属离子的高效去除效果，这就使得改性后的复合材料，可以进行磁分离回收，循环再生利用，不会产生二次污染，具有潜在的应用价值。同时，无论是贵金属负载还是有机官能团的修饰，或多或少存在工艺复杂、成本高等缺点，难以进行实际应用。

本节为了提高前面所制备的磁性纳米材料四氧化三铁(Fe_3O_4)对重金属离子的吸附新性能，以 Fe_3O_4 为基体，将 Fe_3O_4 浸泡于一定浓度的高锰酸钾($KMnO_4$)溶液中，使材料表面发生氧化还原反应，并形成铁锰基纳米净化复合吸附材料。采用一系列材料分析方法(XRD、SEM、TEM、XPS、N_2 吸附-脱附、FTIR)对此复合材料的组成和结构进行分析探讨；同时探讨不同浓度的 $KMnO_4$ 溶液对材料吸附性能的影响，并对其选择吸附性能进行实验探究。

5.4.1　铁锰基纳米净化材料的制备

首先将 0.46g 的模板剂尿素溶于 6mL 无水乙醇和盐酸(12mol/L)的混合溶液(无水乙醇和盐酸的体积比为 12∶1)中，室温下搅拌至完全溶解；在所得溶液中加入 0.60g 的四水合氯化亚铁($FeCl_2 \cdot 4H_2O$)，继续搅拌；15min 后加入 25mL 的乙二醇，继续搅拌 15min；将所得的溶液倒入 100mL 高压反应釜中，在水热温度为 170℃、水热时间为 5h 的条件下进行水热反应。然后在室温下冷却过滤，用去离子水和无水乙醇各洗涤 3 次，在 80℃下干燥 12h，得到 Fe_3O_4 固体粉末，备用。

接着，称取 0.12g 上述实验制备的 Fe_3O_4 粉末，浸入 20mL 不同浓度(0.01mol/L、0.05mol/L、0.1mol/L、0.2mol/L、0.4mol/L)的 $KMnO_4$ 溶液中，磁力搅拌 30min；最后用去离子水和无水乙醇各洗涤 3 次，并放在 60℃真空干燥箱干燥 12h，得到磁性铁基-锰氧化物纳米材料。这些材料分别标记为 Fe_3O_4+0.01Mn、Fe_3O_4+0.05Mn、Fe_3O_4+0.1Mn、Fe_3O_4+0.2Mn、Fe_3O_4+0.4Mn。

后面取两个 $KMnO_4$ 浓度(0.01mol/L、0.1mol/L)改性的样品为主要研究对象。

5.4.2　铁锰基纳米净化材料的表征

1. XRD 分析

通过 XRD 研究不同样品的晶体结构。图 5-20(a)所示，(a1)、(a2)、(a3)、(a4)、

(a5)分别表示经过浓度为 0.01mol/L、0.05mol/L、0.1mol/L、0.2mol/L、0.4mol/L 的 $KMnO_4$ 溶液改性后 5 组样品的 XRD 图谱。改性后各组样品的 XRD 图谱中 2θ 值在 30.1°、35.5°、43.1°、53.5°、57.0°、62.6°和 74.0°处出现七个特征衍射峰，与改性前的 Fe_3O_4(JCPDS card No. 65-3107)主要特征峰的位置基本一致，并未有新的峰出现，这说明改性后各样品的主体仍保留 Fe_3O_4 原有的结构和相态，但是改性后 XRD 图谱的峰的强度略微有所降低，暗示 Fe_3O_4 的相对含量可能降低。

图 5-20(b)中，可更为清晰地看出经过浓度为 0.01mol/L、0.1mol/L 的 $KMnO_4$ 溶液改性后的样品 XRD 衍射峰的强度变弱。没有新峰出现可能是新生成物质的含量较少，不足以显示出峰；也可能因为在复合吸附材料的整个制备过程并没有经过煅烧，所以生成的新物质为非晶态物质，无特征峰显示(后面的 EDS 和 XPS 表征手段都证明改性后的样品表面含有元素锰(Mn))，应该是生成锰的氧化物)。改性后复合材料的 XRD 特征衍射峰强度比改性前的 Fe_3O_4 弱，说明在 Fe_3O_4 纳米颗粒表面可能生成非晶态 MnO_x。$KMnO_4$ 浓度越高，峰强度越弱。这可能因为 $KMnO_4$ 溶液在 Fe_3O_4 的表面发生反应，浓度越高，反应生成的新物质越多，Fe_3O_4 特征峰会相应地减弱。通过晶粒尺寸计算公式，得出 $Fe_3O_4+0.01Mn$ 和 $Fe_3O_4+0.1Mn$ 样品颗粒的尺寸都约为 20nm，相比原始样品的尺寸有所减小，暗示着 Fe_3O_4 部分参与反应。

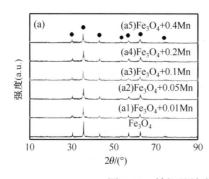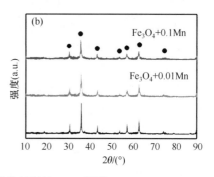

图 5-20　铁锰基纳米净化材料的 XRD 图谱

2. SEM 分析

为了进一步确定改性后样品的形貌变化和元素组成,进行 SEM 和 EDS 分析。图 5-21 为经过不同浓度(0.01mol/L、0.1mol/L、0.2mol/L)$KMnO_4$ 改性后的样品 (a)$Fe_3O_4+0.01Mn$、(e)$Fe_3O_4+0.1Mn$ 和 (j)$Fe_3O_4+0.2Mn$ 的 SEM 分析图。从图 5-21(a)、(e)、(j)可以看出，改性后样品聚集体仍保持相对均匀的球状，球状结构并未遭到破坏，反应较为温和；但是表面比改性前的 Fe_3O_4 更不平整，样品的聚集体尺寸还是为 100~200nm。

　　此外，还分析了经 KMnO$_4$ 改性后的样品元素分布情况。如图 5-21 所示，Fe$_3$O$_4$+0.01Mn、Fe$_3$O$_4$+0.1Mn 和 Fe$_3$O$_4$+0.2Mn 三组样品都是由 Fe、O、Mn 三种元素组成，且各元素均匀地分布在样品表面，说明 KMnO$_4$ 的加入，在 Fe$_3$O$_4$ 表面形成了新的锰基材料。三组样品 Fe$_3$O$_4$+0.01Mn、Fe$_3$O$_4$+0.1Mn 和 Fe$_3$O$_4$+0.2Mn 的锰元素 EDS 图谱分别为图 5-21(b)、(f)、(k)，Mn 的相对原子比例分别为 2.12%、8.73%、8.78%，说明随着 KMnO$_4$ 溶液的浓度增大，Mn 含量增加。当浓度到达一定程度(大于 0.1mol/L)时，Mn 元素的含量不再明显增多。这也证明 KMnO$_4$ 与 Fe$_3$O$_4$ 的改性可能仅发生在表面，当表面反应完全后，锰的含量基本保持稳定。同时也说明，浓度为 0.1mol/L 的 KMnO$_4$ 就可以实现对 Fe$_3$O$_4$ 的有效改性。

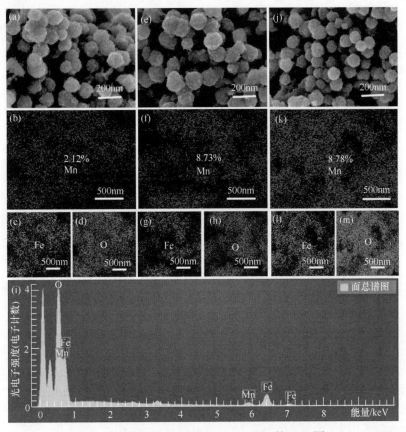

图 5-21　(a)Fe$_3$O$_4$+0.01Mn、(e)Fe$_3$O$_4$+0.1Mn 和(j)Fe$_3$O$_4$+0.2Mn 的 SEM 图；(b)~(d)Fe$_3$O$_4$+0.01Mn 的 EDS 图；(f)~(i)Fe$_3$O$_4$+0.1Mn 的 EDS 图；(k)~(m)Fe$_3$O$_4$+0.2Mn 的 EDS 图

3. TEM 分析

为了进一步探究改性样品的微观性质和表面特征，通过 TEM 和 EDS 进一步对经过 0.1mol/L 的 KMnO$_4$ 改性后的样品 Fe$_3$O$_4$+0.1Mn 进行分析。由图 5-22(a)、(b) 可知，经过 KMnO$_4$ 改性后的样品 Fe$_3$O$_4$+0.1Mn 仍然保持原来的球状结构，聚集体尺寸为 100～200nm，但球状聚集体表面有一些阴影，是样品表面发生化学反应生成的新物质，与 SEM 分析的结论一致。由高分辨 TEM 图像(图 5-22(c))可知，该样品对应于立方反尖晶石型 Fe$_3$O$_4$，晶面间距为 0.297nm，对应于 Fe$_3$O$_4$ 的(220) 晶面，但是并未看到清晰的锰氧化物的晶格条纹，说明生成的新物质可能为非晶态，与 XRD 结果一致。此外，还研究了 Fe$_3$O$_4$+0.1Mn 的 EDS 图谱(图 5-22(d)、(e)、(f))，进一步确认，改性后的样品除了元素 Fe 和 O，还有元素 Mn。这表明 KMnO$_4$ 的加入，在 Fe$_3$O$_4$ 表面形成新的锰基材料，与前面的 EDS 结果相对应。

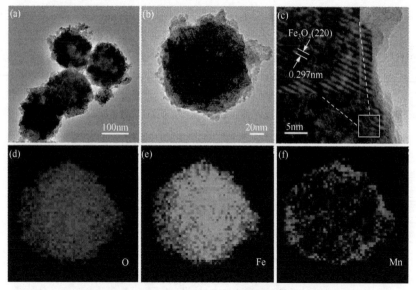

图 5-22　Fe$_3$O$_4$+0.1Mn 的(a)～(c)TEM 图和(d)～(f)EDS 图

4. XPS 分析

由前面的 SEM 和 TEM 等表征，推测 Fe$_3$O$_4$ 与 KMnO$_4$ 可能发生了氧化还原反应，因此以下采用 XPS 分析样品 Fe$_3$O$_4$+0.1Mn 表面的元素价态。如图 5-23(a) 所示，改性后样品中有元素锰的存在。

如图 5-23(a)为 Fe$_3$O$_4$+0.1Mn 纳米材料的 XPS 全谱图，存在 Fe 2p、Mn 2p、O 1s 这三种元素的特征峰。在 709.8eV 与 723.7eV 两处，特征峰分别为 Fe 2p$_{3/2}$、Fe 2p$_{1/2}$ 的轨道结合能；在 529eV 处的峰是 O 1s 的结合能；在 641.68eV 与 653.38eV

两处，特征峰分别属于 Mn $2p_{3/2}$、Mn $2p_{1/2}$ 的轨道结合能。由此可知，经过 $KMnO_4$ 处理过的磁性纳米材料 Fe_3O_4+0.1Mn 的组成元素为 Fe、O 和 Mn。

图 5-23(b)为 Fe_3O_4+0.1Mn 纳米材料中元素铁(Fe)的精细谱。根据文献[23]分析可知，元素 Fe 在 710.6eV 和 713.0eV 两处的峰，表明此样品中有 Fe^{3+}、Fe^{2+} 两种价态，但无法明显看出含量变化，原因在于仅有很少部分 Fe_3O_4 参与反应。图 5-23(c)为 Fe_3O_4+0.1Mn 磁性纳米材料中元素锰(Mn 2p)的高分辨 XPS 图，Mn $2p_{3/2}$(641.68eV)与 Mn $2p_{1/2}$(653.38eV)之间的结合能差值为 11.7eV；在 Mn $2p_{3/2}$ 处存在 641.6eV 和 643.0eV 两个位置的 Mn 元素特征峰，根据文献[25]、[26]可知，分别代表的是 Mn^{2+} 和 Mn^{4+}，可以确认含锰的化合物为 Mn_3O_4。并未出现 Mn^{7+} 的峰，说明负载在 Fe_3O_4 上的 $KMnO_4$，绝大多数与 Fe_3O_4 发生氧化还原反应，形成低价态的 Mn。图 5-23(d)为 O 1s 的结合能，在 529.3eV 的特征峰代表晶格氧，在 530.5eV 处的特征峰代表以羟基(—OH)形式存在的吸附氧。

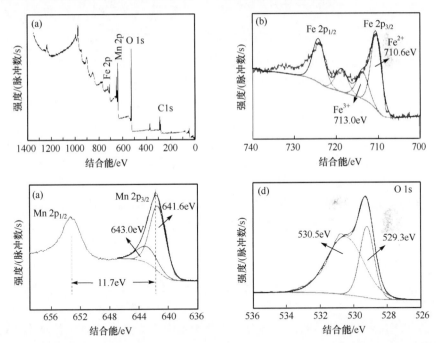

图 5-23　Fe_3O_4+0.1Mn 的 XPS 图：(a) 全谱、(b)Fe 2p、(c) Mn 2p 和(d) O 1s 的高分辨图

5. FTIR 分析

进一步采用 FTIR 对改性后的材料进行分析。本次测试的扫描范围为 400～4000cm^{-1}。图 5-24 是铁锰基纳米净化材料样品 Fe_3O_4、Fe_3O_4+0.01Mn、Fe_3O_4+0.1Mn 这三组样品的红外光谱曲线。根据文献[23]、[27]可知，582cm^{-1} 处为 Fe—O 特征

峰，538cm⁻¹ 为 Mn—O 的特征峰，3400cm⁻¹ 为纳米材料表面羟基的特征峰。经过不同浓度高锰酸钾溶液浸泡 Fe_3O_4 所形成的复合材料，与改性前的 Fe_3O_4 比较，出现的新峰并不是很明显，可能由于改性后生成的锰氧化物量较少，且 Mn—O 与 Fe—O 的峰较为接近，重叠在一起。

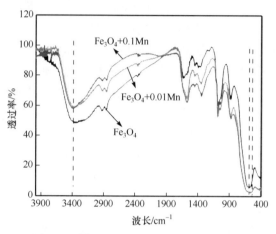

图 5-24 铁锰基纳米净化材料的红外图谱

6. Zeta 电位分析

固体纳米材料在液相反应中的性能与其表面电荷分布有很大关联，故同时对改性前后的样品进行 Zeta 电位测试。将纳米磁性样品分散在去离子水中，配制成悬浮液，样品浓度为 0.5mg/mL。

图 5-25 是 4 组铁锰基纳米净化材料的 Zeta 电位分布图。磁性纳米材料 Fe_3O_4 的 Zeta 电位为+40mV；经过不同浓度(0.01mol/L、0.1mol/L 和 0.2mol/L)KMnO₄ 改性后的样品 Fe_3O_4+0.01Mn、Fe_3O_4+0.1Mn 和 Fe_3O_4+0.2Mn 的 Zeta 电位分别为 –9mV、–43mV 和–44mV；随着 KMnO₄ 浓度的增加，吸附剂的 Zeta 电位基本保持不变，大约稳定在–44mV。这说明，KMnO₄ 的改性使 Fe_3O_4 表面带正电荷变为带负电荷。

经过 KMnO₄ 改性后的样品分散在去离子水中，测得的 Zeta 电位越小，说明其表面带有越强的负电荷，同种电荷产生较强的静电斥力，因此其在液相中有良好的分散性，可以更充分地和溶液中的金属离子接触；随着 KMnO₄ 浓度的提高，样品表面带的负电荷越强。改性后的复合材料表面带负电荷，由于正负电荷的静电吸引作用，有利于重金属离子的吸附。

综上所述，通过 KMnO₄ 的改性，可以有效改变纳米 Fe_3O_4 颗粒表面的带电情况与在水中的分散性。样品 Fe_3O_4+0.1Mn 在水中的分散性比样品 Fe_3O_4+0.01Mn 好；同时推测 Fe_3O_4+0.1Mn 的吸附性能可能比 Fe_3O_4+0.01Mn 好。

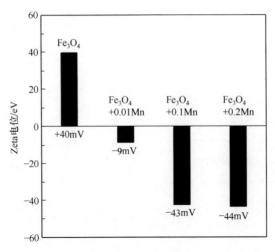

图 5-25　铁锰基纳米净化材料的 Zeta 电位

7. N_2 吸附-脱附分析

为揭示微观比表面积对后续性能的影响和 $KMnO_4$ 浓度对样品改性后的影响，探讨了 BET 比表面积和样品孔隙率。如图 5-26(a)、(c)所示，改性后的样品 $Fe_3O_4+0.01Mn$ 和 $Fe_3O_4+0.1Mn$ 的 N_2 吸附-脱附等温线都属于Ⅳ型，脱附曲线和吸附曲线之间都形成 H_3 型的回滞环吸附等温线，回滞环等温线没有出现饱和吸附平台，说明改性后的材料孔结构并不规整，还可以观察到这两组样品的吸附在中压和高压区域($0.4<P/P_0<1$)集中发生。

由孔径分布曲线(图 5-26(b)、(d))可知，$Fe_3O_4+0.01Mn$ 和 $Fe_3O_4+0.1Mn$ 这两组改性样品的孔径也主要分布在 $2\sim10nm$，与改性前的 Fe_3O_4(孔径分布在 $2\sim10nm$)对比，说明 $KMnO_4$ 对样品的改性并未改变 Fe_3O_4 的孔径分布。

由表 5-3 可知，$Fe_3O_4+0.01Mn$ 和 $Fe_3O_4+0.1Mn$ 的比表面积分别为 80.33 m^2/g 和 92.07 m^2/g，相比于样品 Fe_3O_4 的 75.81 m^2/g 有略微增大。可能是由于在 Fe_3O_4 表面发生了化学反应，产生腐蚀，使比表面积增大；而且 $KMnO_4$ 的浓度越高，比表面积增加越多。

此外，与 Fe_3O_4 相比较，$Fe_3O_4+0.01 Mn$ 和 $Fe_3O_4+0.1 Mn$ 样品的孔隙容积有所下降，分别为 0.19cm^3/g 和 0.18cm^3/g；平均孔径也有所减小，分别为 4.36nm 和 4.14nm。这可能由于改性过的样品在表面发生了化学反应，产生新物质，占据一定的孔隙容积，导致孔隙容积减小，同样的孔道平均孔径也变小，但仍为典型的介孔结构。综上所述，说明 $KMnO_4$ 的改性方法并未对 Fe_3O_4 样品的介孔结构造成明显破坏，$Fe_3O_4+0.01Mn$ 和 $Fe_3O_4+0.1Mn$ 这两组样品仍保持原来的孔道分布。

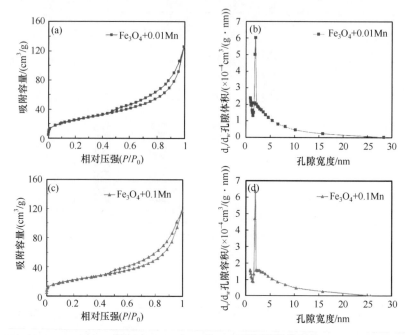

图 5-26　(a)Fe₃O₄+0.01Mn 和(c)Fe₃O₄+0.1Mn 的 N₂ 吸附-脱附等温线；(b)Fe₃O₄+0.01Mn 和
(d)Fe₃O₄+0.1Mn 的孔径分布曲线

表 5-3　Fe₃O₄、Fe₃O₄+0.01Mn 和 Fe₃O₄+0.1Mn 的结构参数

样品	BET 比表面积/(m²/g)	孔隙容积/(cm³/g)	孔隙尺寸/nm
Fe₃O₄	75.81	0.24	4.72
Fe₃O₄+0.01Mn	80.33	0.19	4.36
Fe₃O₄+0.1Mn	92.07	0.18	4.14

8. 铁锰基纳米净化材料磁性现象分析

为了证明改性后的吸附剂仍然保持一定的磁性，可以保证吸附剂用完后可以方便分离回收，进一步探讨了 Fe₃O₄ 改性前后的磁分离变化。因此，做了以下实验，将两组样品分别溶于水中，搅拌均匀后，分别取部分混合液于左右两个比色皿中，并在右边的比色皿旁边放一个磁铁，加一个外磁场。图 5-27(a)、(b)分别为样品 Fe₃O₄+0.01Mn、Fe₃O₄+0.1Mn 的磁分离效果图。

2min 后，图 5-27(a)中，从左边的比色皿中可看出，铁锰基纳米磁性净化材料 Fe₃O₄ 呈悬浮状分散在液相中；而右侧的比色皿中可看到吸附剂纳米材料由于自身磁性的原因逐渐向磁铁聚集，溶液逐渐清澈，比色皿右壁可看到深色粉末。

图 5-27(b)中的现象也类似。由此可见，改性后的两组样品 $Fe_3O_4+0.01Mn$、$Fe_3O_4+0.1Mn$ 都具有良好的磁性，可进行磁分离，说明制备的复合吸附剂在分离回收方面具有优越的性能，为后续吸附材料的回收及循环提供保证。

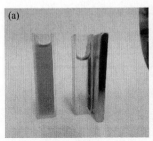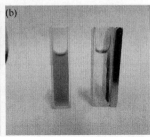

图 5-27　(a) $Fe_3O_4+0.01Mn$ 样品与水混合 2min 后；(b) $Fe_3O_4+0.1Mn$ 样品与水混合 2min 后

5.4.3　铁锰基纳米净化材料吸附 Pb^{2+} 影响因素探讨

1. 不同浓度 $KMnO_4$ 溶液处理的铁锰基纳米净化材料对 Pb^{2+} 吸附的影响

为了探究不同浓度的 $KMnO_4$ 溶液对 Fe_3O_4 材料改性的影响，通过相关实验测定 Fe_3O_4 和不同浓度(0.01mol/L、0.05mol/L、0.1mol/L、0.2mol/L、0.4mol/L)高锰酸钾($KMnO_4$)溶液浸泡的铁锰基纳米净化材料对 Pb^{2+} 的吸附去除率和吸附速率，这些溶液分别是 Fe_3O_4、$Fe_3O_4+0.01mol/L\ Mn$、$Fe_3O_4+0.05mol/L\ Mn$、$Fe_3O_4+0.1mol/L\ Mn$、$Fe_3O_4+0.2mol/L\ Mn$、$Fe_3O_4+0.4mol/L\ Mn$。

具体操作如下：取 25mL 模拟废液置于 50mL 烧杯中，设置 6 组，模拟废液中 Pb^{2+} 的初始浓度为 10mg/L。在 6 组烧杯中分别加入不同的铁锰基纳米净化材料 10mg。在实验环境温度 25℃下，磁力搅拌速度为 400 r/min，进行吸附实验，吸附时间为 30min。取样时间点为 1min、5min、10min、20min、30min。按时间点取吸附后的溶液，离心，取上清液，测定上清液中的 Pb^{2+} 浓度，考察不同 $KMnO_4$ 溶液浓度处理的磁性纳米材料对 Pb^{2+} 吸附的影响。

结果如图 5-28 所示，Fe_3O_4 和利用 $KMnO_4$ 溶液改性的铁锰基纳米净化材料对 Pb^{2+} 的吸附效果有十分显著的差别。Fe_3O_4 磁性材料吸附 Pb^{2+} 约 10min 达到饱和状态，去除率大概只有 20.00%；而经过不同浓度的 $KMnO_4$ 溶液处理的磁性纳米材料，吸附 Pb^{2+} 在 10min 内都达到吸附平衡状态，且达到很高的去除率，为 99.43%，吸附效果有明显提高。

5 组经过不同浓度(0.01mol/L、0.05mol/L、0.1mol/L、0.2mol/L、0.4mol/L) $KMnO_4$ 溶液改性的磁性纳米 Fe_3O_4，对 Pb^{2+} 的吸附也有明显的差异。在一定 $KMnO_4$ 溶液浓度范围内，对 Pb^{2+} 的去除速率不断增大，超出该范围后基本不变。即当 $KMnO_4$ 溶液浓度为 0.01mol/L、0.05mol/L、0.1mol/L 时，这 3 组材料对 Pb^{2+}

的去除速率递增；当 $KMnO_4$ 溶液浓度为 0.1mol/L、0.2mol/L、0.4mol/L 时，吸附结果曲线基本一致。该结果说明在 Pb^{2+} 初始浓度为 10mg/L 时，经过浓度为 0.1mol/L 的 $KMnO_4$ 溶液改性的吸附剂，吸附效果基本达到最高。这可能由于改性只发生在 Fe_3O_4 表面，当表面改性进行完全时，增加 $KMnO_4$ 的浓度，锰含量不再发生变化。

综上所述，改性后的吸附剂对 Pb^{2+} 的吸附速率较快，且对 Pb^{2+} 的去除率明显比改性前的 Fe_3O_4 样品优异；同时，当 $KMnO_4$ 浓度大于 0.1mol/L 时，改性后的吸附剂性能较好，是很有潜力的 Pb^{2+} 吸附剂。

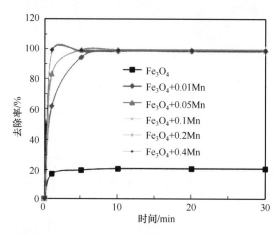

图 5-28　$KMnO_4$ 浓度对磁性材料吸附 Pb^{2+} 的影响

2. 吸附时间对 Pb^{2+} 吸附的影响

吸附平衡时间是衡量吸附速率的重要参数，在工业上很有实际意义。为了探究改性后的吸附材料，对铅离子吸附到达平衡的时间，做了时间变量实验。具体操作如下：配制的模拟废液中 Pb^{2+} 的初始浓度为 10mg/L，取两组 25mL 模拟废液置于 50mL 烧杯中，分别加入 10mg 的样品 $Fe_3O_4+0.01$ Mn 与 $Fe_3O_4+0.1$ Mn。在实验环境温度 25℃下，磁力搅拌速度为 400r/min，进行吸附实验。吸附时间为 30min，取样时间点为 1min、5min、10min、20min、30min。吸附后取溶液离心，取上清液，测定吸附后溶液中的 Pb^{2+} 浓度，考察时间对 Pb^{2+} 吸附的影响。

结果如图 5-29 所示，$Fe_3O_4+0.01$ Mn 和 $Fe_3O_4+0.1$Mn 这两组改性后的磁性纳米材料对 Pb^{2+} 的吸附曲线都可以被分为"快速—缓慢—平衡"三个阶段。

用浓度为 0.01mol/L 的 $KMnO_4$ 溶液处理过的样品 $Fe_3O_4+0.01$ Mn，在吸附时间为 0～1min 时，吸附速率呈快速增长，去除率上升达 64.00%；在 1～5min 时，吸附速率有了变化，去除率缓慢增大；在 5～10min，去除率基本不变，达到吸附平衡状态。此时，磁性纳米材料对 Pb^{2+} 的去除率约为 97.00%。

用浓度为 0.1mol/L 的 KMnO₄溶液处理过的样品 Fe₃O₄+0.1Mn，在吸附时间为 0～1min 时，吸附速率很快，几乎呈陡峭地增长，去除率急剧上升达 97.82%；在 1～5min 时，去除率缓慢增大，达到 99.70%，达到吸附平衡状态，几乎去除全部的 Pb^{2+}。

经过 KMnO₄溶液改性的两组吸附剂中，都能较快达到平衡(10min 内)。同时，样品 Fe₃O₄+0.1Mn 对 Pb^{2+}吸附速率明显比样品 Fe₃O₄+0.01Mn 快，即前者更快达到平衡。这表明 Fe₃O₄通过较高浓度的 KMnO₄改性，对吸附性能的提高更明显。

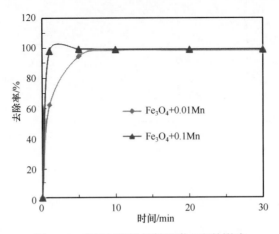

图 5-29　时间对磁性材料吸附 Pb^{2+}的影响

3. 模拟废液初始浓度 C_0 对吸附的影响

实际上，吸附剂的吸附性能与废液中目标物初始浓度有很大关系。因此，为了探究模拟废液的初始浓度对 KMnO₄溶液改性后的铁锰基纳米净化材料吸附 Pb^{2+}的影响，本实验配制初始浓度为 10mg/L、20mg/L、30mg/L、40mg/L、60mg/L、80mg/L、100mg/L 的 Pb^{2+}模拟废液。取 Fe₃O₄+0.01Mn 和 Fe₃O₄+0.1Mn 两组样品各 10mg 分别投入以上初始浓度的 25mL Pb^{2+}模拟废液中，在实验环境温度 25℃下，磁力搅拌速度为 400r/min，进行吸附实验。吸附时间为 30min，取样时间点为 1min、5min、10min、20min、30min。吸附后取溶液离心，取上清液，测定吸附后溶液中的 Pb^{2+}浓度，计算不同浓度时，不同改性样品的吸附容量。

结果如图 5-30 所示，经过 KMnO₄改性后的两组样品 Fe₃O₄+0.01Mn 与 Fe₃O₄+0.1Mn 对 Pb^{2+}的吸附容量随初始浓度的升高，先大幅度增长，然后缓慢增长，最终达到饱和平台，保持稳定。样品 Fe₃O₄+0.01Mn 在 Pb^{2+}初始浓度(C_0)小至 10mg/L 时，对于 Pb^{2+}的吸附容量快速增长；当 Pb^{2+}初始浓度为 10～30mg/L 时，速率仍在上升，但幅度减缓；当 Pb^{2+} 初始浓度大于 30mg/L 时，该样品达到饱和吸附，吸附容量约为 34.00mg/g。而 Fe_3O_4+0.1Mn 样品，在 Pb^{2+} 初始浓度小于 20mg/L 时，对 Pb^{2+} 的吸附容量基本呈线性增长；在 Pb^{2+} 初始浓度为 20～40mg/L 时，吸附容量增长变慢；在 Pb^{2+} 初始浓度大于 40mg/L 时，此样品的吸附容量基本达到饱和，约为 60.00mg/g。

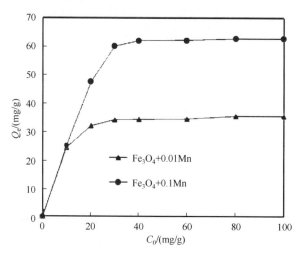

图 5-30　模拟废液初始浓度对磁性材料吸附 Pb^{2+} 的影响

图 5-31 体现了不同模拟废液初始浓度下，Fe_3O_4+0.01Mn 和 Fe_3O_4+0.1Mn 两组样品对 Pb^{2+} 去除率的影响。在初始浓度为 10mg/L 时，Fe_3O_4+0.01Mn 和 Fe_3O_4+0.1Mn 这 2 组样品的去除率分别为 97.00%和 99.70%。随着模拟废液初始浓度增大，两组样品对 Pb^{2+} 的去除率都呈下降趋势。

可能由于固定吸附剂用量时，吸附剂上的对 Pb^{2+} 吸附位点一定，当吸附饱和后，样品吸附不了更多的 Pb^{2+}，达到动态平衡，而废液中的 Pb^{2+} 随浓度的升高而增多，因此去除率随初始浓度增高而下降。

综合上述实验结果表明：经过不同浓度的 $KMnO_4$ 改性的铁锰基纳米样品，吸附性能比改性前的 Fe_3O_4 都有了显著的提升。这可能是由于经过 $KMnO_4$ 改性的样品，Mn 的相对含量增多，材料表面由原来的正电荷转变为负电荷(Fe_3O_4 的 Zeta 电位为+40mV，Fe_3O_4+0.01Mn 的 Zeta 电位为–9mV，Fe_3O_4+0.1Mn 样品的 Zeta 电位–44mV)，有利于吸收重金属阳离子；还可能是 Fe_3O_4 经过不同浓度的 $KMnO_4$ 溶液的表面改性后，Mn_3O_4 的存在使得其对 Pb^{2+} 的吸附位点明显增多，故有较高的吸附容量与去除率，且浓度较高，提升更为明显。此结果说明，改性后的这两组样品在低浓度 Pb^{2+} 时，对 Pb^{2+} 有更好的吸附性能，且样品 Fe_3O_4+0.1MnO_4 更为优异。

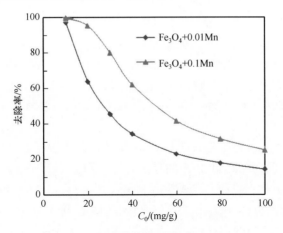

图 5-31　废液初始浓度对去除率的影响

5.4.4　模拟铅锌尾矿工业废水中对 Pb²⁺ 的选择吸附

为了探究经过不同浓度(0.01mol/L 和 0.1mol/L)KMnO₄改性后的 Fe₃O₄对 Pb²⁺的选择吸附性能,进行了模拟铅锌尾矿工业废水吸附实验。配制模拟铅锌尾矿工业废水三种各 100mL,分别为:

(1) 10mg/L Pb²⁺、10mg/L Zn²⁺、11.80mg/L Mg²⁺、34.40mg/L Ca²⁺、68.30mg/L Na⁺、6.44mg/L K⁺和大量的 SO₄²⁻、NO₃⁻、Cl⁻。

(2) 20mg/L Pb²⁺、20mg/L Zn²⁺、11.80mg/L Mg²⁺、34.40mg/L Ca²⁺、68.30mg/L Na⁺、6.44mg/L K⁺和大量的 SO₄²⁻、NO₃⁻、Cl⁻。

(3) 50mg/L Pb²⁺、50mg/L Zn²⁺、11.80mg/L Mg²⁺、34.40mg/L Ca²⁺、68.30mg/L Na⁺、6.44mg/L K⁺和大量的 SO₄²⁻、NO₃⁻、Cl⁻。

取不同浓度(0.01mol/L 和 0.1mol/L)KMnO₄改性后的两组样品 Fe₃O₄+0.01Mn 和 Fe₃O₄+0.1Mn 各 10mg 分别投入 25mL 三种模拟混合废液中,实验环境温度为 25℃,磁力搅拌速度为 400r/min,进行吸附实验,吸附时间为 30min。取样时间点为 1min、5min、10min、20min、30min。按时间点取吸附后溶液,进行离心,取上清液,测定上清液中 Pb²⁺、Zn²⁺的浓度。

由图 5-32(a1)、(a2)可知,当模拟铅锌尾矿废液初始浓度为 10mg/L 时,Fe₃O₄+0.01Mn 和 Fe₃O₄+0.1Mn 这两组样品对 Zn²⁺的吸附容量分别为 2.11mg/g 与 2.96mg/g;而对 Pb²⁺的吸附容量都很高,分别为 24.25mg/g 和 24.92mg/g,去除率高达 97.00%和 99.70%,溶液中的 Pb²⁺几乎全部被吸附。此结果说明在较低浓度时,Fe₃O₄+0.01Mn 和 Fe₃O₄+0.1Mn 两组样品对 Pb²⁺的吸附都体现出显著的选择性和较强的吸附能力。

从图 5-32(b1)、(b2)可知,当模拟铅锌尾矿废液初始浓度为 20mg/L 时,

$Fe_3O_4+0.01Mn$ 对 Pb^{2+} 和 Zn^{2+} 的吸附容量分别为 31.92mg/g 与 2.45mg/g；而 $Fe_3O_4+0.1Mn$ 这组样品对 Zn^{2+} 的吸附容量为 3.32mg/g，对 Pb^{2+} 的吸附容量仍然很高，达到 47.60mg/g，吸附率高达 95.20%，溶液中的 Pb^{2+} 基本被吸附完。此结果说明在废液初始浓度 20mg/L 时，$Fe_3O_4+0.01Mn$ 和 $Fe_3O_4+0.1Mn$ 两组样品对 Pb^{2+} 的吸附都体现出较强的选择性；但是样品 $Fe_3O_4+0.1Mn$ 比样品 $Fe_3O_4+0.01Mn$ 的吸附 Pb^{2+} 能力更强。

从图 5-32(c1)、(c2)可知，当模拟铅锌尾矿废液初始浓度为 60mg/L 时，$Fe_3O_4+0.01Mn$ 样品对 Pb^{2+} 和 Zn^{2+} 的吸附容量分别为 34.41mg/g 与 2.54mg/g；而 $Fe_3O_4+0.1Mn$ 样品对 Pb^{2+} 和 Zn^{2+} 的吸附容量分别为 62.23mg/g 和 3.45mg/g。此结果说明在废液初始浓度 60mg/L 时，$Fe_3O_4+0.01Mn$ 和 $Fe_3O_4+0.1Mn$ 两组样品对 Pb^{2+} 的吸附体现出较强的选择性；样品 $Fe_3O_4+0.1Mn$ 比样品 $Fe_3O_4+0.01Mn$ 对 Pb^{2+} 有更大的吸附容量。

综上可知，随着模拟铅锌尾矿废液初始浓度的增大，尤其当浓度小于 20mg/L 时，$Fe_3O_4+0.01Mn$ 和 $Fe_3O_4+0.1Mn$ 这两组样品对 Pb^{2+} 的吸附容量都有明显的增加，而且 $Fe_3O_4+0.1Mn$ 样品在废液初始浓度 20mg/L 时，对 Pb^{2+} 的吸附容量仍然接近饱和。经过 $KMnO_4$ 溶液浓度处理的吸附剂，对 Pb^{2+} 的吸附容量有显著的提高；不同 $KMnO_4$ 浓度改性的吸附剂，吸附性能也有差异，$KMnO_4$ 溶液浓度较高的，同等条件下吸附容量提高更为明显。这两组改性后的样品对于竞争离子 Zn^{2+} 的吸附容量都较低。这说明，改性后的两组样品 $Fe_3O_4+0.01Mn$ 和 $Fe_3O_4+0.1Mn$，存在 Zn^{2+}、Na^+、K^+、Ca^{2+}、Mg^{2+}、SO_4^{2-}、Cl^- 和 NO_3^- 等杂离子时，都对 Pb^{2+} 的吸附体现出较强的选择性。

表 5-4 中的分配系数 K_D 是用来衡量吸附剂对某种重金属离子的选择吸附性能的参数。K_D 值较高，直观地反映出该吸附剂的吸附力和选择性强度高。由计算可得 Fe_3O_4、$Fe_3O_4+0.01Mn$ 和 $Fe_3O_4+0.1Mn$ 三组样品对 Pb^{2+} 和 Zn^{2+} 的 K_D 值[28]，公式为 $K_D=((C_0-C_e)/C_e)(V/m)$。

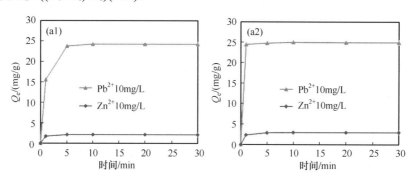

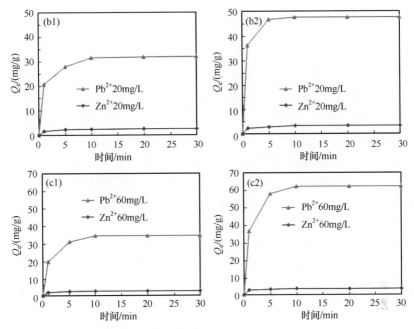

图 5-32　在不同初始浓度((a1)10mg/L、(b1)20mg/L、(c1)60mg/L)下，Fe_3O_4+0.01Mn 对 Pb^{2+} 和 Zn^{2+} 的吸附容量；在不同初始浓度((a2)10mg/L、(b2)20mg/L、(c2)60mg/L)下，Fe_3O_4+0.1Mn 对 Pb^{2+} 和 Zn^{2+} 的吸附容量

　　当模拟铅锌尾矿废液中，Pb^{2+} 和 Zn^{2+} 初始浓度为 10mg/L 时，改性前 Fe_3O_4 样品对 Pb^{2+} 和 Zn^{2+} 的 K_D 值分别是 5.90×10^2mL/g 和 70mL/g；Fe_3O_4+0.01Mn 样品则分别为 8.08×10^4mL/g 和 2.30×10^2mL/g；Fe_3O_4+0.1Mn 样品则分别为 748.70×10^3mL/g 和 3.40×10^2mL/g。Fe_3O_4+0.1Mn 样品对 Pb^{2+} 的 K_D 值比 Fe_3O_4 样品高出三个数量级，同时也比 Fe_3O_4+0.01Mn 这组样品的要高；而三组样品对 Zn^{2+} 的 K_D 值都较小。由此可看出：Fe_3O_4+0.1Mn 样品对于 Pb^{2+} 的选择吸附性能要高于 Fe_3O_4+0.01Mn 样品，更是远高于改性前的 Fe_3O_4。

　　从表 5-4 可看出，随着模拟铅锌尾矿废液中，Pb^{2+} 和 Zn^{2+} 初始浓度的增大，Fe_3O_4、Fe_3O_4+0.01Mn 和 Fe_3O_4+0.1Mn 三组样品对 Pb^{2+} 和 Zn^{2+} 的 K_D 值都呈明显的下降趋势。Fe_3O_4+0.1Mn 样品对于 Pb^{2+} 的 K_D 值在浓度 10mg/L 时，K_D 值达到最大，为 748.70×10^3mL/g；其在相同条件下也比其余两组样品高。这表明 Fe_3O_4+0.1Mn 样品在吸附浓度较低的 Pb^{2+} 时，表现出比其他两组样品更强的选择性。

　　在表 5-4 中，还有关于吸附剂的选择系数 k($k = K_{D(Pb)}/K_{D(Zn)}$)，也用于分析 Fe_3O_4、Fe_3O_4+0.01Mn 和 Fe_3O_4+0.1Mn 三组样品存在 Zn^{2+} 等杂离子时，对于 Pb^{2+} 的选择吸附性能[29]。当 k 值小于或者接近 1 时，说明吸附剂对 Pb^{2+} 没有选择性；而当 k 值远大于 1 时，表明吸附剂对 Pb^{2+} 有很强的选择性能。

表 5-4 表示，对于竞争离子 Zn^{2+}，Fe_3O_4、$Fe_3O_4+0.01Mn$ 和 $Fe_3O_4+0.1Mn$ 三组样品对于吸附 Pb^{2+} 的 k 值都大于 1。改性前的 Fe_3O_4，最大的 $k_{Pb/Zn}$ 值为 14.00，最小的为 8.00；改性后的样品 $Fe_3O_4+0.01Mn$，最大的 $k_{Pb/Zn}$ 值为 351.43，最小的为 13.67；改性后的样品 $Fe_3O_4+0.1Mn$，最大的 $k_{Pb/Zn}$ 值为 2202.06，最小的为 21.00。从数据中可以看出，Fe_3O_4 样品的 $k_{Pb/Zn}$ 值都大于 1，在 10 左右；而其余两组样品的 $k_{Pb/Zn}$ 值在同等浓度下都远大于改性前 Fe_3O_4 的 $k_{Pb/Zn}$ 值。此结果说明，经过 $KMnO_4$ 溶液改性过的铁锰基纳米吸附剂，对于竞争离子 Zn^{2+}，吸附 Pb^{2+} 的 k 值都有了相应的提高；而在同等情况下，$Fe_3O_4+0.1Mn$ 的 $k_{Pb/Zn}$ 值较 $Fe_3O_4+0.01Mn$ 更高，说明浓度较高的 $KMnO_4$ 溶液改性的吸附剂，同等条件下 k 值提高更为明显。即 Fe_3O_4、$Fe_3O_4+0.01Mn$ 和 $Fe_3O_4+0.1Mn$ 这三组吸附剂中，经过较高浓度 $KMnO_4$ 溶液改性过的样品，对于竞争离子 Zn^{2+}，吸附 Pb^{2+} 的选择性较强。

$Fe_3O_4+0.01Mn$ 和 $Fe_3O_4+0.1Mn$ 样品在初始浓度 10mg/L、20mg/L、30mg/L、40mg/L、60mg/L、80mg/L、100mg/L 的 k 值随着浓度的增大而呈下降趋势，尤其在较低初始浓度 10mg/L 时，$Fe_3O_4+0.01Mn$ 样品的 $k_{Pb/Zn}$ 值达到最大为 351.43，$Fe_3O_4+0.1Mn$ 样品的 $k_{Pb/Zn}$ 值达到最大为 2202.06。这说明，$Fe_3O_4+0.01Mn$ 和 $Fe_3O_4+0.1Mn$ 这两组样品，对于竞争离子 Zn^{2+}，都有优异的 Pb^{2+} 选择性；而且样品 $Fe_3O_4+0.1Mn$ 对 Pb^{2+} 的选择性显然更优于 $Fe_3O_4+0.01Mn$ 样品，在低浓度时的选择性能达到最好。

表 5-4 中的相对选择系数 $k'(Fe_3O_4)= k(Fe_3O_4+0.01Mn)/k(Fe_3O_4)$ 则体现了与改性前的 Fe_3O_4 相比时，$Fe_3O_4+0.01Mn$ 样品对于竞争离子 Zn^{2+}，对 Pb^{2+} 的选择吸附性能。由表中数据可知，在模拟废液初始浓度为 10mg/L、20mg/L、30mg/L、40mg/L、60mg/L、80mg/L、100mg/L 时，对应浓度下的 k' 值在较低浓度时达到最大，为 41.74，最小为 1.32，都大于 1。此结果说明 $Fe_3O_4+0.01Mn$ 样品相比于改性前的 Fe_3O_4，对 Pb^{2+} 有更好的低浓度选择性。

相对选择系数 $k'(Fe_3O_4+0.01Mn)=k(Fe_3O_4+0.1Mn)/k(Fe_3O_4+0.01Mn)$ 体现了在与样品 $Fe_3O_4+0.01Mn$ 相比时，$Fe_3O_4+0.1Mn$ 样品对于竞争离子 Zn^{2+}，对 Pb^{2+} 的选择吸附性能。由表 5-4 中数据可知，在模拟废液初始浓度为 10mg/L、20mg/L、30mg/L、40mg/L、60mg/L、80mg/L、100mg/L 时，对应的浓度下的 k' 值在较低浓度时达到最大，为 8.12，最小为 1.54，都大于 1。此结果说明 $Fe_3O_4+0.1Mn$ 样品相比于样品 $Fe_3O_4+0.01Mn$，对 Pb^{2+} 有更好的低浓度选择性。

相对选择系数 $k'(Fe_3O_4+0.1Mn)= k(Fe_3O_4+0.1Mn)/k(Fe_3O_4)$ 体现了在与样品 Fe_3O_4 相比时，$Fe_3O_4+0.1Mn$ 样品对于竞争离子 Zn^{2+}，对 Pb^{2+} 的选择吸附性能。由表 5-4 中数据可知，在模拟废液初始浓度为 10mg/L、20mg/L、30mg/L、40mg/L、60mg/L、80mg/L、100mg/L 时，对应的浓度下的 k' 值在较低浓度时达到最大，为 261.53，最小为 2.11，都大于 1。这结果说明，相比于改性前样品 Fe_3O_4，改性后

样品 Fe_3O_4+0.1Mn 对 Pb^{2+} 有更好的低浓度选择性，而且差别显著。

　　综上可知，三组样品中，Fe_3O_4+0.1Mn 样品对 Pb^{2+} 的选择吸附性能最好，其次是样品 Fe_3O_4+0.01Mn，选择性能最差的是 Fe_3O_4。当模拟废液初始浓度为 10mg/L 时，k' 达到最大，$k'(Fe_3O_4)$ 为 41.74，$k'(Fe_3O_4$+0.1Mn) 为 261.53，初始浓度为 20mg/L 时，$k'(Fe_3O_4$+0.01Mn) 最大为 8.12；初始浓度为 100mg/L 时，k' 分别为 1.71、1.54 和 2.63。随着模拟废液初始浓度的增大，k' 值逐渐下降，且当初始浓度为 10mg/L 时的 k' 值明显高于初始浓度 100mg/L 时的 k' 值，结果进一步证明这三组样品对低浓度的 Pb^{2+} 有较好选择吸附性能，其中改性后样品 Fe_3O_4+0.1Mn 对低浓度 Pb^{2+} 的选择吸附性能最好。

表 5-4　Fe_3O_4、Fe_3O_4+0.01Mn 和 Fe_3O_4+0.1Mn 对 Zn^{2+} 和 Pb^{2+} 的选择吸附性能参数

样品	C_0/(mg/L)	K_D/($\times10^3$mL/g)		k	k'
		Pb^{2+}	Zn^{2+}		
	10	0.59	0.07	8.42	41.74
	20	0.44	0.04	11.00	3.08
	30	0.30	0.03	10.00	2.30
Fe_3O_4	40	0.22	0.02	11.00	1.69
	60	0.14	0.01	14.00	1.32
	80	0.11	0.01	11.00	1.64
	100	0.08	0.01	8.00	1.71
	10	80.83	0.23	351.43	6.27
	20	4.41	0.13	33.92	8.12
	30	2.07	0.09	23.00	3.62
Fe_3O_4+0.01Mn	40	1.30	0.07	18.57	2.44
	60	0.74	0.04	18.50	1.59
	80	0.54	0.03	18.00	1.58
	100	0.41	0.03	13.67	1.54
	10	748.70	0.34	2202.06	261.53
	20	49.56	0.18	275.33	25.03
	30	10.00	0.12	83.33	8.33
Fe_3O_4+0.1Mn	40	4.08	0.09	45.33	4.12
	60	1.77	0.06	29.50	2.11
	80	1.14	0.04	28.50	2.59
	100	0.84	0.04	21.00	2.63

5.4.5 吸附等温线

图 5-33(a)、(b)分别表示的是铁锰基纳米净化材料的两组样品 Fe_3O_4+0.01Mn 和 Fe_3O_4+0.1Mn 在 25℃下吸附 Pb^{2+} 和 Zn^{2+} 的等温线。

由图 5-33 可得，两组样品对 Pb^{2+} 和 Zn^{2+} 的吸附等温线为非线性，总体上都是先快增后慢增，最后接近平衡。

对于 Fe_3O_4+0.01Mn 样品，在较低平衡浓度(<20mg/L)时，其对 Pb^{2+} 的吸附容量随着平衡浓度的增大而升高，且增长较快；当平衡浓度大于 20mg/L 时，吸附容量达到饱和平衡。这组样品对 Pb^{2+} 的吸附容量在较高平衡浓度时，对 Pb^{2+} 和 Zn^{2+} 的饱和吸附容量分别为 35.50mg/L 和 2.55mg/L，体现了 Fe_3O_4+0.01Mn 样品对 Pb^{2+} 优异的选择吸附性能；在低浓度时，对 Pb^{2+} 的吸附容量随着平衡浓度升高而急剧升高，体现了 Fe_3O_4+0.01Mn 样品对低浓度 Pb^{2+} 的吸附有显著的选择性。

对于 Fe_3O_4+0.1Mn 样品，在较低平衡浓度(<20mg/L)时，其对 Pb^{2+} 的吸附容量随着平衡浓度的增大而增大，且增长迅速。在较高平衡浓度(>20mg/L)时，吸附容量达到饱和，对 Pb^{2+} 的饱和吸附容量为 62.70mg/g，对 Zn^{2+} 的饱和吸附容量为 3.50mg/g，此样品对 Pb^{2+} 的饱和吸附容量也远高于对 Zn^{2+} 的饱和吸附容量，在较低平衡浓度时，Fe_3O_4+0.1Mn 样品体现出对 Pb^{2+} 的吸附有优秀的选择性能。

对比这两组样品，Fe_3O_4+0.1Mn 样品对 Pb^{2+} 的饱和吸附容量为 62.70mg/g，Fe_3O_4+0.01Mn 样品对 Pb^{2+} 的饱和吸附容量为 35.50mg/g，而两组样品对 Zn^{2+} 的饱和吸附容量差别不明显。 此结果可以看出，相比于 Fe_3O_4+0.01Mn，样品 Fe_3O_4+0.1Mn 对 Pb^{2+} 有更为优异的吸附能力和选择吸附性。

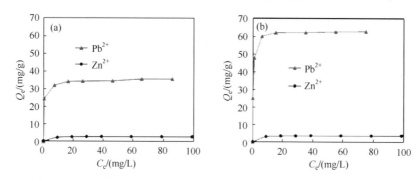

图 5-33　(a) Fe_3O_4+0.01Mn 和(b) Fe_3O_4+0.1Mn 吸附 Pb^{2+} 及 Zn^{2+} 的等温线

为了更好地描述改性后的吸附剂对 Pb^{2+} 的吸附行为，如图 5-34 所示，对经过不同浓度(0.01mol/L 和 0.1mol/L)KMnO₄ 改性后的磁性材料 Fe_3O_4+0.01Mn 和 Fe_3O_4+0.1Mn 吸附 Pb^{2+} 的等温线实验数据，用 Langmuir 和 Freundlich 这两种模型进行拟合。其中,图 5-34(a1)、(b1)分别为样品 Fe_3O_4+0.01Mn 的 Langmuir 和 Freundlich

模型拟合，图 5-34(a2)、(b2)分别为样品 Fe_3O_4+0.1Mn 的 Langmuir 和 Freundlich 模型拟合。表 5-5 表示以上这两种拟合模型的线性回归系数(R^2)及其各自的相关量，线性回归系数(R^2)数值越接近 1，表明数据拟合程度越可靠。

由表 5-5 可知，样品 Fe_3O_4+0.01Mn 的 Langmuir 模型和 Freundlich 模型的 R^2 分别为 0.9997 和 0.9551；样品 Fe_3O_4+0.1Mn 的 Langmuir 模型和 Freundlich 模型的 R^2 分别为 1 和 0.8929。这两组改性后样品的 Langmuir 模型的 R^2 都比 Freundlich 模型的 R^2 更接近 1。因此，Langmuir 模型更适合描述改性后吸附剂对 Pb^{2+} 的吸附过程，此过程两组样品对 Pb^{2+} 进行单层吸附。由计算可得，Fe_3O_4+0.01Mn 样品对 Pb^{2+} 的理论最大吸附容量 q_m 可达 35.71mg/g；Fe_3O_4+0.1Mn 样品对 Pb^{2+} 的理论最大吸附容量 q_m 可达 62.89mg/g。改性后的两组样品比改性前的 Fe_3O_4(q_m 为 8.50mg/g)对 Pb^{2+} 的吸附容量有了显著提高。

在 Langmuir 模型拟合参数中，平衡吸附常数 K_L 值[30]表示吸附剂对目标离子的亲和力，其数值越大，表明此吸附剂对吸附质的亲和力越好。如表 5-6 所示，Fe_3O_4+0.01Mn 样品对 Pb^{2+} 的亲和力 K_L 值为 1.27L/mg；Fe_3O_4+0.1Mn 样品对 Pb^{2+} 的亲和力 K_L 值为 4.54L/mg，而在表 5-2 中，Fe_3O_4 样品对 Pb^{2+} 的 K_L 值仅为 0.17。从 K_L 值的角度分析，经过 $KMnO_4$ 改性过的样品 Fe_3O_4+0.01Mn 和 Fe_3O_4+0.1Mn 对 Pb^{2+} 的亲和力比 Fe_3O_4 样品大，表现为对 Pb^{2+} 有更强的吸附能力。

此外，计算出 Fe_3O_4+0.01Mn、Fe_3O_4+0.1Mn 对 Zn^{2+} 的 K_L 值分别仅为 0.66、0.77，都小于对 Pb^{2+} 的亲和力 K_L 值，又进一步体现了改性后的吸附剂对 Pb^{2+} 有较强的选择性能。

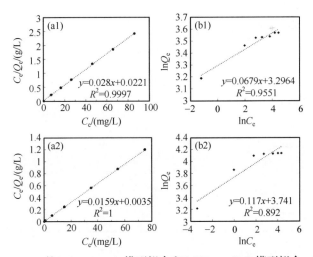

图 5-34　Fe_3O_4+0.01Mn 的(a1)Langmuir 模型拟合和(b1)Freundlich 模型拟合；Fe_3O_4+0.1Mn 的(a2)Langmuir 模型拟合和(b2)Freundlich 模型拟合

表 5-5　Langmuir 模型和 Freundlich 模型拟合的参数和线性回归系数(R^2)

样品	Langmuir 模型			Freundlich 模型		
	Q_e /(mg/g)	K_L/(L/mg)	R^2	n	K_F	R^2
Fe$_3$O$_4$+0.01Mn	35.71	1.27	0.9997	14.73	27.02	0.9551
Fe$_3$O$_4$+0.1Mn	62.89	4.54	1	8.53	42.14	0.8929

表 5-6 为不同吸附剂样品对 Pb^{2+}的最大吸附容量和亲和力,并与其他文献中的吸附材料进行对比。由表中数据可知,经过 0.1mol/L KMnO$_4$ 改性的复合吸附剂 Fe$_3$O$_4$+0.1Mn 最大吸附容量为 62.89mg/g,但是有较大的 K_L 值。由文献[30]可知,相比于较小 K_L 值的吸附剂,较大 K_L 值的吸附剂在较低平衡浓度时,会有更高的平衡吸附容量 Q_e。如吸附等温线图 6-33(b)可知,在 C_e 为 10mg/L 时,Fe$_3$O$_4$+0.1Mn 基本就达到最大吸附容量,约为 60.00mg/g。综上所述,在处理低浓度的废水时,样品 Fe$_3$O$_4$+0.1Mn 对 Pb^{2+}有更高的平衡吸附容量 Q_e 和高亲和力,即此吸附剂对吸附低浓度的 Pb^{2+}有优异的选择性。

表 5-6　不同吸附剂对 Pb^{2+}的 Q_e 和 K_L

吸附剂	Q_e /(mg/g)	K_L /(L/mg)	参考文献
Fe$_3$O$_4$	8.45	0.17	本书
Fe$_3$O$_4$+0.01Mn	35.71	1.27	本书
Fe$_3$O$_4$+0.1Mn	62.89	4.54	本书
碳纳米管/氧化铁	31.25	1.31	[31]
磁性水凝胶	140.84	0.03	[32]
壳聚糖/磁铁矿复合材料	63.33	0.11	[33]
Fe$_3$O$_4$ 掺杂磁性硫	500	0.01	[23]
硫脲改性磁性 生物吸附剂	385.30	0.03	[34]
Ni-BC	166.7	0.03	[35]
Fe$_3$O$_4$@MnO$_2$ MNPs	666.67	0.01	[27]
锰矿石	98	0.39	[36]

5.4.6　低浓度复杂离子体系中的吸附状况

在低浓度的多离子体系,高效去除特定的目标重金属离子殊为不易。因此,进一步探究经过 KMnO₄ 改性的吸附剂在低浓度的复杂离子体系中对各种离子的吸附状况有重大意义。因此，用 Pb^{2+}、Cu^{2+}、Zn^{2+}、Ag^+ 和 Cd^{2+} 等有害金属离子来设计复杂水体实验。

针对低浓度复杂离子体系，探究 Fe_3O_4 对 Pb^{2+} 的选择吸附，及其对其余离子的吸附状况。配置了含有以下重金属离子的模拟混合废液 100mL：Pb^{2+} 10mg/L、Zn^{2+} 10mg/L、Cu^{2+} 10mg/L、Cd^{2+} 10mg/L、Ag^+ 10mg/L；

取两份模拟混合废液各 25mL，再取 Fe_3O_4+0.01Mn、Fe_3O_4+0.1Mn 两组磁性样品各 10mg 投入模拟混合废液中，实验环境温度为 25℃，磁力搅拌速度为 400r/min，进行吸附实验，吸附时间为 30min。取样时间点为 1min、5min、10min、20min、30min。按时间点取吸附后溶液进行离心，取上清液，并测定上清液中 Pb^{2+}、Zn^{2+}、Cu^{2+}、Cd^{2+} 和 Ag^+ 的浓度。探讨低浓度(10mg/L)复杂离子的环境中，这两组样品对各离子的吸附效果。

图 5-35(a)、(b)分别表示经过不同浓度(0.01mol/L 和 0.1mol/L)KMnO₄ 改性后的两组铁锰基纳米吸附剂 Fe_3O_4+0.01Mn 和 Fe_3O_4+0.1Mn 在 10mg/L 复合混合离子体系中，随着时间变化对 Pb^{2+}、Zn^{2+}、Cu^{2+}、Cd^{2+} 和 Ag^+ 的去除率变化。达到平衡后，Fe_3O_4+0.01Mn 样品对 Pb^{2+}、Zn^{2+}、Cu^{2+}、Cd^{2+} 和 Ag^+ 的去除率分别为 75.68%、4.16%、23.62%、3.74%、20.13%；Fe_3O_4+0.1Mn 样品对 Pb^{2+}、Zn^{2+}、Cu^{2+}、Cd^{2+} 和 Ag^+ 的去除率分别为 99.01%、7.80%、54.67%、9.03%、53.63%。

图 5-35(c)表示 Fe_3O_4+0.01Mn 和 Fe_3O_4+0.1Mn 两组吸附剂在 10mg/L 复杂混合离子体系中，对 Pb^{2+}、Zn^{2+}、Cu^{2+}、Cd^{2+} 和 Ag^+ 的吸附容量。达到平衡后，Fe_3O_4+0.01Mn 样品对 Pb^{2+}、Zn^{2+}、Cu^{2+}、Cd^{2+} 和 Ag^+ 的吸附容量分别为 18.92mg/g、1.02mg/g、5.98mg/g、0.94mg/g、4.97mg/g；Fe_3O_4+0.1Mn 样品对 Pb^{2+}、Zn^{2+}、Cu^{2+}、Cd^{2+} 和 Ag^+ 的吸附容量分别为 24.75mg/g、1.91mg/g、13.84mg/g、2.26mg/g、13.24mg/g。

综上可知，在多种金属离子共存情况下，Fe_3O_4+0.01Mn 样品对 Pb^{2+} 的去除率较高，而对 Zn^{2+}、Cu^{2+}、Cd^{2+} 和 Ag^+ 的去除率都较低。对 Pb^{2+} 的去除率达到 75.68%，吸附容量为 18.92mg/g。这表明 Fe_3O_4+0.01Mn 样品对 Pb^{2+} 有一定的选择性吸附。Fe_3O_4+0.1Mn 样品对 Pb^{2+} 的去除率很高，几乎把 Pb^{2+} 全部吸附完，去除率达 99.01%，吸附容量为 24.75mg/g；对 Cu^{2+}、Ag^+ 的去除率比 Pb^{2+} 低，去除率分别为 54.67%、53.63%，而对 Zn^{2+}、Cd^{2+} 就基本没有吸附效果。由此也可知，Fe_3O_4+0.1Mn 样品对 Pb^{2+} 有较强的选择吸附性能，在处理低浓度的 Pb^{2+} 废水方面，有潜在的前景；同时还可以去除一定的 Cu^{2+}、Ag^+，可以作多种离子的吸附剂。

在同等条件下，相比 Fe_3O_4+0.01Mn，Fe_3O_4+0.1Mn 样品有更好的吸附 Pb^{2+} 的能力；即经过浓度较高的 KMnO₄ 溶液改性后的铁锰基纳米吸附剂，对 Pb^{2+} 有更好的吸附性能。这两组改性后的铁锰基纳米吸附剂在同等条件，与改性前的吸附剂相比，在复杂离子体系中，对 Pb^{2+} 吸附性能都有显著的提高。

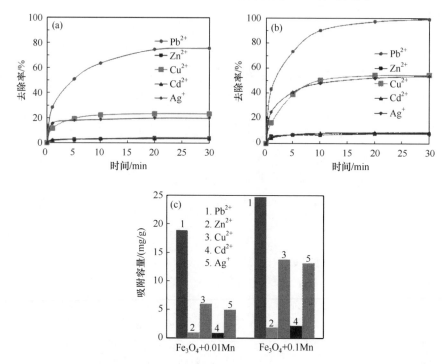

图 5-35　(a)Fe_3O_4+0.01Mn 和(b)Fe_3O_4+0.1Mn 对 Pb^{2+}、Zn^{2+}、Cu^{2+}、Cd^{2+}、Ag^+ 的去除率及吸附容量(c)

由以上结果可知，在复杂离子体系中，改性后的铁锰基纳米吸附剂，除对 Pb^{2+} 有吸附效果外，对 Ag^+ 和 Cu^{2+} 也有一定的吸附效果。因此，进一步探究改性后的吸附剂单独对 Ag^+ 和 Cu^{2+} 的吸附效果。分别配置只含 10mg/L Ag^+ 的溶液及只含 10mg/L Cu^{2+} 的溶液。取改性后的样品 Fe_3O_4+0.01Mn 和 Fe_3O_4+0.1Mn 各双份 10mg，分别投入 25mL 的 Ag^+ 溶液和 Cu^{2+} 溶液，实验温度 25℃，搅拌速度为 400r/min，取样时间点为 1min、5min、10min、20min、30min。按时间点取吸附后溶液进行离心，取上清液，并测定上清液中的 Cu^{2+} 和 Ag^+ 的浓度。探讨 Fe_3O_4+0.01Mn 和 Fe_3O_4+0.1Mn 这两组样品，分别吸附低浓度(10mg/L)的 Ag^+ 和 Cu^{2+} 的效果。

如图 5-36(a)、(b)所示，改性后的两组样品对低浓度 Ag^+ 和 Cu^{2+} 都有较快的吸附速率，约 10min 达到吸附平衡。由图 5-36(a)可知，Fe_3O_4+0.01Mn 和 Fe_3O_4+0.1Mn 对 Ag^+ 的平衡去除率分别为 46.51%和 95.34%；由图 5-36(b)可知，Fe_3O_4+0.1Mn 对 Cu^{2+} 的平衡去除率分别为 53.72%和 85.68%。

由图 5-36(c)可知，Fe_3O_4+0.01Mn 和 Fe_3O_4+0.1Mn 对 Ag^+ 的吸附容量分别为

11.63mg/g 和 23.84mg/g；Fe_3O_4+0.01Mn 和 Fe_3O_4+0.1Mn 对 Cu^{2+}的吸附容量分别为 13.74mg/g 和 21.91mg/g。

综上可知，经过较高浓度 $KMnO_4$ 改性后的铁锰基纳米吸附剂 Fe_3O_4+0.1Mn 对 Ag^+和 Cu^{2+}都有较好的吸附能力。与 Fe_3O_4 对比，改性后的 Fe_3O_4+0.1Mn 对 Cu^{2+} 的吸附能力有显著提高；同时，其对 Ag^+的也有很高的去除率，对贵金属银的提取有一定的应用价值。

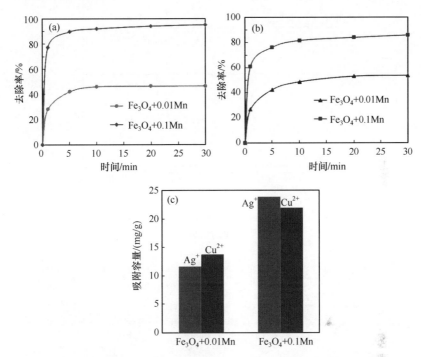

图 5-36　Fe_3O_4+0.01Mn 和 Fe_3O_4+0.1Mn 对 Ag^+(a)和 Cu^{2+}(b)的去除率和吸附容量(c)

5.4.7　吸附机理探究

1. XRD 分析

为了探究改性后样品的吸附机理，对吸附模拟铅锌尾矿后的 Fe_3O_4+0.01Mn 和 Fe_3O_4+0.1Mn 样品进行 XRD 分析。如图 5-37 所示，吸附后的样品 XRD 图谱中并未出现吸附的铅和锌的特征峰，可能是这两种元素在吸附剂表面以离子的形式存在或含量较少，故 XRD 检测不出来。

2. SEM 分析

图 5-38 为改性后的吸附剂 Fe_3O_4+0.01Mn 和 Fe_3O_4+0.1Mn 吸附模拟铅锌尾矿

工业废水后的 SEM 形貌分析图。从图 5-38(a)、(g)可以看出，这两组样品保持原来的尺寸和形貌，说明材料的结构相对稳定。图 5-38(b)～(f)为样品 Fe_3O_4+0.01Mn 吸附后的 EDS 图谱；图 5-38(h)～(m)为样品 Fe_3O_4+0.1Mn 吸附后的 EDS 图谱。从中明显可以看出，吸附后两组样品表面都带有元素 Pb 和 Zn，说明改性后的两组样品表面吸附了一定量的 Pb^{2+}和 Zn^{2+}。

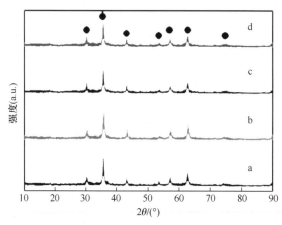

图 5-37　Fe_3O_4+0.1Mn 吸附前(a)、吸附后(c)的 XRD 图谱；Fe_3O_4+0.01Mn 吸附前(b)、吸附后(d)的 XRD 图谱

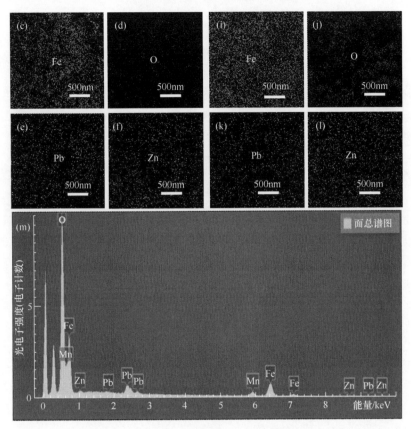

图 5-38　吸附后的 Fe_3O_4+0.01Mn 的(a)SEM 图和(b)~(f)EDS 图；Fe_3O_4+0.1Mn 的(g)SEM 图和
(h)~(m)EDS 图

3. XPS 分析

为了进一步确定经 $KMnO_4$ 改性后的铁锰基纳米净化材料样品在处理铅溶液后，铅在其表面以何种价态存在，对吸附 Pb^{2+} 的样品 Fe_3O_4+0.01Mn 和 Fe_3O_4+0.1Mn 进行 XPS 分析。从图 5-39 中可以看出，两组样品的 XPS 图，在 138.1eV

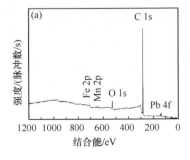

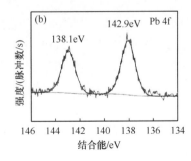

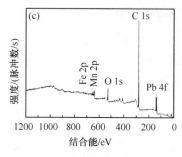 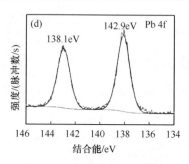

图 5-39　Fe_3O_4+0.01Mn 吸附 Pb^{2+}的后 XPS 图：(a)全谱，(b)Pb 4f 的高分辨图；Fe_3O_4+0.1Mn 吸附 Pb^{2+}的后 XPS 图：(c)全谱，(d)Pb 4f 的高分辨图

和 142.9eV 都出现了新的结合能峰，两峰结合能之差为 4.8eV。根据文献[24]，判定是 PbO 的特征峰。结果表明，样品 Fe_3O_4+0.01Mn 和 Fe_3O_4+0.1Mn 表面的 Pb^{2+}未发生价态变化，仍保持着+2 价。由此可知，模拟废液中 Pb^{2+}的减少，是因为改性后纳米材料的吸附作用，而不是发生了氧化还原反应。通过 XPS 分析，还发现改性后的样品表面带有大量羟基。羟基与 Pb^{2+}相互作用，生成铅氢氧化物 $(Pb(OH)_2)$[1]，其干燥后脱水生成 PbO。

此外，经过 $KMnO_4$ 改性后的铁锰基纳米净化材料表面带有较多负电荷，同种电荷产生较强的静电斥力，因此其在液相中有良好的分散性，可以更充分地和溶液中的金属离子接触；同时，异种电荷相互吸引，有利于 Pb^{2+}接近吸附剂，与羟基相互作用形成 $Pb(OH)_2$ 完成吸附。这表明 $KMnO_4$ 对 Fe_3O_4 的改性，能显著提高复合吸附剂对 Pb^{2+}的吸附性能。

5.4.8　吸附-再生循环实验

循环利用性能是吸附剂广泛应用于工业废水处理的重要指标，它很大程度上影响吸附剂的实际应用价值。以下实验研究改性后铁锰基纳米吸附剂 Fe_3O_4+0.1Mn 的循环性能。

1. 实验内容

取 Fe_3O_4+0.1Mn 吸附剂 10mg，投入 25mL 配制模拟铅锌尾矿工业废水中，废水包含 20mg/L Pb^{2+}、20mg/L Zn^{2+} 及 11.80mg/L 的 Mg^{2+}溶液(硝酸镁，$Mg(NO_3)_2·6H_2O$)，34.40mg/L 的 Ca^{2+}溶液(硝酸钙，$Ca(NO_3)_2·4H_2O$)，68.30mg/L 的 Na^+溶液(硫酸钠，Na_2SO_4)，6.44mg/L 的 K^+溶液(氯化钾，KCl)和大量的 SO_4^{2-}、NO_3^-、Cl^-，实验环境温度 25℃，吸附时间 30min。

将使用过的 Fe_3O_4+0.1Mn 吸附剂，烘干，投入 50mL 浓度为 0.1mol/L 的 HCl 的洗脱液中，磁力搅拌 2h 后过滤，洗涤干燥，进行下次吸附实验，测试吸附效果，重复 5 次吸附-再生循环实验。

2. 吸附-再生循环结果

图 5-40 所示为改性后的铁锰基纳米吸附剂 Fe_3O_4+0.1Mn 吸附模拟铅锌尾矿废水，进行 5 次脱附-吸附再生循环的结果。结果表明，Fe_3O_4+0.1Mn 对 Pb^{2+}的去除率随着循环次数的增加而略有减小(可能是由于部分 Pb^{2+}未被脱附出来)。而 5 次循环后，对 Pb^{2+}的去除率仍有 90%；而对 Zn^{2+}基本没有吸附性能。结果表明，Fe_3O_4+0.1Mn 吸附剂具有较好的循环性能，有实际的应用价值，能很好地用于含铅工业废水的处理。

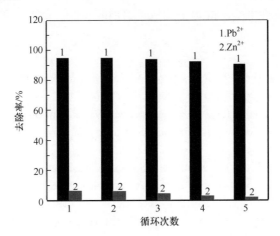

图 5-40　Fe_3O_4+0.1Mn 吸附五个循环中 Pb^{2+}和 Zn^{2+}的去除率

5.5　本 章 小 结

人类在生存繁衍的同时，也会破坏生态环境。生活废水、工业废水的任意排放造成地表水和地下水污染。其中，重金属离子污染又是较为严重的问题，工业废水中有许多有毒的重金属离子，会毒害水生动植物，还损害人类的健康。

本章研究铁基磁性纳米材料 Fe_3O_4 的结构与性能；利用 $KMnO_4$ 改性得到的铁锰基纳米净化材料，在吸附重金属离子方面的性能有很大的提高。本章通过各种表征方法，对铁基磁性纳米材料 Fe_3O_4 改性前后的结构组成进行分析对比；同时研究了改性前后对重金属离子吸附性能的变化。本章的改性方法简单、高效，为吸附材料的研究提供另一种途径。

实际意义：通过简单的浸渍法对 Fe_3O_4 纳米材料进行改性得到铁锰基纳米净化材料，以及其在模拟废水中对重金属离子 Pb^{2+}的选择性吸附研究。此复合吸附剂合成简单、成本低、周期短、可磁性分离和重复利用，不会产生二次污染，这些特点都有利于其应用在工业废水处理中，具有潜在的实际应用前景。

如前所述，改性后的铁锰基纳米吸附剂有望应用于工业废水中的低浓度 Pb^{2+} 选择性吸附。对 Fe_3O_4 磁性纳米材料进行改性，改性方法简单，改性后形成铁锰基纳米吸附剂对 Pb^{2+} 体现了良好的选择性。然而，仍有问题待解决，例如：

(1) 基于本工作，仍需要探索改性后的吸附剂对于吸附 Pb^{2+} 的选择性机理；进一步探究不同离子与吸附剂的作用机理。

(2) 拓展此类吸附剂在选择性提取其他目标离子(如稀土离子 Eu^{2+} 等)上的应用。

(3) 拓展此改性方法，应用于其他吸附剂的改性。

参 考 文 献

[1] Xu P, Zeng G M, Huang D L, et al. Use of iron oxide nanomaterials in wastewater treatment: A review[J]. Science of the Total Environment, 2012, 424(4): 1-10.

[2] Li J, Zhou Q, Liu Y, et al. Recyclable nanoscale zero-valent iron-based magnetic polydopamine coated nanomaterials for the adsorption and removal of phenanthrene and anthracene[J]. Science & Technology of Advanced Materials, 2017, 18(1): 3-16.

[3] Bagheri S, Julkapli N M. Modified iron oxide nanomaterials: Functionalization and application[J]. Journal of Magnetism & Magnetic Materials, 2016, 416: 117-133.

[4] Ye M, Zhang Q, Hu Y, et al. Magnetically recoverable core-shell nanocomposites with enhanced photocatalytic activity[J]. Chemistry - A European Journal, 2010, 16(21): 6243-6250.

[5] Ye M, Zorba S, He L, et al. Self-assembly of superparamagnetic magnetite particles into peapod-like structures and their application in optical modulation[J]. Journal of Materials Chemistry, 2010, 20(37): 7965-7969.

[6] Li W, Yang J, Wu Z, et al. A versatile kinetics-controlled coating method to construct uniform porous TiO_2 shells for multifunctional core-shell structures[J]. Journal of the American Chemical Society, 2012, 134: 11864-11867.

[7] Hosokawa S. Synthesis of metal oxides with improved performance using a solvothermal method[J]. Journal- Ceramic Society Japan, 2016, 124(9): 870-874.

[8] Zheng J, Liu Z Q, Zhao X S, et al. One-step solvothermal synthesis of Fe_3O_4@C core-shell nanoparticles with tunable sizes[J]. Nanotechnology, 2012, 23(16): 165601-165609.

[9] Zhang S, Li J, Wen T, et al. Magnetic Fe_3O_4@NiO hierarchical structures: Preparation and their excellent As(V) and Cr(VI) removal capabilities[J]. RSC Advances, 2013, 3(8): 2754-2764.

[10] Li X, Zhang B, Ju C, et al. Morphology-controlled synthesis and electromagnetic properties of porous Fe_3O_4 nanostructures from iron alkoxide precursors[J]. Journal of Physical Chemistry C, 2011, 115(25): 12350-12357.

[11] 吕双. Fe_3O_4 基复合吸附剂的制备及其去除水中重金属离子研究[D]. 青岛: 青岛科技大学, 2016.

[12] Oh J K, Park J M. Iron oxide-based superparamagnetic polymeric nanomaterials: Design, preparation, and biomedical application[J]. Progress in Polymer Science, 2011, 36(1): 168-189.

[13] Jolivet J P, Tronc E, Chaneac C. Synthesis of iron oxide-based magnetic nanomaterials and composites[J]. Comptes Rendus Chimie, 2002, 5(10): 659-664.

[14] Babic M, Horak D, Trchova M, et al. Poly(L-lysine)-modified iron oxide nanoparticles for stem cell labeling.[J]. Bioconjugate Chemistry, 2008, 19(3): 740-750.

[15] Chen L F, Liang H W, Lu Y, et al. Synthesis of an attapulgite clay@carbon nanocomposite adsorbent by a hydrothermal carbonization process and their application in the removal of toxic metal ions from water[J]. Langmuir, 2011, 27(14): 8998-9004.

[16] 王辉. 磁性 Fe_3O_4/C 核壳纳米粒子的合成、组装和应用[D]. 合肥: 中国科学技术大学, 2011.

[17] Dave P N, Chopda L V. Application of iron oxide nanomaterials for the removal of heavy metals[J]. Journal of Nanotechnology, 2016, 4(2): 347-350.

[18] 胡建邦. Fe_3O_4-SiO_2-识别配体复合材料的制备及对铀(Ⅵ)的吸附研究[D]. 衡阳: 南华大学, 2013.

[19] 蒋彩云, 李亮亮, 徐永才, 等. Fe_3O_4/Ag 磁性纳米颗粒去除水中的铅离子[J]. 环境工程学报, 2013, 7(11): 4178-4184.

[20] 张晓蕾, 陈静, 韩京龙, 等. 壳-核结构 Fe_3O_4/MnO_2 磁性吸附剂的制备、表征及铅吸附去除研究[J]. 环境科学学报, 2013, 33(10): 2730-2736.

[21] 王萌, 雷丽萍, 方敦煌, 等. 巯基修饰和胡敏酸包裹纳米 Fe_3O_4 颗粒的制备及其对溶液中 Pb^{2+}、Cd^{2+}、Cu^{2+}的吸附效果研究[J]. 农业环境科学学报, 2011, 30(8): 1669-1674.

[22] Lei Y, Chen C S, Tu Y J, et al. Heterogeneous degradation of organic pollutants by persulfate activated by CuO-Fe_3O_4: Mechanism, stability, and effects of pH and bicarbonate ions[J]. Environmental Science & Technology, 2015, 49(11): 6838-6845.

[23] Huang X, Kong L, Huang S, et al. Synthesis of novel magnetic sulfur-doped Fe_3O_4 nanoparticles for efficient removal of Pb(Ⅱ)[J]. Science China Chemistry, 2018, 61(2): 164-171.

[24] Ren Y, Li N, Feng J, et al. Adsorption of Pb(Ⅱ) and Cu(Ⅱ) from aqueous solution on magnetic porous ferrospinel $MnFe_2O_4$[J]. Journal of Colloid Interface Science, 2012, 367(1): 415-421.

[25] Rahman M M, Marwani H M, Algethami F K, et al. Comparative performance of hydrazine sensors developed with Mn_3O_4/carbon-nanotubes, Mn_3O_4/graphene-oxides and Mn_3O_4/carbon-black nanocomposites[J]. Materials Express, 2017, 7(3): 169-179.

[26] Zou J P, Liu H L, Luo J, et al. Three-dimensional reduced graphene oxide coupled with Mn_3O_4 for highly efficient removal of Sb(Ⅲ) and Sb(V) from water[J]. ACS Applied Materials & Interfaces, 2016, 8(28): 18140-18149.

[27] Ashrafi A, Rahbar-Kelishami A, Shayesteh H. Highly efficient simultaneous ultrasonic assisted adsorption of Pb(Ⅱ) by Fe_3O_4@MnO_2 core-shell magnetic nanoparticles: Synthesis and characterization, kinetic, equilibrium, and thermodynamic studies[J]. Journal of Molecular Structure, 2017, 1147: 40-47.

[28] Wellens S, Thijs B, Binnemans K. An environmentally friendlier approach to hydrometallurgy: Highly selective separation of cobalt from nickel by solvent extraction with undiluted

phosphonium ionic liquids[J]. Green Chemistry, 2012, 14(6): 1657-1665.

[29] Sun W L, Xia J, Shan Y C. Comparison kinetics studies of Cu(II) adsorption by multi-walled carbon nanotubes in homo and heterogeneous systems: Effect of nano-SiO$_2$[J]. Chemical Engineering Journal, 2014, 250: 119-127.

[30] Cao Q, Huang F, Zhuang Z, et al. A study of the potential application of nano-Mg(OH)$_2$ in adsorbing low concentrations of uranyl tricarbonate from water[J]. Nanoscale, 2012, 4(7): 2423-2430.

[31] Hu J, Zhao D, Wang X. Removal of Pb(II) and Cu(II) from aqueous solution using multiwalled carbon nanotubes/iron oxide magnetic composites[J]. Water Science and technology: A Journal of the International Association on water Pollution Research, 2011, 63(5): 917-923.

[32] Ozay O, Ekici S, Baran Y, et al.Removal of toxic metal ions with magnetic hydrogels[J]. Water Research, 2009, 43(17): 4403-4411.

[33] Tran H V, Tran L D, Nguyen T N. Preparation of chitosan/magnetite composite beads and their application for removal of Pb(II) and Ni(II) from aqueous solution[J]. Materials Science and Engineering C, 2010, 30(2): 304-310.

[34] Zhou J, Liu Y, Zhou X, et al. Removal of mercury ions from aqueous solution by thiourea-functionalized magnetic biosorbent: Preparation and mechanism study[J]. Journal of Colloid Interface Science, 2017, 507: 107-118.

[35] Wang Y, Wang X, Wang X, et al. Adsorption of Pb(II) from aqueous solution to ni-doped bamboo charcoal[J]. Journal of Industrial and Engineering Chemistry, 2013, 19(1): 353-359.

[36] Sonmezay A, Oncel M S, BektaS N. Adsorption of lead and cadmium ions from aqueous solutions using manganoxide minerals[J]. Transactions of Nonferrous Metals Society of China, 2012, 22(12): 3131-3139.

第6章 钙锰基纳米净化材料

第5章通过溶剂热法制备具有高效处理低浓度的金属离子和选择性吸附的铁锰基纳米净化材料。受此启发,设想出一种钙锰基纳米净化材料。通过设计和构造,首先提出利用共沉淀法和煅烧热解法制备不同物质的量之比的钙锰双金属氧化物(用 CaMn$_x$ 表示),采用 XRD、TGA、SEM、TEM、N$_2$ 吸附-脱附、Zeta 电位及 XPS 等表征手段分析材料组成、形貌和结构等性质。接着探讨样品处理单一的重金属、有机染料废水的性能和处理混合废水(重金属和有机染料混合)的性能之间的差异,探讨性能作用过程中可能涉及的反应机理,从而评价纳米双金属氧化物材料设计的实用性。

6.1 多级纳米结构材料

6.1.1 多级纳米结构材料概述

纳米材料集中体现了小尺寸、复杂结构、高集成度和强相互作用以及高比表面积等现代科学技术发展的特点,已经广泛运用于催化、吸附等领域。有人认为用纳米金属颗粒粉体做催化剂,可加快化学反应过程,大大提高化工合成的产率。

纳米材料按空间维度可分为四类[1]:①零维[2],如纳米颗粒、原子团簇等;②一维[3],如纳米丝、纳米棒、纳米管等;③二维[4],如纳米薄膜、纳米片;④三维[5,6],如纳米花、纳米枝状物、超晶格等。当小粒子尺寸进入纳米量级时,其结构的特殊性以及一系列新的效应决定了其表现出明显不同于传统块材的独特性能[7]。

6.1.2 纳米材料在环境废水处理中的应用

纳米材料具有较高的比表面积和大的表面自由能,在辐射、吸收、催化和吸附等方面优势突出,其发展和应用很可能彻底解决传统的水处理方法效率低、成本高等问题。纳米材料越来越多地用于水体中污染物的处理。目前,已在诸多方面有了较好的范例。

1. 纳米金属氧化物

用于水处理的微纳米金属氧化物在选材上应该是自然界来源丰富、无毒且成本较低的材料，且应具有多级孔纳米结构。其中，无机氧化物具有诸多优良性质而广泛用于处理水中重金属。氧化铁、氧化铝、二氧化钛和氧化镁等基本都符合上述要求。在水处理方面氧化铁表现出非常优异的性能，Hu 等[8]合成了纳米 α-Fe_2O_3 颗粒来处理水中的 As^{5+} 和 Cr^{6+}；Ko 等[9]将胶状三氧化二铁负载在沙子上其吸附性能极佳，他们还有研究了将纳米氧化铁用于处理高毒性的重金属离子和有机污染物。这些研究表明金属氧化物纳米颗粒相较于块材其比表面积大，吸附性能远远好于后者。同时 Yu 等[10]合成了纳米氧化镁处理 As^{5+} 和 As^{3+}；Yu 等[11]在无添加表面活性剂利用溶剂热方法制备出棉花糖状 CuO 并将其用于 As^{3+} 的吸附；Su 等[12]利用 MnO_2 选择性去除水中的 Pb、Cd 及 Zn 离子。

大多数金属氧化物被用作催化剂，通过高级氧化法(如类芬顿反应、光催化、电催化)来降解有机污染物。芬顿反应降解有机污染物的方法，起源于英国人 Fenton 发现了 Fe^{2+}/H_2O_2 体系能氧化多种有机物，反应涉及添加的助剂 H_2O_2 在 Fe^{2+} 的作用下，通过电子转移，Fe 价态升高，H_2O_2 转变成高反应活性的羟基自由基(HO·)，其中 HO· 与大多数有机物在无选择性的情况下降解有机污染物，且在引入光照条件下，这种氧化能力可以大大增强。基于此，人们将这种高级氧化法称为芬顿法。类芬顿法就是在此方法上进一步发展起来的。汪快兵等[13]应用生物细胞在酸性条件下氧化 $FeSO_4$ 合成施氏矿物作为类芬顿反应催化剂促进甲基橙的降解；马莹莹[14]利用电镀铜废水中的铜离子催化分解过氧化氢产生高氧化性能的活性物质来降解电镀废水中的有机物；钟超和孙杰[15]采用溶剂热法制备出碳包裹四氧化三铁($C@Fe_3O_4$)材料用于非均相类芬顿反应催化剂对酸性橙进行降解；王永川[16]制备纳米 CeO_2 催化剂并进行预处理改性，由 H_2O_2 与催化剂表面的 Ce^{3+} 过度络合生成的表面过氧化物在酸性条件下自发分解为 HO· 来降解偶氮染料酸性橙和脱除亚硝酸盐。

2. 纳米级水化硅酸钙

吸附剂材料基于自身具有的多级孔道结构或者分层结构，而被广泛研究并利用其作为生产生活污染物的净化材料。然而，对催化剂大量的需求让研究者必须考虑制备材料本身的成本问题。近年来，研究者多集中于研究生物质废弃物，用来制备低成本的污水净化吸附功能的材料。其中，以牡蛎壳为代表的生物质钙废弃物，因其本身的主要成分为碳酸钙，且在微观上具有丰富的孔道、层状结构，常常是天然吸附剂的首选原料，被用来制备新型的多功能的吸附剂。除此之外，大多数生物质壳，具备层状结构，能使合成的净水材料具有高比表面积，且孔径分布较广、骨架结构稳定，已经应用于废水处理领域。

于是研究者利用生物质钙源与硅微粉水热合成硅酸钙水合物(CSH)，制备的材料控制在纳米级别，使其更适用于吸附领域。例如，石磊[17]合成多孔结构 CSH 通过释放钙离子和氢氧根离子，形成有利于羟基磷酸钙生成的微环境，促进高品质磷回收；勾密峰等[18]发现钙离子能高效促进水化硅酸钙链长的增加，从而使其吸附更多的氯离子；You 等[19]在 CSH 表面修饰引入功能基团，对比 CSH 与嫁接功能基团后的 CSH，在同时去除阴阳离子 Cu^{2+} 和 $Cr_2O_7^{2-}$ 的性能差异，后者的性能有明显提高。

6.1.3　本章的创新点

本章有如下创新之处：

(1) 本章选用成本低廉、容易获取的原材料(如废弃的生物质壳)，制备要求简单、工艺流程易操作(如均相共沉淀法，水热法)的方法合成绿色、高效的多级纳米结构材料。

(2) 制备出的材料钙锰氧化物或 CSH 都能实现对多组分复杂废水的同时处理，解决多组分废水治理问题，为研制新的绿色、高效环境废水净化材料提供新思路。

(3) 材料在处理废水当中能展示出自更新、自生长的特点，这是材料本身的自修复，不需要额外的处理步骤，且在多次的使用中仍然能够保持优异的水处理性能。这些材料在废水处理领域有更广阔的应用前景。

6.2　实　验　部　分

6.2.1　钙锰基纳米净化材料的合成、表征及其性能研究

本小节利用合成的介孔 Ca-Mn 氧化物微球材料进行废水重金属提取及有机染料降解实验以及机理探讨。

实验主要内容如下。

(1) 通过共沉淀法和热解法制备 Ca-Mn 氧化物作为环境废水净化材料。

(2) 用 XRD、TGA、SEM、TEM、N_2 吸附-脱附、Zeta 电位及 XPS 等表征手段对 Ca-Mn 氧化物材料组成与结构进行表征分析。

(3) Ca-Mn 氧化物材料对废水重金属提取和有机物降解的性能实验以及机理探讨：①处理单一模拟废液与混合废液的性能差异；②处理混合废液性能提升的机理探讨；③多次循环处理废水的性能探究。

6.2.2　钙锰基纳米净化材料的组成结构表征

采用的分析表征设备主要有 XRD 分析仪、XPS、TGA 仪、Zeta 电位分析仪、SEM、TEM、FTIR 和 N_2 吸脱附测试仪。

1. XRD

XRD 分析可以根据样品测试得到的衍射图形，与标准卡片进行对比，得到样品的物相、晶粒尺寸和结晶度。采用 Miniflex600 型的 X 射线衍射分析仪。该仪器的主要参数：光管为 Cu-Kα 靶材，$\lambda=0.154056nm$，精度为 1/10000，管电流为 15mA，管电压为 40kV，测量角度范围 3°～140°。

测量时，将样品研磨成细粉状，分散在硅片凹槽中，用盖玻片去除多余的粉末，并使样品表面平整，与凹槽同高。将载有样品的硅片平整放入 X 射线衍射仪中，设置扫描范围 10°～80°，扫描速度为 3℃/min，步进 0.01°，启动仪器进行分析直至结束。扫描后得到的衍射图形，用计算机软件进行物相匹配分析。

2. TGA

TGA 是一种可以快速检测样品热稳定性的方法，使用 Q600 型热重分析仪。该仪器可同时测定熔融温度热焓和热重变化，测试的温度范围为 0～1500℃，升温速率 0.1～50℃/min 可变，称重范围 100mg，天平灵敏度 0.2mg，天平漂移 10μg/h(恒温)，热焓准确度介于 ±2%，温度准确度 ±1℃。

测试时，取少量样品于坩埚中，置于热重分析仪天平上，测试过程中根据需要选择惰性气氛 N$_2$ 进行测试，控制升温速率 5℃/min，测试温度范围为 25～1000℃，用计算机测试软件实时记录样品热重变化。

3. SEM

SEM 可用于观察样品的微观结构形貌，使用的设备为 SUPPA 55 型热场发射扫描电子显微镜。场发射扫描电子显微镜主要参数为：分辨率 1.0 @ 15kV，1.7nm @ 1kV，放大倍数为 12～1000000 倍，加速电压为 0.02～30kV，能量分辨率优于 127eV，其中元素分析范围为 Be(4)～Pu(94)。除此之外，该仪器还配备能量分布 X 射线光谱(EDS)仪，可实现材料表面微区成分的定性和定量分析。

在分析样品时，将适量干燥的样品涂敷在导电胶或者分散在硅片上。对于导电性较差的材料，在样品上喷上一层导电性较好的物质，再进行显微结构观察，选用的导电性物质为 Au，喷涂时间控制在 1min。样品显微结构观察时，采用加速电压为 3kV，当进行元素扫描分析时，将加速电压切换至 15kV。

4. TEM

TEM 可以用来观察样品内部的微观结构，其分辨率可以达到 0.2nm，使用 TECNAI G2 F20 型透射电子显微镜。该仪器除了可以进行样品形貌观察，还可以进行选区电子衍射分析和高分辨率晶格条纹观察。

分析观察前，取少量的待测样品分散于乙醇溶液中，放置于超声机中超声分散 5min 后，用滴管吸取少量混合液，滴到铜网上，在室温下直至乙醇完全挥发，即可将分散有样品的铜网放入透射电子显微镜槽中进行观察。

5. N₂ 吸附-脱附分析

N_2 吸附-脱附分析可以用于测试样品所含有的比表面积及其孔径分布。通过测试绘制 N_2 吸附-脱附值对压力的函数，可以计算出样品的比表面积、孔隙容积和平均孔径信息。N_2 吸附-脱附等温曲线一般有六种类型(图 6-1)，分别代表样品不同的孔隙结构类型。其中，Ⅰ 型曲线对应材料的微孔结构(<2nm)；Ⅱ、Ⅲ和Ⅵ型是大孔结构(>100nm)；Ⅳ和Ⅴ型则为介孔结构(2～100nm)。

采用 3Flex 高精度 N_2 吸附-脱附分析仪。测试时，称量不少于 100mg 的固体粉末样品放入洁净干燥的样品管中，设置好脱气温度，真空条件下脱气 10h 以上。脱气结束后，将装有固体粉末的样品管接入 N_2 吸附-脱附分析仪，在液氮温度下进行测试。设置好计算机测试参数，直至测试自动结束。

6. Zeta 电位分析

Zeta 电位仪是一种广泛用于纳米材料粒度、电位测量的仪器。通过测试，可以分析材料的粒径分布情况以及材料表面的带电性质。选用 Zetasizer Nano S90 型纳米粒度分析仪，该仪器粒径测量范围为 0.3～5000nm，测试温度范围为 0～90℃，可以测量粒度随温度变化的趋势图；该仪器还可以测试材料电位的均值和分布。

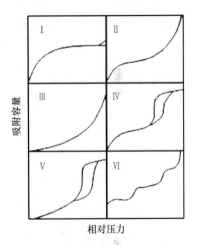

图 6-1　六种不同的等温吸附-脱附
等温曲线

测试时，称取一定量的样品溶于水溶液中配置 1g/L 的悬浊液，不再另外调节 pH，并将装溶液的试样管放在超声机里超声 30min，随后将悬浊液装入样品管，放入样品池进行测试。

7. XPS 分析

XPS 可以用于检测样品表面的化学键种类、组成元素及其存在价态，使用 ESCALAB 250 型 X 射线光电子能谱仪。该仪器使用的靶源为 Al-Kα X 射线，离子枪能量范围 100～4000eV，128 通道检测器，束斑连续可调，为 30～400μm，步长 5μm。

实验测试时，将样品粉末置于模具中，用液压机压制成圆片状。将压制好的圆片样品黏附在带有导电胶面的铜箔上，然后放入 X 射线光电子能谱仪的高真空室内，抽离空气使真空度达到检测标准即可进行 XPS 测试。实验中采用 C 1s 结合能 284.6eV 用来校准其他元素。

8. FTIR

FTIR 光谱可以测试样品中带有的官能团和化学键信息，使用 Nicolet 5700 型红外光谱仪来检测样品表面所带有的基团类型。该仪器为数字化干涉仪，动态调整达 130000 次/s，光谱测定范围为 $400 \sim 4000 cm^{-1}$ 波数透过率和吸光度，分辨率为 $0.09 \sim 0.4 cm^{-1}$。

样品测试时，将待测样品与溴化钾以一定的质量比例混合(1:100)后，置于研钵中进行研磨，直至样品混合完全，颗粒细小均匀。将研磨后的固体粉末放入压片机模具中压成透明的薄片即可进行红外光谱测试。

6.2.3　模拟废水的配置

1. 单一金属离子溶液的配置

用电子天平称取 1.5980g $PbNO_3$(3.7990g $Cu(NO_3)_2 \cdot 3H_2O$)放入烧杯中，加一定量的去离子水进行溶解。待所称量的药品溶解完全后，倒入洁净的容量瓶中(V=1L)，用去离子水洗涤烧杯数次，直至烧杯中的药品溶液完全洗涤进入容量瓶中，加水定容到容量瓶刻度线。将容量瓶反复倒置进行摇匀，配制得到 1g/L 的 Pb^{2+}(Cu^{2+})溶液。样品对金属离子的吸附实验测试，可以根据需要，将原始配制的金属离子溶液(1g/L)进行稀释，得到实验所需特定浓度的金属离子溶液。为保证配制的金属离子溶液浓度精确度，每个月进行一次更换。

2. 单一有机染料溶液的配置

用电子天平称取 0.1000g 靛蓝二磺酸钠放入烧杯中，加一定量的去离子水进行溶解。待所称量的染料溶解完全后，倒入洁净的容量瓶中(V=1L)，用去离子水洗涤烧杯数次，直至烧杯中的染料溶液完全洗涤进入容量瓶中，加水定容到容量瓶刻度线，反复摇匀得到有机染料储备液，作为模拟废液使用。这储备液中的有机染料分子的浓度为 100mg/L。后期一系列的吸附实验，可以按照一定比例稀释储备液调配出不同浓度的靛蓝二磺酸钠溶液。

3. 金属离子-有机染料混合溶液的配置

为探究合成的样品同时进行金属离子提取和有机染料降解的性能优异，将上

述涉及的 Pb^{2+}、Cu^{2+} 和靛蓝二磺酸钠共存的混合溶液选定为模拟废液，其配置过程为分别称取 0.1598g $Pb(NO_3)_2$、0.3799g $Cu(NO_3)_2 \cdot 3H_2O$ 和 0.1000g 靛蓝二磺酸钠放入同一个烧杯中溶解，再转移到 1L 的容量瓶，配置 Pb^{2+}、Cu^{2+} 和靛蓝二磺酸钠的浓度各为 100mg/L 的混合溶液。

6.2.4　测试方法

1. 金属离子的测试

使用原子吸收分光光度计(AA-6880 型)测试溶液中所含的金属离子浓度。测试前，配制已知特定浓度的金属离子溶液进行吸收值对浓度的标准曲线制作。测试过程中，通过测试未知浓度的金属离子溶液的原子分光光度计吸收值，结合标准曲线，得出未知溶液中所含的金属浓度。为减少实验误差，测试时分别对三组相同吸附实验进行测试，数据取其加权平均值。

样品对金属离子的吸附容量可以如式(6-1)计算得到：

$$Q_e = (C_0 - C_e) \cdot V / m \tag{6-1}$$

其中，C_0 为溶液中金属离子的初始浓度(mg/L)；C_e 为吸附平衡时溶液中金属离子的浓度(mg/L)；V 为溶液的体积(L)；m 为加入的吸附剂质量(mg)；Q_e 为吸附平衡时样品对金属离子的吸附容量。

2. 有机染料的测试

使用紫外可见分光光度计(UV-2600 型)来测定溶液中有机染料的浓度。由于染料通常对特定波长的紫外可见光具有吸收作用，且其吸光度 A 与溶液中染料的浓度 C 呈正比关系，通过测定特定时间下溶液中染料在特定波长的吸光度，经过线性公式转化得到对应各个时刻的染料浓度。

样品对于染料的去除效果，可以通过计算去除率 E 得到：

$$E = C / C_0 \tag{6-2}$$

其中，E 为去除率；C_0 为染料的初始浓度(mg/L)；C 为特定时间下溶液的染料浓度(mg/L)。

6.3　钙锰基纳米净化材料的制备及其性能研究

工业化进程造成地表、地下水污染日益严重，对新材料的设计合成以进行环境整治提出了新要求[20,21]。在催化材料领域由过渡金属氧化物组成(如 CuO，Fe_2O_3，MnO_x)的环境修复多相类芬顿试剂，已经引起大家广泛的研究。它能催化分解过氧化氢或过硫酸盐生成活性氧(ROS，如 HO · 或 SO_4^- ·)从而降解有机污染物[22,23]。然而，这类催化剂在大规模应用时的局限性之一是其产生 ROS 的效率比均相系统(如 $Fe^{2+}+H_2O_2$)低[24,25]。多相体系常常要借助光催化、超声或电解辅助的方法来提高催化剂的性能，而这些额外的辅助技术不可避免地增加了成本，同时也使实验过程很麻烦[26]。

一个有效的方法是开发双金属或三金属体系的催化剂。一般来说，两个或两个以上的过渡金属具有不同的性能，可能会出现出乎意料的有机物降解或转化，这些是单金属催化剂不能实现的[27,28]。多项研究表明，不同的活性过渡金属离子之间存在协同效应。例如，CeO_2 可以促进邻近的 Fe_3O_4 溶解，促进芬顿反应使 4-对氯苯酚的降解性能提高[29]。一种 $CuFe_2O_4$ 的尖晶石不仅能够催化氧化过硫酸盐同时具有磁性可分离[30]。在此基础上，很多文献都报道了由混合过渡金属组成的一系列协同作用的催化剂，包括 $CuFe_2O_4$[31,32]、Cu/MnO_x[33,34]、$Mn(II)-TiO_2$[35,36]、CuO/Fe_3O_4[37]、$Fe_xCo_{3-x}O_4$[38]和 $ZnFe_2O_4/MnO_2$[39,40]。

尽管这些催化材料在实验室研究阶段取得了成功，但当这些催化剂用于处理同时含有重金属离子和有机污染物的真实环境废水时，仍然存在很大的局限性[41,42]。当废水中重金属离子被吸附到样品表面后，催化剂表面发挥类芬顿反应功能的活性位点就会被覆盖甚至钝化失活。因此，作为清道夫的类芬顿催化剂，当它在处理两类污染物时必然会顾此失彼，无法同时实现重金属离子或有机污染物的去除。同时，金属离子在催化剂表面的不断积累必然导致催化剂的可重复利用性下降。因此，设计高效和耐用的催化材料，仍然面临巨大的挑战[43,44]。

在此，合成了一种有效的催化材料，它是由相对廉价的碱土金属钙和过渡金属锰均匀分散而成的介孔微球材料(简称 CaMn$_x$)。这种介孔钙锰氧化物材料可以在不添加助剂(如 H_2O_2)的情况下，在 10s 内快速去除有机污染物，同时高效地提取废水样品中共存的重金属离子。并且没有经过任何处理，回收的 CaMn$_x$ 催化剂在循环测试中保持较高的性能。这些优异的性能来源于 Ca 的离子交换能力和锰的类芬顿反应。最后，探究整个催化剂的作用机理。

6.3.1　样品的制备

采用共沉淀法制备 Ca-Mn 碳酸盐前驱体[45]。分别按照 Ca/Mn 物质的量之比为 0∶1、1∶3、1∶2、1∶1 和 1∶0 将一定量的氯化钙和氯化锰(4mmoL)溶解在 100mL 的去离子水中，形成溶液 A。另外将一定量的 NH_4HCO_3(20mmoL)溶解在 100mL 的去离子水中，形成溶液 B。然后，将 20mL 的无水乙醇添加到溶液 A 中，在剧烈搅拌下(800r/min)，将溶液 B 迅速倒入溶液 A 中，会看到有白色沉淀慢慢生成，并将混合溶液在室温下搅拌 1h。最后，离心分离得到白色碳酸盐沉淀，分别用乙醇和去离子水交换洗涤 3 次，去除掉样品表面剩余的杂质离子，将样品置于真空干燥箱中，设置干燥温度 60℃，直至样品干燥完全。

　　将干燥好的碳酸锰、碳酸钙锰、碳酸钙前驱体装入坩埚内，控制物料的厚度，放置在马弗炉中，设置程序为从室温以每分钟 2℃升温至 300℃，保温 2h；再以每分钟 2℃升温至 600℃，保温 2h，随后随炉自然冷却至室温。煅烧后得到的产物 Ca-MnO$_x$ 以 Ca/Mn 物质的量之比 1∶3、1∶2 和 1∶1 分别命名为 CaMn$_3$、CaMn$_2$ 和 CaMn。

6.3.2　样品的表征

1. XRD 分析

　　图 6-2(a)为采用共沉淀法制备的前驱体碳酸盐的 XRD 图谱。从图中可以看出，当 Ca/Mn 物质的量之比为 1∶1 时，Mn^{2+}，Ca^{2+} 和 CO$_3^{2-}$ 共沉淀得到的物质在 XRD 图谱上存在多个特征衍射峰，分别在 2θ 为 23.7°、30.1°、49.5°、50.2°和 58.9°等处，对应六方相 CaMn(CO$_3$)$_2$ 的(012)、(104)、(018)、(116)和(212)晶面(JCPDS 84-1290)；而 Ca/Mn 物质的量之比为 0∶1 时，Mn^{2+} 和 CO$_3^{2-}$ 共沉淀得到纯 MnCO$_3$ (JCPDS 86-1072)。从图 6-2(c)中对 2θ 在 22°～34°的放大图可以看出，CaMn(CO$_3$)$_2$ 的衍射峰相较于纯 MnCO$_3$ 轻微地向低衍射角度偏移。这表明添加的 Ca 进入 MnCO$_3$ 的晶格当中，与 Mn^{2+}(0.83Å)相比，Ca^{2+}(1.00Å)的离子半径较大，从而导致碳酸盐的晶格膨胀，衍射峰向低角度偏移。

　　如图 6-2(b)所示，MnCO$_3$ 在 600℃下煅烧以后得到立方相 Mn$_2$O$_3$(JCPDS 65-7467)，这与文献报道的结果一致。而不同 Ca/Mn 物质的量之比得到的 CaMn$_3$(CO$_3$)$_4$、CaMn$_2$(CO$_3$)$_3$ 和 CaMn(CO$_3$)$_2$ 在统一条件下煅烧得到 CaMn$_x$(x = Ca/Mn 物质的量之比)，包含的一些主要物相为特征衍射峰在 2θ 为 17.1°、29.9°、30.5°、35.2°和 37.3°处，对应晶面(200)、(201)、(020)、(220)和($22\bar{1}$)的单斜相 Ca$_2$Mn$_3$O$_8$(JCPDS 34-0469)。

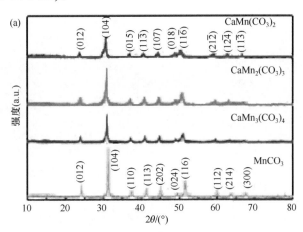

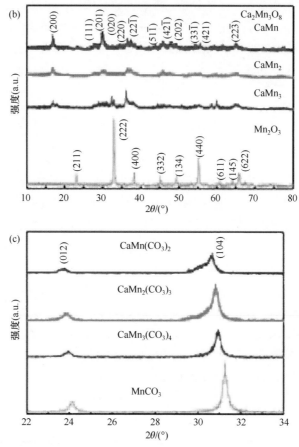

图 6-2　(a)碳酸盐前驱体的 XRD 图谱、(b)Ca-Mn 氧化物的 XRD 图谱和(c)碳酸盐前驱体的 XRD
部分放大图谱

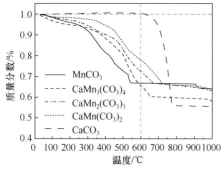

图 6-3　合成前驱体样品的 TGA 曲线

2. 热重分析

图 6-3 提供了共沉淀制备的碳酸盐的 TGA 结果，由于煅烧温度的不同，$MnCO_3$ 在空气中热分解将会转化为不同的锰氧化物，如 MnO_2、Mn_2O_3 或 Mn_3O_4。如图 6-3 所示，在温度低于 400℃时，$MnCO_3$ 将会结合空气中 O_2 进行如下反应：$2MnCO_3 + O_2 \longrightarrow 2MnO_2 + 2CO_2$。第二阶段的失重是在温度低于 550℃时，

MnO_2 会转化为 Mn_2O_3 并释放出氧气：$4MnO_2 \longrightarrow 2Mn_2O_3+O_2$。同时，$CaCO_3$ 的完全分解温度需要远远高于 600℃：$CaCO_3 \longrightarrow CaO+CO_2$。第三阶段的失重发生在 600℃左右，这个被认为与 $CaCO_3$ 的分解有关。而对于钙含量较高的 $CaMn(CO_3)_2$，在 600℃的分解是不完全的，这与图 6-2(b)中物相分析相吻合。那么，我们的想法就被激发：设置让碳酸盐前驱体在 600℃时煅烧并保温一定的时间，可以使得前驱体中的锰物质完全转化为锰的氧化物(Mn_2O_3)，而部分不完全转化的钙物质作为占位符，可以抑制锰氧化物的晶粒生长，同时节省一部分煅烧所需要的热量。

3. SEM 分析

对样品进行 SEM 分析，结果如图 6-4 所示。共沉淀得到的前驱体为颗粒均匀、形貌规整的微球，表面分布着菱形小方块(图 6-4(c)、(d))。从图 6-4(a)观察到，纯 $MnCO_3$ 的尺寸为 1.3μm 左右，随着制备时钙元素物质的量增加，碳酸钙锰样品的尺寸从 2.5μm(图 6-4(b))增加到 6μm(图 6-5(a)、(b))。图 6-4(e)、(f)和图 6-5(c)～(f)的 EDS 能谱表明，前驱体中的钙锰元素是均匀分布在整个微球当中的，并且钙锰的含量比接近反应的物质的量配比。

如图 6-4(h)、(i)和图 6-5(g)、(h)所示，煅烧后得到的 Mn_2O_3 和 $CaMn_x$ 保留了前驱体的微球状结构和尺寸，而图 6-4(j)和(k)对比可知，Mn_2O_3 微球表面形成较

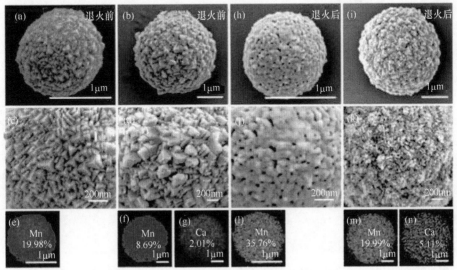

图 6-4 碳酸盐前驱体的 SEM 图：(a)、(c)MnCO₃，(b)、(d)CaMn₃(CO₃)₄ 和(e)～(g)碳酸盐微球对应 Mn 或 Ca 元素的能谱图；Ca-Mn 氧化物的 SEM 图：(h)、(j)Mn₂O₃，(i)、(k)CaMn₃ 和(l)～(n)氧化物微球对应 Mn 和 Ca 元素的能谱图

大的孔洞且晶粒明显长大，而 CaMn₃ 微球表面原来的菱形小方块全部分解，分布着颗粒尺寸细小的晶粒，其远远小于 Mn₂O₃ 表面的晶粒大小。由谢乐公式可知，晶粒尺寸与衍射峰半峰宽之间的关系是成反比的，这与 XRD 图谱中 CaMn₃ 的宽化峰的结果相符。同时，CaMn₃ 样品的表面分布着大量的微孔结构，这些遍布的微孔结构增加了样品的比表面积，进而有效地促进了样品吸附位点的增加，展现了钙锰氧化物材料优异的吸附潜能。而钙的继续增加则使 CaMn₂、CaMn 表面有部分碳酸盐分解不完全，还保留着菱形小方块。通过煅烧后的 EDS 能谱图可以看到，Mn 和 Ca 元素仍然均匀分布在整个微球中(图 6-4(l)、(n)和图 6-5(k)、(n))，说明制备出的样品中钙和锰的元素均匀占据每一个部分。

4. TEM 分析

图 6-5(o)～(z)展示了煅烧后样品的 TEM 图。图 6-5(o)～(q)中 Mn₂O₃ 整个微球中有明显的明暗对比，这与 SEM 扫描图形貌上呈现很多孔道结构相一致。而图 6-5(r)～(t)的 CaMn₃ 是一个致密的微球，从高分辨率的晶格条纹分析得出：Mn₂O₃

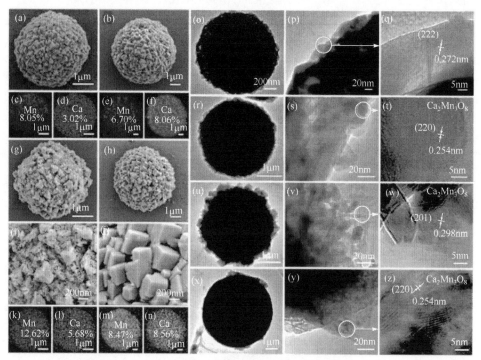

图 6-5　样品的 SEM 图：(a)CaMn₂(CO₃)₃，(b)CaMn(CO₃)₂，(g)、(i)CaMn₂ 和(h)、(j)CaMn；(c)～(f)和(k)～(n)为上面样品对应的 Mn 和 Ca 元素的能谱图；低分辨和高分辨 TEM 图：(o)～(q)Mn₂O₃，(r)～(t)CaMn₃，(u)～(w)CaMn₂ 和(x)～(z)CaMn

晶格条纹的宽度为 0.272nm，对应物相 $Ca_2Mn_3O_8$ 中的最强峰(222)晶面；$CaMn_3$、$CaMn$ 晶格条纹的宽度为 0.254nm，对应物相 $Ca_2Mn_3O_8$ 中的(220)晶面；$CaMn_2$ 晶格条纹的宽度为 0.298nm，对应物相 $Ca_2Mn_3O_8$ 中的(201)晶面，这些都可以与 XRD 的分析结果相对应。

5. N_2 吸附-脱附分析

图 6-6(a)为 Ca-Mn 氧化物样品的 N_2 吸附-脱附等温线。测试结果显示，Ca-Mn 样品的吸附-脱附等温曲线对应Ⅳ型曲线。由于吸附曲线和脱附曲线在低压和中压段都没有明显稳定的滞后回环，而仅在相对压力较高(P/P_0>0.7)的情况下曲线有些分支，都为 H3 迟滞环。表明制备出的这四个样品的孔隙结构都为介孔。图 6-6(b) 中四个样品的孔径分布范围为 10.4～30.8nm，与文献中介孔的孔径为 2～50nm 相符合，这也证明了样品的孔隙结构都为介孔。

如表 6-1 所示，由 N_2 吸附-脱附分析可得，$CaMn_x$ 样品的比表面积都比 Mn_2O_3 大，其中 $CaMn_3$ 的比表面积为 59.6m^2/g，是 Mn_2O_3 比表面积 19.6m^2/g 的 3 倍，这与 $CaMn_3$ 表面通过热分解产生许多微小颗粒有关，大大增加了样品的比表面积。而 $CaMn_2$、$CaMn$ 的比表面积为 45.9m^2/g 和 27.0m^2/g，没有比 $CaMn_3$ 的数值大，这也与随着钙的增加 $CaMn_2$、$CaMn$ 中有未完全分解，无法形成许多小颗粒有关。

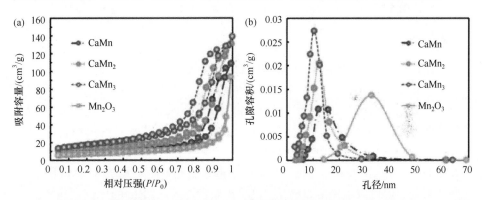

图 6-6　不同 Ca/Mn 物质的量之比制备的 Ca-Mn 氧化物的结构表征，包括纯 Mn_2O_3；(a)氮气吸附-脱附等温线；(b)BJH 吸附孔径分布

表 6-1　Mn_2O_3 和 $CaMn_x$ 的结构参数

样品名	比表面积/(m^2/g)	孔容积/(cm^3/g)	孔径/nm
CaMn	27.0	0.169	17.8
$CaMn_2$	45.9	0.214	14.6
$CaMn_3$	59.6	0.201	10.4
Mn_2O_3	19.6	0.246	30.8

6. Zeta 电位分析

图 6-7 为 Mn_2O_3、$CaMn_3$、$CaMn_2$、$CaMn$ 和 $CaCO_3$ 样品的 Zeta 电位，结果表明，在水溶液中性的情况下所有样品表面带有大量的负电荷。受到材料表面所带电荷性质的启发，可以合理地让合成的材料与金属阳离子或者阳离子型的有机染料首先通过静电作用相互吸引，从而进一步更好地进行重金属离子的提取和有机染料的去除。

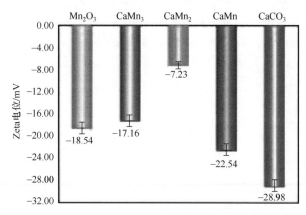

图 6-7　Mn_2O_3、$CaMn_3$、$CaMn_2$、$CaMn$ 和 $CaCO_3$ 表面的 Zeta 电位

7. XPS 分析

用 XPS 来表征介孔微球中 Mn 的价态。如图 6-8(a)所示，由 $MnCO_3$ 煅烧得到的纯 Mn_2O_3 的 Mn $2p_{3/2}$ 是一个不对称的峰，其平均结合能为 641.4eV。根据文献可以分离出两个峰，结合能分别为 640.6eV 和 641.8eV，分别由 Mn^{2+} 和 Mn^{3+} 引起。随着 Ca 的加入，形成 Ca-Mn 氧化物的 Mn $2p_{3/2}$ 不对称峰的结合能向左移动，变为 641.9eV。根据文献可以分离出 3 个峰，结合能分别为 640.6eV、641.8eV 和 642.8eV，分别由 Mn^{2+}、Mn^{3+} 和 Mn^{4+} 引起。虽然 Ca 的掺杂只对 Mn 的价态有轻微的影响，但可以由图 6-8(b)看到高价锰特别是+3 价 Mn 的比例正在增加，同时出现的+4 价 Mn，也与 XRD 中检测到部分物相为 $Ca_2Mn_3O_8$ 中 Mn 对应+4 价的价态一致。

如图 6-8(c)所示，在 O 1s 谱中发现了更显著的变化。从本质上说，在 O 1s 中，529.7eV 和 531.3eV 结合能的峰可以分配为晶格氧(O_s)和表面吸附氧(O_{ads})，后者形成大量的羟基(—OH)。如图 6-8(c)所示，在纯 Mn_2O_3 中，O 1s 大部分以晶格氧(O_s)的形式存在。随着 Ca 的加入，表面吸附氧(O_{ads})的含量在慢慢增多，并占据主要位置(图 6-8(c))。表面吸附氧的增加是由于钙锰纳米颗粒的体积小，在表面上提供了大量的羟基氧。值得注意的是，表面吸附氧在废水处理过程中对金属离子的吸附作用是有利的。

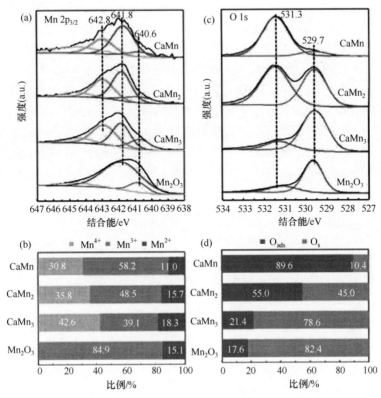

图 6-8　X 射线光电子能谱(XPS)测量光谱：(a)Mn 2p$_{3/2}$ 和(c)O 1s；Mn$_2$O$_3$、CaMn$_3$、CaMn$_2$ 和 CaMn 样品中(b)Mn 和(d)O 的物质的量比

6.3.3　样品的性能测试

1. 金属离子的吸附

　　本节将 Mn$_2$O$_3$ 和不同配比的 CaMn$_x$ 四个样品作为研究对象，通过平行吸附实验比较它们吸附性能的差异，分析钙含量增加的样品对金属阳离子 Pb^{2+}(Cu^{2+}) 的吸附效果。配制多份体积为 50mL、浓度为 10mg/L 的 Pb^{2+}(Cu^{2+})溶液模拟实际生活中的重金属废液。实验时，分别向上述模拟废液中加入 10mg 的 Mn$_2$O$_3$、CaMn$_3$、CaMn$_2$ 和 CaMn 样品，室温下进行金属离子吸附，在特定时间下取出少许液体，离心分离得上层清夜，测试其中剩余的 Pb^{2+}(Cu^{2+})浓度。图 6-9 分别为 Mn$_2$O$_3$、CaMn$_3$、CaMn$_2$ 和 CaMn 的对金属离子的吸附效果图。

　　从图 6-9(a)、(b)可知，Mn$_2$O$_3$ 大体上对 Pb^{2+} 和 Cu^{2+} 都存在一些吸附能力，其中对 Pb^{2+} 的吸附效果要好于 Cu^{2+}，去除率分别为 38.5%和 18.2%。在 30min 内的

平衡吸附容量对 Pb^{2+}为 19.1mg/g，对 Cu^{2+}为 9.26mg/g(图 6-9(c))。吸附效果源于 Mn$_2$O$_3$ 本身为多孔结构，且 Zeta 电位测定表面带负电荷，可通过物理作用吸附废水中的 Pb^{2+}和 Cu^{2+}金属阳离子。

然而，不管 Ca/Mn 是哪一种物质的量配比，CaMn$_x$(x = 1∶3、1∶2 或 1∶1)对 Pb^{2+}和 Cu^{2+}的吸附能力相比 Mn$_2$O$_3$ 都有显著提高。如图 6-9(a)所示，CaMn$_x$ 仅在 1min 之内就可以去除大于 99%的 Pb^{2+}，平衡吸附容量为 50.0mg/g(图 6-8(c))。对 Pb^{2+}的吸附性能表现很好，于是提高 Pb^{2+}的浓度为 1g/L 时，如图 6-9(d)所示，钙含量最多的 CaMn 对 Pb^{2+}的最大吸附容量为 968mg/g。同时 CaMn$_x$ 也展示出对 Cu^{2+}极好的吸附能力，图 6-9(b)中 CaMn$_x$ 在 30min 的吸附后达到最大的平衡吸附容量为 43.5mg/g。

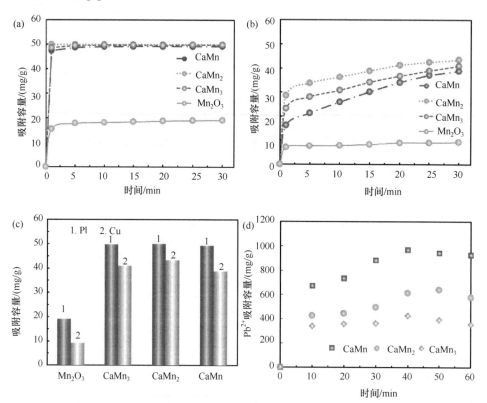

图 6-9　(a)Pb^{2+}和(b)Cu^{2+}的等温吸附线；(c)Pb^{2+}和 Cu^{2+}被 Mn$_2$O$_3$、CaMn$_3$、CaMn$_2$ 和 CaMn 吸附的吸附容量(吸附液体积为 50mL，pH= 6.5 ± 0.1，吸附剂用量为 10mg，金属离子初始浓度为 10mg/L)；(d)Pb^{2+}(1g/L)被 CaMn$_3$、CaMn$_2$ 和 CaMn 吸附的吸附容量

相比于纯 Mn$_2$O$_3$，Ca-Mn 氧化物吸附性能的提高除具有较大的比表面积外，还通过 ICP 探测到吸附平衡后的上清液中含有从样品当中释放的大量 Ca(约

16mg/L)，这说明大量的 Ca 可以与金属阳离子进行离子交换，产生很好的吸附性能，这与文献的报道一致；同时也探测到极微量 Mn(约 0.45mg/L)，这符合锰含量的排放标准(《污水综合排放标准》(GB 8978—1996))。

通过以上对比分析可知，$CaMn_x$ 对水中的金属阳离子有高效的吸附作用。

2. 有机染料的吸附

在有机物的移除中，从去除率的对比图 6-10(f)可以看出，纯的 Mn_2O_3 表现出比 $CaMn_x$ 优异的性能。如图 6-10(a)紫外分光光度计的吸收光谱所示，对初始浓度为 10mg/L 的靛蓝二磺酸钠溶液，在 15min 之内，Mn_2O_3 对靛蓝二磺酸钠的去除率就达到 98%。同时如图 6-11 所示，对吸附前后 Mn_2O_3 样品的 Mn $2p_{3/2}$ 分析可以得知，锰的价态保持在 2.85～2.92，几乎没有发生很大的变化，所以认为 Mn_2O_3 对于靛蓝二磺酸钠的吸附只是物理作用，而不是发生氧化还原反应。对 $CaMn_x$ 的吸附性能观察发现，$CaMn_x$ 对有机物的清除效果很差。如图 6-10(b)～(d)所示，其中去除靛蓝二磺酸钠性能最好的 $CaMn_2$ 在 30min 之内，才能移除 95.6% 的靛蓝二磺酸钠。如图 6-10(e)所示，$CaCO_3$ 在 600℃煅烧后来处理靛蓝二磺酸钠

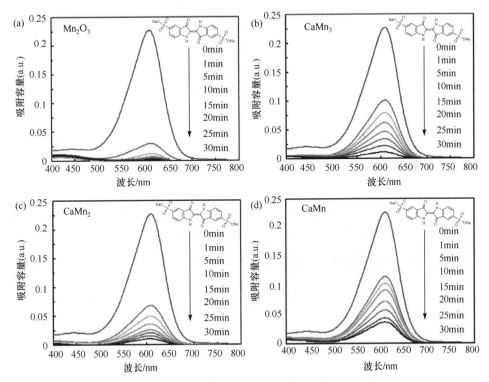

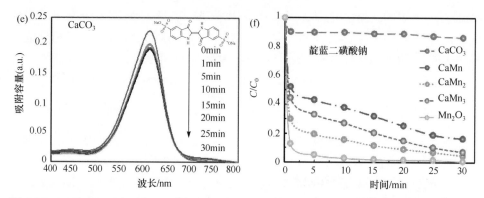

图 6-10 (a)Mn₂O₃、(b)CaMn₃、(c)CaMn₂、(d)CaMn 和(e)CaCO₃ 存在时靛蓝二磺酸钠的紫外可见吸收光谱($V = 50\text{mL}$，$\text{pH} = 6.3 \pm 0.1$，[靛蓝二磺酸钠] $= 10\text{mg/L}$，吸附剂用量为 0.5g/L)；(f)在不同的材料存在下靛蓝二磺酸钠的去除率

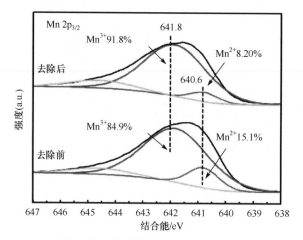

图 6-11   在去除靛蓝二磺酸钠前后 Mn₂O₃ 的 Mn 2p₃/₂ 峰对比图

溶液，没有什么效果；随着钙的加入，在 Ca-Mn 氧化物表面中 Mn 的活性位点被 Ca 覆盖，这就大大降低了 CaMn$_x$ 对有机染料移除的能力。

3. 钙锰基纳米净化材料对混合废水净化的协同作用

通常生活生产中产生的废水都含有多种成分，于是试着把金属离子和有机染料混合起来，测试 Ca-Mn 氧化物材料对混合溶液的处理性能。在处理过程中，Pb²⁺、Cu²⁺和靛蓝二磺酸钠的初始浓度都为 10mg/L。如图 6-12(a)所示，在 10s 内，不管 Mn₂O₃ 还是 CaMn$_x$，对靛蓝二磺酸钠的脱色率都达到 100%，而与之前对单一染料的降解对比，发现 CaMn$_x$ 对靛蓝二磺酸钠的去除率达到 95.6%需要 30min，其中效果最好的 Mn₂O₃ 对染料的降解也需要 15min；而在混合废水中，Mn₂O₃ 以及 CaMn$_x$ 对有机染料的降解速率都大大提高。采用一阶速率常数(k)为 ln(C_0/C)和时间 t 之间的比值(C_0 和 C 分别代表靛蓝二磺酸钠的初始浓度和在特定时间的浓度)的线性拟合来直观评价两者的降解速率差异。如图 6-12(b)所示，CaMn$_2$ 对有金属混合的靛蓝二磺酸钠溶液的降解速率常数为的 34.3min^{-1}，而 Mn$_2$O$_3$ 对纯的靛蓝二磺酸钠溶液的降解速率常数为的 0.425min^{-1}，拟合线(2)对 Mn$_2$O$_3$ 的拟合不符合 ln(C_0/C)和时间 t 的线性拟合，因为 Mn$_2$O$_3$ 所涉及的是物理吸附而不是氧化反应的降解，为了与拟合线(1)对比，就对拟合线(2)大致也采用相同的方法。最后会发现前者的降解速率大约是后者单一成分降解速率的 81 倍。

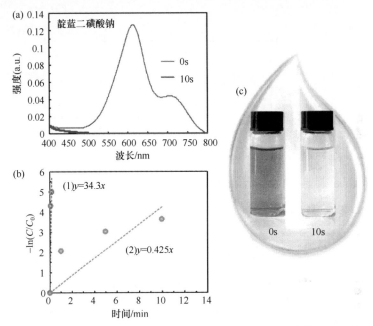

图 6-12　(a)用 CaMn$_x$ 对 10mg/L 靛蓝二磺酸钠溶液进行 10s 处理的紫外可见吸收光谱；(b)靛蓝二磺酸钠的一阶动力学拟合图：(1)CaMn$_2$ 在混合废水体系中和(2)Mn$_2$O$_3$ 在单一有机染料体系中；(c)CaMn$_x$ 降解靛蓝二磺酸钠溶液前后 10s 的对比图

　　同时对混合液中离子的吸附情况进行检测，如图 6-13(a)、(b)所示，CaMn$_x$ 对 Pb^{2+} 和 Cu^{2+} 的吸附效果还是远远大于 Mn$_2$O$_3$ 的吸附效果，在吸附进行 1min 后，基本可以把溶液当中的 Pb^{2+} 和 Cu^{2+} 提取出来。从图 6-13(a)、(b)也可以看出，总的吸附容量可以达到 45.8mg/g，是 Mn$_2$O$_3$ 吸附容量 14.8mg/g 的 3.1 倍。

　　对比表 6-2 所示的非均相催化剂降解有机染料可以得出，实验制备的介孔锰钙氧化物在混合体系中不仅可以高效地降解有机染料，还可以去除溶液中大部分金属阳离子，使残留的有毒污染物质大大降低。

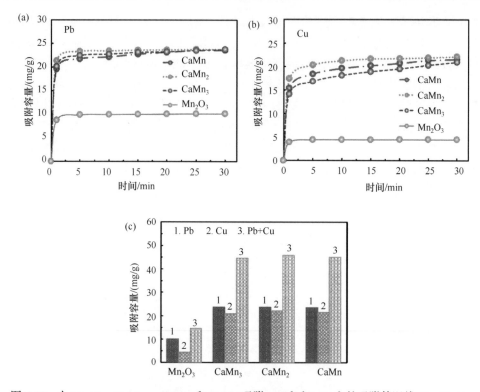

图 6-13　由 Mn_2O_3、$CaMn_3$、$CaMn_2$ 和 CaMn 吸附(a)Pb^{2+}和(b)Cu^{2+}的吸附等温线($V = 50mL$，pH$= 6.0 \pm 0.1$，$M = 25mg$，[金属离子] $= 10mg/L$)；(c)Mn_2O_3、$CaMn_3$、$CaMn_2$ 和 CaMn 对 Pb^{2+} 和 Cu^{2+}的吸附容量

表 6-2　各种材料对有机染料去除率的比较

材料	污染物	C_0/(mg/L)	实验条件	去除率/%	k/min^{-1}	参考文献
GO-GE	亚甲蓝	10	PMS	98.4	0.060	[46]
α-Mn_2O_3	罗丹明 B	20	PMS	100	0.062	[47]
SnO_2: Sb-TiO_2	酸性橙 7	15	Na_2SO_4, pH=3，紫外光	50	0.012	[48]
Pt/CNT-PTFE cell with TiO_2	碱性红 46	15	Na_2SO_4, pH=3，100mA, 6W	100	0.076	[49]
Fe_3O_4 纳米球	刚果红	5	—	87.1	0.002	[50]
石墨烯-Mn_2O_3	亚甲蓝	1.28	200μL 30% H_2O_2，紫外可见光	84	0.003	[47]
巴西坚果壳	靛蓝二磺酸钠	30	pH=3～11，	50	0.070	[51]
稻壳灰	靛蓝二磺酸钠	50	pH=5.4	92	0.008	[52]

续表

材料	污染物	$C_0/(mg/L)$	实验条件	去除率/%	k/min^{-1}	参考文献
Mn_2O_3	靛蓝二磺酸钠	10	—	98.2	0.425	本章
$CaMn_2$	靛蓝二磺酸钠	10	0.15mmol/L Cu^{2+}	100	34.3	本章

注：PMS 表示过一硫酸盐；k 表示去除有机物的一阶速率常数；—表示没有添加助剂。

6.3.4　机理探究

1. 降解机理概述

至今，锰离子(如 Mn^{2+}、Mn^{3+}、Mn^{4+} 和 MnO_4^-)或者锰的氧化物(如 MnO、MnO_2、Mn_2O_3 和 Mn_3O_4)已经广泛用作一种环境友好型材料来降解有机物[53]。高价态的锰离子 Mn^{7+}(通常以 MnO_4^- 的形式存在)，由于其具有强氧化性，可以直接将有机物降解，反应方程式如式(6-3)所示[54,55]：

$$Mn^{7+} + 有机化合物 \longrightarrow Mn^{4+}/Mn^{2+} + 产物 \tag{6-3}$$

相反，低价态的锰离子 Mn^{2+} 通常作为一种类芬顿催化剂，它可以促使 H_2O_2 分解产生 $HO\cdot$(式(6-4))，同时 $HO\cdot$ 可以直接降解有机污染物，反应方程式如式(6-5)所示。

$$Mn^{2+}H_2O_2 \longrightarrow Mn^{3+} + HO^- + HO\cdot \tag{6-4}$$

$$HO\cdot + 有机化合物 \longrightarrow 过滤态 \longrightarrow CO_2 + H_2O \tag{6-5}$$

与离子的形式相对比，固态 MnO_x 催化剂也引起大家广泛的研究。最近发现，Mn_3O_4 本身可以作为类芬顿试剂起到降解有机物的作用，而不需要额外添加助剂 H_2O_2。在 Mn_3O_4 中低价态的锰可以结合空气中溶解进来的 O_2，在酸性的条件下结合形成 H_2O_2，反应方程式如式(6-6)和式(6-7)所示。再根据式(6-5)反应产生 $HO\cdot$ 从而降解有机污染物[54,56]。

$$Mn^{2+} + O_2 + 2H^+ \longrightarrow Mn^{3+} + H_2O_2 \tag{6-6}$$

$$Mn^{3+} + O_2 + 2H^+ \longrightarrow Mn^{4+} + H_2O_2 \tag{6-7}$$

CuO 可以作为芬顿反应中的催化剂。关于铜催化过氧化氢的主要机理有两个：有自由基作用和无自由基作用。一般来说，自由基的形成是电子从铜物质上转移到 H_2O_2 的结果，如式(6-8)和式(6-9)所示。相比之下，无自由基作用是假设铜和 H_2O_2 之间的外层相互作用使 H_2O_2 对有机污染物的活性更强。这种电子传输类似于式(6-10)中 Cu^{2+}-H_2O_2 反应，这在之前的文献就有提及[57,58]。

$$Cu^{2+}+H_2O_2/PMS \longrightarrow Cu^{+}+O_2^{-} \cdot /SO_5^{-} \cdot +2H^{+} \tag{6-8}$$

$$Cu^{+}+H_2O_2/PMS \longrightarrow Cu^{2+}+2HO \cdot /SO_5^{-} \cdot \tag{6-9}$$

$$Cu^{2+}+H_2O_2/PMS/PS \longrightarrow Cu^{3+}+2HO \cdot /SO_5^{-} \cdot \tag{6-10}$$

2. 吸附 Cu^{2+} 促进有机染料的去除

为探究吸附的离子对有机染料的影响，进行如下进一步的实验研究：以 $CaMn_2$ 作为代表，首先分别将 25mg 的 $CaMn_2$ 投入 50mL 含有 10mg/L Pb^{2+} 或 10mg/L Cu^{2+} 的溶液中，使 Pb^{2+} 或 Cu^{2+} 吸附到 $CaMn_2$ 的表面上，得到的产物分别命名为 Pb-$CaMn_2$ 或 Cu-$CaMn_2$。然后分别将 25mg 的三种样品投入 50mL 10mg/L 的单一靛蓝二磺酸钠溶液中，比较 Pb-$CaMn_2$、Cu-$CaMn_2$ 和纯 $CaMn_2$ 在相同溶液中去除靛蓝二磺酸钠的速率。图 6-14(a)~(c) 为三种样品对靛蓝二磺酸钠降解的紫外可见吸收光谱。可以看出，Pb-$CaMn_2$(图 6-13(b))的降解效率与 $CaMn_2$(图 6-14(a)) 基本相同。这意味着吸附 Pb^{2+} 对促进靛蓝二磺酸钠的去除效果微乎其微。相比之下，Cu-$CaMn_2$ 的降解效率十分高效(图 6-14(c))，图 6-13(e)中 Cu-$CaMn_2$ 反应速率常数为 $9.20min^{-1}$，比 $CaMn_2$ 的 $0.177min^{-1}$ 或 Pb-$CaMn_2$ 的 $0.106min^{-1}$ 高 52~87

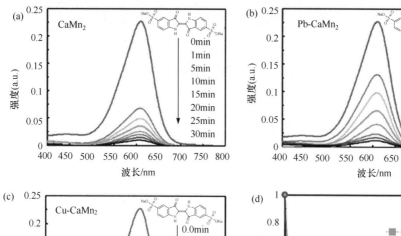

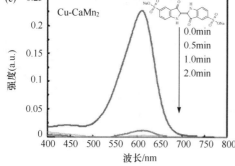

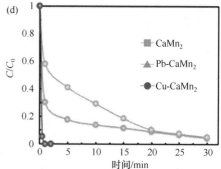

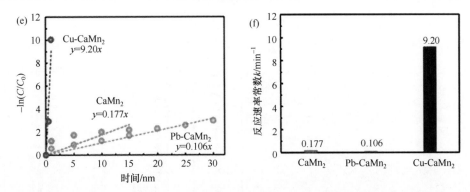

图 6-14 样品对含有单一靛蓝二磺酸钠废水作用的紫外可见吸收光谱: (a)CaMn$_2$, (b)Pb-CaMn$_2$ 和(c)Cu-CaMn$_2$(V = 50mL, pH = 6.3±0.1, [靛蓝二磺酸钠] = 10mg/L, [CaMn$_2$] = [Pb-CaMn$_2$] = [Cu-CaMn$_2$] = 0.5g/L); 三个样品对应的(d)去除率和(e)靛蓝二磺酸钠降解的动力学拟合以及(f)反应速率常数 k 在 CaMn$_2$、Pb-CaMn$_2$ 和 Cu-CaMn$_2$ 之间的比较

倍(图 6-14(f))。那么, 可以得出在混合溶液中降解有机染料的速率大大加快是因为吸附的 Cu^{2+}进一步催化作用。首先利用 CaCO$_3$/CaO 的离子交换吸附 Cu^{2+}, 在 CaMn$_x$ 上的共存的 Cu^{2+}的活性位点, 进一步促进靛蓝二磺酸钠的降解。

3. H$_2$O$_2$ 的检测

推测在混合溶液中 Cu-CaMn$_x$ 能够如此快地降解有机染料涉及机理概述中提到的降解机理。需要验证在降解过程中能够自发产生 H$_2$O$_2$。用 DPD-POD 方法证实了 Mn$_2$O$_3$、CaMn$_2$ 和 Cu-CaMn$_2$ 在去除靛蓝二磺酸钠的过程中产生了 H$_2$O$_2$。在不同的盛有 10mL 去离子水的离心管中将 5mg 的样品分别加入, 将样品振荡 2min 并离心取出上清液, 依次加入 50μL 的 DPD 和 50μL POD, 并迅速用紫外可见分光光度计测试。如图 6-14(a)所示, 在紫外可见吸收光谱中, H$_2$O$_2$ 的两个特征峰分别为 510nm 和 551nm, 在 Mn$_2$O$_3$、CaMn$_2$ 和 Cu-CaMn$_2$ 中检测到大量 H$_2$O$_2$, 而对于不加任何样品的去离子水直接加 DPD 和 POD 测试紫外并没有出现上述的特征峰。通过测试一系列已知浓度的 H$_2$O$_2$ 拟合出 H$_2$O$_2$ 的浓度与吸光度曲线(图 6-15(c)、(d))并得出, Mn$_2$O$_3$、CaMn$_2$ 和 Cu-CaMn$_2$ 在相同情况下产生的 H$_2$O$_2$ 的量分别为 6.92μmol/L、4.91μmol/L 和 10.4μmol/L(图 6-15(b)), 其中 Cu-CaMn$_2$ 产生 H$_2$O$_2$ 的速率是最快的, 高于 Mn$_2$O$_3$ 和 CaMn$_2$。然而, Mn$_2$O$_3$ 或者 CaMn$_2$(在没有吸附 Cu^{2+})也会产生部分 H$_2$O$_2$, 因此 Mn$_2$O$_3$ 和 CaMn$_2$ 在降解有机物时也表现出微弱的性能。

4. 惰性气氛 N$_2$ 对降解速率的影响

在式(6-7)和式(6-8)中, O$_2$ 在锰氧化物去除有机染料过程中是不可或缺的, 因

此，在厌氧条件下进行对照实验。在 N₂ 气氛保护下(CaMn₂-N₂)，CaMn₂ 去除
20mg/L 靛蓝二磺酸钠混合溶液的效率比原始降低了许多(图 6-16)。应该指出的

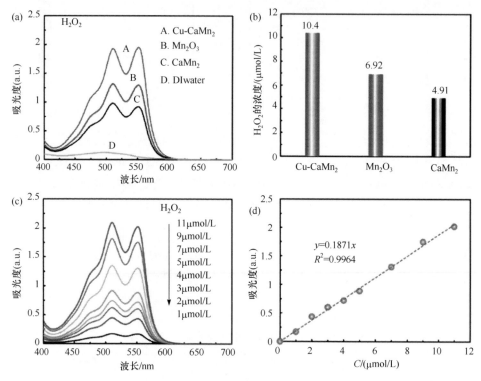

图 6-15　Cu-CaMn₂、Mn₂O₃、CaMn₂ 和无催化剂情况下测试 H₂O₂ 的(a) 紫外-可见光谱和(b)
产生的 H₂O₂ 的量；(c)已知浓度 H₂O₂ 的紫外-可见光谱和(d) H₂O₂ 浓度与吸光度拟合的标准曲
线(1～11μmol/L)

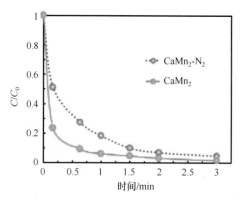

图 6-16　CaMn₂ 在空气或氮气存在时去除靛蓝二磺酸钠的效率(V = 50mL，pH = 5.8± 0.1，[靛
蓝二磺酸钠]=[金属离子]= 20mg/L，[CaMn₂]= 0.5g/L)

是，在实验中，不可能百分之百排除 O_2，因为在提取和离心样品的过程中可能会有一部分氧气溶解到溶液中，所以在 3min 之后，两者对靛蓝二磺酸钠的降解都达到平衡。但是实验的结果仍然验证了 O_2 在 $CaMn_2$ 高效去除有机染料中起着关键作用。

5. HO· 自由基的检测

在式(6-4)中，锰氧化物中低价态的锰可以通过与 H_2O_2 反应变成高价态的锰，同时使 H_2O_2 分解生成 HO·。事实上，H_2O_2 的分解一直依赖催化剂的使用，包括铜的氧化物/铜的氢氧化物。基于此对样品进行电子捕获剂(DMPO)捕获自由基的顺磁共振(EPR)光谱测试。如图 6-17 所示，$Cu-CaMn_2$ 在促进 H_2O_2 分解的过程中表现优于 Mn_2O_3 和 $CaMn_2$。在 2min 反应之内的测试，Mn_2O_3 或 $CaMn_2$ 中并没有发现 DMPO-·OH 的明显信号。而对于 $Cu-CaMn_2$ 样品的 EPR 光谱可以清楚地观察到强度为 1:2:2:1 的经典四重态 DMPO-·OH 加合物信号出现，这也证实了吸附 Cu 以后的 $CaMn_2$ 也就是样品 $Cu-CaMn_2$ 在有机物的去除过程中产生了 HO·，HO· 能破坏有机的官能团，达到降解有机物的目的[59,60]。

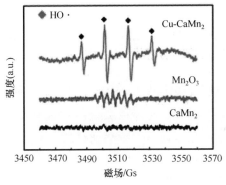

图 6-17　相应的 DMPO 在 Mn_2O_3、$CaMn_2$ 和 $Cu-CaMn_2$ 上捕获的 EPR 光谱

6. XPS 的检测

至此可以得出初步的结论：在 $CaMn_x$ 吸附 Cu^{2+} 时与 Ca^{2+} 发生离子交换，进一步使 $Cu-CaMn_x$ 在去除有机染料的过程中发挥了不同的作用。Mn 的活性位点作为一种类芬顿试剂来产生 H_2O_2，随后通过 Cu 的活性位点催化反应分解 H_2O_2 产生 HO·。根据之前的研究和式(6-4)、式(6-5)，在 $CaMn_x$ 中 MnO_x 作为一种类芬顿试剂，在产品中 Mn 的价态应该会上升。如图 6-18 所示，对 $Cu-CaMn_2$ 在降解单一染料靛蓝二磺酸钠前后的样品进行 XPS 测试，图 6-18(a)中 Mn $2p_{3/2}$ 的价态从 3.27 上升到 3.42，相比之下，图 6-18(b)中 Cu $2p_{3/2}$ 的价态基本保持不变，其

中在 Cu-CaMn$_2$ 中 Cu 的主要吸收峰在 933.6eV，这个是 Cu^{2+}的特征峰。因为 Cu-CaMn$_2$ 中 Cu 的含量非常低，所以很难从 XRD 或者 TEM 图像中确定吸附后 Cu 的具体物相。然而，一些研究表明，CuO 可以在芬顿反应中起到催化作用[61-63]。据推测，Cu^{2+}与样品中的 Ca^{2+}交换在 CaMn$_x$ 表面产生大量的 CuO，并进一步催化 H$_2$O$_2$ 的分解。

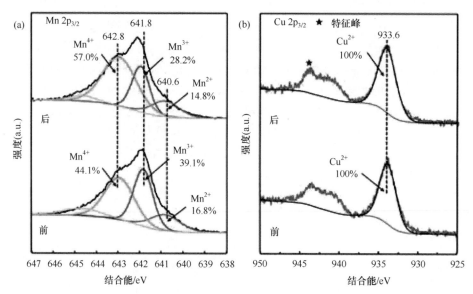

图 6-18　Cu-CaMn$_2$ 在降解单一染料靛蓝二磺酸钠前后的 XPS 图：(a)Mn 2p$_{3/2}$ 和(b)Cu 2p$_{3/2}$

为进一步验证是吸附在样品表面形成的 CuO 促进催化 H$_2$O$_2$ 分解，这里进一步做如下的验证：在 10mg/L 的靛蓝二磺酸钠和 Cu^{2+}的混合溶液中，加入 10μmol/L 的试剂 H$_2$O$_2$，构成均匀的 Cu^{2+}/H$_2$O$_2$ 体系。如图 6-19 所示，以相同的转速 500r/min 搅拌上述的溶液，间隔一定的时间取样，可以观察到均匀的 Cu^{2+}/H$_2$O$_2$ 体系也可以使 10mg/L 的靛蓝二磺酸钠慢慢降解，说明 Cu 确实可以起到催化 H$_2$O$_2$ 分解的作用。

7. 降解机理图及应用拓展

图 6-20(a)总结了催化机理的示意图。CaMn$_x$ 中大量的 Ca^{2+}会与溶液中的金属阳离子发生有效的金属离子交换，同时 MnO$_x$ 生成了大量的 H$_2$O$_2$，然后通过类芬顿反应来降解有机物：以 Cu 的氧化物进一步催化自身生成的 H$_2$O$_2$ 分解为 HO·，将有机物分解为 CO$_2$ 和 H$_2$O。在验证该材料是否具备更广泛的应用空间时，发现 CaMn$_2$ 能成功地提纯含有更复杂物质的混合溶液，其中混有多种有机污染物，如靛蓝二磺酸钠(IC)、刚果红(CR)、橙黄 G(OG)和一系列丰富的金属离子，

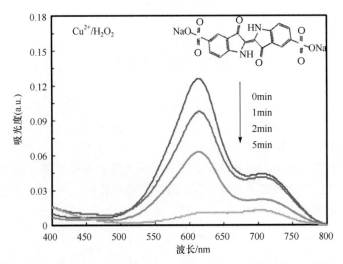

图 6-19　通过均匀的 Cu^{2+}/H_2O_2(10mg/ L Cu^{2+}/10μmol/L H_2O_2)催化剂作用的靛蓝二磺酸钠溶液的紫外-可见吸收光谱

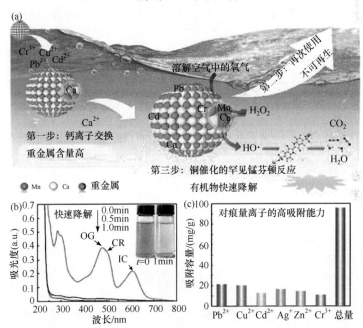

图 6-20　(a)$CaMn_x$ 清除有机污染物和重金属阳离子共存混合溶液的机理示意图；(b)紫外-可见吸收光谱显示模拟复杂废水中混合有机污染物的快速降解；(c)$CaMn_2$ 对共存 Pb^{2+}、Cu^{2+}、Cd^{2+}、Ag^+、Zn^{2+} 和 Cr^{3+} 的总吸附能力(V=50mL，pH=5.8±0.1，[靛蓝二磺酸钠]=[刚果红]=[橙黄 G]=10mg/L，[金属离子]=10mg/L，[$CaMn_2$]=0.5mg/L)

如 Pb^{2+}、Cu^{2+}、Cd^{2+}、Ag^+、Zn^{2+} 和 Cr^{3+}。如图 6-20(b)所示，在更为复杂的混合体

系中对有机染料的降解仍然表现出极高的降解速率，在 1min 之内，含量各为 10mg/L 的三种有机染料在 CaMn$_2$ 中的脱色率达到 100%；同时如图 6-20(c)所示，对浓度各为 10mg/L 的金属阳离子在 30min 内测得的最终的吸附总容量可以高达 95.8mg/g。

为了验证混合溶液中除 Pb^{2+}/Cu^{2+}外其他离子对多种有机染料降解速率的影响，用同样的方法得到 Cd-CaMn$_2$、Ag-CaMn$_2$、Zn-CaMn$_2$ 和 Cr-CaMn$_2$，然后降解 10mg/L 的靛蓝二磺酸钠溶液。如图 6-21 所示，发现 Cd^{2+}、Ag$^+$、Zn^{2+}和 Cr^{2+} 这几种离子吸附到材料表面后对靛蓝二磺酸钠的降解都没有明显的增强作用，从而得知铅和这几种金属离子一样，并没有起到催化作用，只是单纯地吸附重金属离子到材料的表面。

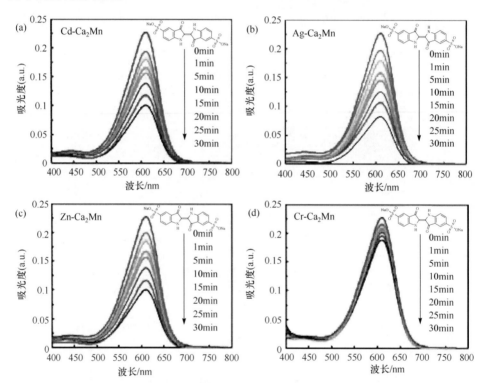

图 6-21 样品对含有单一靛蓝二磺酸钠废水作用的紫外-可见吸收光谱：(a)Cd-CaMn$_2$，(b)Ag-CaMn$_2$，(c)Zn-CaMn$_2$ 和(d)Cr-CaMn$_2$(V = 50mL，pH = 6.3±0.1，[靛蓝二磺酸钠] = 10mg/L，[Cd-CaMn$_2$] = [Ag-CaMn$_2$] = [Zn-CaMn$_2$] = [Cr-CaMn$_2$] = 0.5g/L)

6.3.5 循环性能试验

非均相相催化剂的可重复性循环利用是常被研究的，通常情况下催化性表面的活性位点会被吸附的金属离子覆盖占据，使催化位点失去活性。首先对纯

Mn_2O_3进行循环实验，如图 6-21(a)所示，Mn_2O_3在第 1 次的循环中对靛蓝二磺酸钠的降解非常快，但在第 2 次循环时其降解效率大打折扣，并在接下来的循环中几乎没有起到作用。在第 4 次循环中，只有10%的靛蓝二磺酸钠被降解。与此同时，在图 6-21(d)中可以观察到，Mn_2O_3在第 1 次循环中，能提取少量的金属阳离子 Pb^{2+} 和 Cu^{2+}，接下来的三次循环基本没有吸附新的金属离子，这说明刚开始的Mn 活性位点能对有机污染物产生效果，随着物理吸附的部分离子占据孔道和活性位点，Mn_2O_3在此循环中的效果不尽如人意。

相比之下，如图 6-22(b)和图 6-22(e)所示，$CaMn_2$在无任何处理的情况下，对靛蓝二磺酸钠的降解和金属离子的提取保持了较高的活性。在四次循环内，有

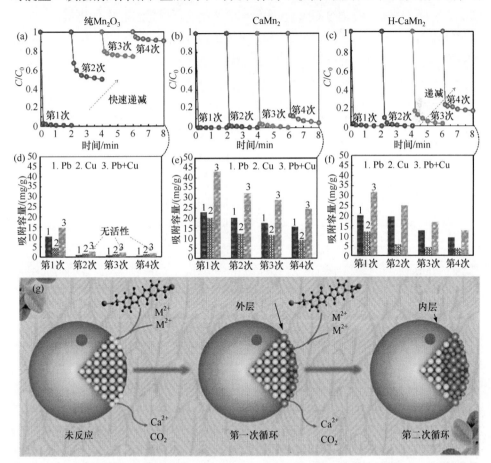

图 6-22　样品四次循环的性能表现：(a)Mn_2O_3、(b)$CaMn_2$和(c)H-$CaMn_2$对靛蓝二磺酸钠的去除率；(d)Mn_2O_3、(e)$CaMn_2$和(f)H-$CaMn_2$对 Pb^{2+} 和 Cu^{2+} 的吸附容量(在每个循环中金属离子吸附持续 30min)；(g)对没有任何处理的 $CaMn_2$ 的重复利用的机理示意图

机染料都能在 10s～2min 内被完全降解，同时绝大多数金属离子仍可被大量吸附提取上来(图 6-22(e))。如图 6-22(a)所示，对在循环反应之前和四次循环反应之后的 CaMn₂ 进行 XPS 测试，其中不对称的 Mn $2p_{3/2}$ 经过多次循环表明 Mn 的价态从 3.20 增加到 3.52(图 6-23(b))，与图 6-18(a)的结论相一致，CaMn₂ 是通过式(6-6)和式(6-7)的作用作为一种类芬顿的试剂。如图 6-22(g)所示，CaMn$_x$ 在循环过程中具有良好可重用性应该归结于介孔钙锰氧化物材料中均匀分布 Mn、Ca 元素的结构特征。那么就可以形象地猜测在这个过程中：在使用之前，CaMn$_x$ 的 Mn 活性位点被周围的 Ca 所覆盖和保护，当在溶液中的铜或其他金属离子首先与表面的部分 Ca 交换时，就暴露出内层新的 Mn 位点，使其能进一步催化产生大量的 H_2O_2，且伴随着 Cu 催化 H_2O_2 分解的反应。如此循环就像材料中的钙锰，一层一层被使用替换下来，在每个循环之后，催化剂的内部仍然有许多未反应的新鲜 Mn 活性位点，在下一个循环中发挥出高效的活化能。

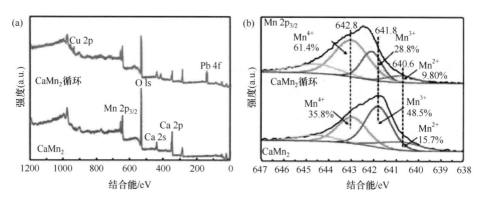

图 6-23　(a)CaMn₂ 和 CaMn₂ 循环的 XPS 光谱；(b)分别对应 CaMn₂ 和 CaMn₂ 循环的高分辨率的 Mn $2p_{3/2}$ 的 XPS 图

为了证实上述对反应过程微观示意图的猜想，进一步将 CaMn₂ 中的 Ca 用 0.01mol/L HCl 反应蚀刻掉一部分。由此产生的样品用 H-CaMn₂ 表示。如图 6-24(a)所示，当不完全燃烧 $CaCO_3$ 与 HCl 反应掉以后，剩下物质的物相经比对为 $Ca_2Mn_3O_8$，这与图 6-24(b)当中的结论相同。如图 6-24(b)、(c)所示，H-CaMn₂ 表面形成大量无规律的孔洞。如图 6-24(d)、(e)所示，Mn 和 Ca 元素仍然均匀地分布在整个样品中，同时还含有少量的 CaO(质量分数 11.8%)。将 H-CaMn₂ 进行循环反应，在靛蓝二磺酸钠降解和金属离子提取的第一次循环中其表现出很高的效率(图 6-22(c))，继续循环，在重复使用后 H-CaMn₂ 的活性会快速下降，由于样品中没有足够的 Ca 能提取 Cu，所以每次循环在短时间内降解有机染料的速率会大大降低，四次循环后对金属离子提取的吸附总量也不如 CaMn₂ 的性能。

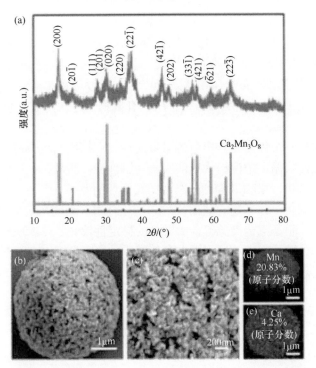

图 6-24　(a)H-CaMn₂ 的 XRD 图(将 CaMn₂ 用 0.01mol/L HCl 反应蚀刻, 用蒸馏水漂洗几次去除杂质);(b)、(c)H-CaMn₂ 的 SEM 图;(d)、(e)H-CaMn₂ 样品中 Mn 或 Ca 的对应元素分布图

6.4　本 章 小 结

　　本章针对生活生产中日益严峻的水体污染问题,特别是在处理多组分废水时多采用单一材料分步进行,或者采用功能化基底材料进行处理,存在成本高、工艺复杂、效率低的局限性,研制出两种简单的含钙化合物多级纳米结构材料,并采用 XRD、TGA、SEM、TEM、N₂ 吸附-脱附、Zeta 电位、XPS 和 FTIR 等表征方法对 Ca-Mn 氧化物、硅酸钙水合物以及羟基磷灰石的结构与组成进行分析表征。将研制样品用于处理多组分废水时,表现出高效的吸附性能,具体结论如下。

　　通过简单的共沉淀法和煅烧热解法成功制备出碱土金属钙和过渡金属锰均匀分布的介孔钙锰氧化物微球材料。

　　首先,CaMn$_x$ 中含有的 CaO 通过离子交换在单一重金属离子的溶液中,分别可以在 1min 和 5min 之内提取出重金属阳离子 Pb^{2+} 和 Cu^{2+};其次,CaMn$_x$ 中含有的 MnO$_x$ 起到类芬顿反应作用,能在弱酸性的条件下结合空气中溶解进来的氧气自发产生 H₂O₂,并能将部分 H₂O₂ 转化为 HO·,在单一有机染料的溶液中,

纯 Mn_2O_3 能在 15min 之内降解靛蓝二磺酸钠。同时，在重金属离子和有机染料共存的复杂模拟废水中，$CaMn_x$ 中的钙锰共同作用产生意想不到的协同效应：能够在 10s 内有效清除有机污染物，同时还能将共存的重金属离子提取出来。机理探究表明：当废水样品中存在微量 Cu^{2+} 时，CaO 吸附 Cu^{2+} 进行离子交换后，Cu^{2+} 进一步催化 H_2O_2 分解为 HO·，用于有机物的超快降解，使其降解速率提升 81 倍。

$CaMn_x$ 的另一个优点是它出色的可重用性，对使用过的 $CaMn_x$ 样品不需要任何处理，能在四次循环中保持优异的吸附降解性能。同时，它对处理含有更多种重金属离子和有机污染物混合的复杂水样有很好的效果。

本章成功制备了以一定方式组装的钙锰化合物多级纳米结构的材料，它的原材料便宜易得，制备工艺简单，合成样品的稳定性较好，并展现出材料的高吸附性能；同时，材料处理废水过程中自身更新、生长后暴露出来的新活性位点在下一步的废水处理中能够大放异彩，实现对多组分污染物的高效去除，为研制绿色、高效的环境修复材料提供了新思路。

参 考 文 献

[1] 职丽华. 不同维度纳米复合材料的合成、表征及其在检测和光催化中的应用[D]. 兰州: 兰州大学, 2016.

[2] 王辉, 任冶, 刘成虎. 零维纳米材料对沥青性能影响的研究综述[J]. 公路与汽运, 2016, 1: 91-94.

[3] 乜广弟. 一维复合纳米结构的可控构筑及其超级电容器电极性能研究[D]. 长春: 吉林大学, 2017.

[4] 李帮林. 二维与零维二硫化钼纳米材料的制备及生物传感应用研究[D]. 重庆: 西南大学, 2015.

[5] 李凯. 新型三维纳米孔纤维素凝胶/聚合物纳米复合材料的构建及其结构与性能[D]. 武汉: 武汉大学, 2014.

[6] 罗宇婷. 三维纳米复合材料的合成、表征及其在光催化反应和光催化杀菌中的应用[D]. 兰州: 兰州大学, 2017.

[7] Burda C, Chen X, Narayanan R, et al. Chemistry and properties of nanocrystals of different shapes[J]. Chemical Reviews, 2005, 36(27): 1025-1102.

[8] Hu J S, Zhong L S, Song W G, et al. ChemInform abstract: Synthesis of hierarchically structured metal oxides and their application in heavy metal ion removal[J]. Advanced Materials, 2008, 39(41): 2977-2982.

[9] Ko I, Davis A P, Kim J Y, et al. Arsenic removal by a colloidal iron oxide coated sand[J]. Journal of Environmental Engineering, 2007, 133(9): 891-898.

[10] Yu X Y, Luo T, Jia Y, et al. Porous hierarchically micro-nanostructured MgO: Morphology control and their excellent performance in As(III) and As(V) removal[J]. Journal of Physical Chemistry C, 2011, 115(45): 22242-22250.

[11] Yu X Y, Xu R X, Gao C, et al. Novel 3D hierarchical cotton-candy-like CuO: Surfactant-free solvothermal synthesis and application in As(Ⅲ) removal[J]. ACS Applied Materials & Interfaces, 2012, 4(4): 1954.

[12] Su Q, Pan B C, Wan S L, et al. Use of hydrous manganese dioxide as a potential sorbent for selective removal of lead, cadmium, and zinc ions from water[J]. Journal of Colloid & Interface Science, 2010, 349(2): 607-612.

[13] 汪快兵, 方迪, 徐峙晖, 等. 生物合成施氏矿物作为类芬顿反应催化剂降解甲基橙的研究[J]. 环境科学, 2015, (3): 995-999.

[14] 马莹莹. 铜类芬顿反应对电镀废水中有机物降解的研究[D]. 南昌: 南昌航空大学, 2016.

[15] 钟超, 孙杰. 碳包覆四氧化三铁类芬顿降解酸性橙的研究[J]. 广州化工, 2015, (8): 1-3.

[16] 王永川. 硫酸化 CeO_2 类芬顿反应及铜配体络合物处理水体环境污染物[D]. 上海: 华东理工大学, 2013.

[17] 石磊. 水化硅酸钙的除磷及磷回收特性研究[D]. 重庆: 重庆大学, 2012.

[18] 勾密峰, 管学茂, 孙倩. 水化硅酸钙对氯离子的吸附[J]. 建筑材料学报, 2015, 18(3): 363-368.

[19] You W, Hong M, Zhang H, et al. Functionalized calcium silicate nanofibers with hierarchical structure derived from oyster shells and their application in heavy metal ions removal[J]. Physical Chemistry Chemical Physics, 2016, 18(23): 15564-15573.

[20] Niu Z, Liu L, Zhang L, et al. Porous graphene materials for water remediation[J]. Small, 2015, 10(17): 3434-3441.

[21] Soler L, Sánchez S. Catalytic nanomotors for environmental monitoring and water remediation[J]. Nanoscale, 2014, 6(13): 7175-7182.

[22] Chen Z, Liang Y, Hao J, et al. Noncontact synergistic effect between Au nanoparticles and the Fe_2O_3 spindle inside a mesoporous silica shell as studied by the Fenton-like reaction[J]. Langmuir, 2016, 32(48): 12774-12780.

[23] Xu D, Fei C, Lu Q, et al. Microwave enhanced catalytic degradation of methyl orange in aqueous solution over CuO/CeO_2 catalyst in the absence and presence of H_2O_2[J]. Industrial & Engineering Chemistry Research, 2014, 53(7): 2625-2632.

[24] Garza-Galindo R, Castro M, Duncan M A. Theoretical study of nascent hydration in the $Fe^+(H_2O)_n$, system[J]. Journal of Physical Chemistry A, 2012, 116(8): 1906-1913.

[25] Yao Y, Hao C, Chao L, et al. Fe, Co, Ni nanocrystals encapsulated in nitrogen-doped carbon nanotubes as Fenton-like catalysts for organic pollutant removal[J]. Journal of Hazardous Materials, 2016, 314: 129.

[26] Wei K, Li K, Yan L, et al. One-step fabrication of $g-C_3N_4$ nanosheets/TiO_2 hollow microspheres heterojunctions with atomic level hybridization and their application in the multi-component synergistic photocatalytic systems[J]. Applied Catalysis B: Environmental, 2018, 222: 88-98.

[27] Danish M, Gu X, Lu S, et al. Efficient transformation of trichloroethylene activated through sodium percarbonate using heterogeneous zeolite supported nano zero valent iron-copper bimetallic composite[J]. Chemical Engineering Journal, 2016, 308: 396-407.

[28] Zhao W, Liang C, Wang B, et al. Enhanced photocatalytic and Fenton-like performance of CuO_x

decorated $ZnFe_2O_4$[J]. ACS Applied Materials & Interfaces, 2017.

[29] Xu L, Wang J. Magnetic nano-scaled Fe_3O_4/CeO_2 composite as an efficient Fenton-like heterogeneous catalyst for degradation of 4-chlorophenol[J]. Environmental Science & Technology, 2012, 46(18): 10145-10153.

[30] Zhang T, Zhu H, Croue J P. Production of sulfate radical from peroxymonosulfate induced by a magnetically separable $CuFe_2O_4$ spinel in water: Efficiency, stability, and mechanism[J]. Environmental Science & Technology, 2013, 47(6): 2784.

[31] Yao Y, Lu F, Zhu Y, et al. Magnetic core-shell $CuFe_2O_4@C_3N_4$ hybrids for visible light photocatalysis of Orange Ⅱ [J]. Journal of Hazardous Materials, 2015, 297: 224.

[32] Feng Y, Wu D, Deng Y, et al. Sulfate radical-mediated degradation of sulfadiazine by $CuFeO_2$ rhombohedral crystal-catalyzed peroxymonosulfate: Synergistic effects and mechanisms[J]. Environmental Science & Technology, 2016, 50(6): 3119-3127.

[33] Mullick K, Biswas S, Kim C, et al. Ullmann reaction catalyzed by heterogeneous mesoporous copper/manganese oxide: A kinetic and mechanistic analysis.[J]. Inorganic Chemistry, 2017, 56(17): 10290-10297.

[34] Brissos V, Ferreira M, Grass G, et al. Turning a hyperthermostable metallo-oxidase into a laccase by directed evolution[J]. ACS Catalysis, 2015, 5(8): 4932-4941.

[35] Tusar N N, Maucec D, Rangus M, et al. Manganese functionalized silicate nanoparticles as a Fenton-type catalyst for water purification by advanced oxidation processes(AOP)[J]. Advanced Functional Materials, 2012, 22(4): 820-826.

[36] Xu H, Qu Z, Zong C, et al. MnO_x/Graphene for the catalytic oxidation and adsorption of elemental mercury[J]. Environmental Science & Technology, 2015, 49(11): 6823-6830.

[37] Lei Y, Chen C S, Tu Y J, et al. Heterogeneous degradation of organic pollutants by persulfate activated by CuO-Fe_3O_4: Mechanism, stability, and effects of pH and bicarbonate ions[J]. Environmental Science & Technology, 2015, 49(11): 6838-6845.

[38] Li G, Xu L, Zhai Y, et al. Fabrication of hierarchical porous $MnCo_2O_4$ and $CoMn_2O_4$ microspheres composed of polyhedral nanoparticles as promising anodes for long-life LIBs[J]. Journal of Materials Chemistry A, 2015, 3(27): 14298-14306.

[39] Liu Y, Fan Q, Wang J. Zn-Fe-CNTs catalytic in situ generation of H_2O_2 for Fenton-like degradation of sulfamethoxazole[J]. Journal of Hazardous Materials, 2017, 342: 166.

[40] Wang Y, Sun H, Ang H M, et al. Facile synthesis of hierarchically structured magnetic $MnO_2/ZnFe_2O_4$ hybrid materials and their performance in heterogeneous activation of peroxymonosulfate[J]. ACS Applied Materials & Interfaces, 2014, 6(22): 19914-19923.

[41] Ren Y, Li N, Feng J, et al. Adsorption of Pb(Ⅱ) and Cu(Ⅱ) from aqueous solution on magnetic porous ferrospinel $MnFe_2O_4$[J]. Journal of Colloid and Interface Science, 2012, 367(1): 415-421.

[42] Auxilio A R, Andrews P C, Junk P C, et al. Functionalised pseudo-boehmite nanoparticles as an excellent adsorbent material for anionic dyes[J]. Journal of Materials Chemistry, 2008, 18(21): 2466-2474.

[43] Ping T, Shao M, Song C, et al. Preparation of porous and hollow Mn_2O_3, microspheres and their

adsorption studies on heavy metal ions from aqueous solutions[J]. Journal of Industrial & Engineering Chemistry, 2014, 20(5): 3128-3133.

[44] Wang Y, Zhao H, Zhao G. Iron-copper bimetallic nanoparticles embedded within ordered mesoporous carbon as effective and stable heterogeneous Fenton catalyst for the degradation of organic conta minants[J]. Applied Catalysis B: Environmental, 2015, 164: 396-406.

[45] Zhu C, Saito G, Akiyama T. A new $CaCO_3$-template method to synthesize nanoporous manganese oxide hollow structures and their transformation to high-performance $LiMn_2O_4$ cathodes for lithium-ion batteries[J]. Journal of Materials Chemistry A, 2013, 1(24): 7077-7082.

[46] Shen Y, Chen B. Sulfonated graphene nanosheets as a superb adsorbent for various environmental pollutants in water[J]. Environmental Science & Technology, 2015, 49(12): 7364-7372.

[47] Chandra S, Das P, Bag S, et al. Mn_2O_3 decorated graphene nanosheet: An advanced material for the photocatalytic degradation of organic dyes[J]. Materials Science & Engineering B, 2012, 177(11): 855-861.

[48] Esquivel K, Arriaga L G, Rodriguez F J, et al. Development of a TiO modified optical fiber electrode and its incorporation into a photoelectrochemical reactor for wastewater treatment[J]. Water Research, 2009, 43(14): 3593-3603.

[49] Khataee A R, Zarei M, Ordikhaniseyedlar R. Heterogeneous photocatalysis of a dye solution using supported TiO_2 nanoparticles combined with homogeneous photoelectrochemical process: Molecular degradation products[J]. Journal of Molecular Catalysis A: Chemical, 2011, 338(1-2): 84-91.

[50] Shi H T, Tan L F, Du Q J, et al. Green synthesis of Fe_3O_4 nanoparticles with controlled morphologies using urease and their application in dye adsorption[J]. Dalton Transactions, 2014, 43(33): 12474-12479.

[51] Brito S M D, Andrade H M, Soares L F, et al. Brazil nut shells as a new biosorbent to remove methylene blue and indigo car mine from aqueous solutions[J]. Journal of Hazardous Materials, 2010, 174(1): 84-92.

[52] Lakshmi U R, Srivastava V C, Mall I D, et al. Rice husk ash as an effective adsorbent: evaluation of adsorptive characteristics for Indigo Carmine dye[J]. Journal of Environmental Management, 2009, 90(2): 710-720.

[53] Wang Y, Sun H, Ang H M, et al. 3D-hierarchically structured MnO_2, for catalytic oxidation of phenol solutions by activation of peroxymonosulfate: Structure dependence and mechanism[J]. Applied Catalysis B: Environmental, 2015, 164: 159-167.

[54] Weng Z, Li J, Weng Y, et al. Surfactant-free porous nano-Mn_3O_4 as a recyclable Fenton-like reagent that can rapidly scavenge phenolics without H_2O_2[J]. Journal of Materials Chemistry A, 2017, 5(30): 15650-15660.

[55] Miao R, He J, Sahoo S, et al. Reduced graphene oxide supported nickel-manganese-cobalt spinel ternary oxide nanocomposites and their chemically converted sulfide nanocomposites as efficient electrocatalysts for alkaline water splitting[J]. ACS Catalysis,2016,7(1):819-832.

[56] Nidheesh P V. ChemInform abstract: Heterogeneous Fenton catalysts for the abatement of

organic pollutants from aqueous solution: A review[J]. RSC Advances, 2015, 5(51): 40552-40577.

[57] Bokare A D, Choi W. Review of iron-free Fenton-like systems for activating H_2O_2 in advanced oxidation processes[J]. Journal of Hazardous Materials, 2014, 275(2): 121.

[58] Du G H, Tendeloo G V. $Cu(OH)_2$ nanowires, CuO nanowires and CuO nanobelts[J]. Chemical Physics Letters, 2004, 393(1-3): 64-69.

[59] Sun B, Guan X, Fang J, et al. Activation of manganese oxidants with bisulfite for enhanced oxidation of organic contaminants: The involvement of Mn(Ⅲ)[J]. Environmental Science & Technology, 2015, 49(20): 12414-12421.

[60] Liang Z Y, Wei J X, Wang X, et al. Elegant Z-scheme-dictated g-C_3N_4 enwrapped WO_3 superstructures: a multifarious platform for versatile photoredox catalysis[J]. Journal of Materials Chemistry A, 2017, 5(30): 15601-15612.

[61] Flox C, Ammar S, Arias C, et al. Electro-Fenton and photoelectro-Fenton degradation of indigo carmine in acidic aqueous medium[J]. Applied Catalysis B: Environmental, 2006, 67(1): 93-104.

[62] Parvulescu V, Niculescu V, Ene R, et al. Supported monocationic copper(Ⅱ) complexes obtained by coordination with dialkylphosphonate groups on styrene-divinylbenzene copolymer as catalysts for oxidation of organic compounds[J]. Journal of Molecular Catalysis A: Chemical, 2013, 366(1): 275-281.

[63] Bjorkbacka A, Yang M, Gasparrini C, et al. Kinetics and mechanisms of reactions between H_2O_2 and copper and copper oxides[J]. Dalton Transactions, 2015, 44(36): 16045.

第 7 章　生物质锰钙复合纳米净化材料

从第 6 章了解到，Ca-Mn 氧化物吸附性能的提高的原因除 Ca-Mn 氧化物具有较大的比表面积外，通过 ICP 探测还发现吸附平衡后的上清液中含有从样品中释放的大量 Ca，这说明大量的 Ca 可以与金属阳离子进行离子交换，具有很好的吸附性能。那么在含重金属离子的废水中，钙锰复合纳米材料或许可发挥巨大的协同效应。

本章将选用废弃生物壳(鸡蛋壳、牡蛎壳和花蛤)为原料制备出一种将 Mn_3O_4 量子点(QDs)负载在 $Ca(OH)_2$ 纳米薄片上的 0D/2D 生物质锰钙复合纳米净化材料，实现对废水中重金属的高效去除，解决了废水净化的问题，为固态 CaO 水相中制备低维纳米材料提供了一个新的策略。以鸡蛋壳为原料，通过简单的高温焙烧、搅拌等处理方法得到具有 0D/2D 结构的 Mn_3O_4 $QDs/Ca(OH)_2$ 复合纳米材料，即所要研究的生物质锰钙复合纳米净化材料，并采用 XRD、SEM、XPS、AFM 和 TEM 等手段对其物相组成、形貌结构进行了表征，并详细阐述 Mn-Ca 复合纳米材料合成的潜在机制。同时研究 Mn-Ca 复合纳米材料对废水中的痕量重金属离子的处理效果，溶液的 pH、吸附剂用量和 Pb^{2+} 的初始浓度对吸附容量的影响，以及尺度结构的 Mn-Ca 复合纳米材料处理 Pb^{2+} 的动力学与热力学机理，如应用 Langmuir、Freudlich 等模型进行拟合分析，并详细分析 Mn-Ca 复合纳米材料能高效处理重金属离子的内在机理。将这种以生物质碳酸钙为模板合成 0D/2D 复合纳米材料的策略运用到不同种类的贝壳(牡蛎壳和花蛤壳)中，并探讨前驱体 $KMnO_4$ 和 CaO 的比例对吸附容量的影响。

另外，基于 Mn_3O_4 $QDs/Ca(OH)_2$ 复合纳米材料的研究基础，进一步开发具有自支撑结构的低维纳米材料。当 $MnCl_2$ 代替 $KMnO_4$ 后，会形成形状均匀、厚度为 3~5nm 纳米片组装成的花状结构的低维纳米材料。这种结构使其在处理废水中的有机污染物方面有广阔的应用前景。

7.1　生物废弃物转化为功能纳米材料的研究

7.1.1　生物废弃物

1. 鸡蛋壳

鸡蛋含有丰富的胆固醇，营养价值高，鸡蛋中蛋白质的氨基酸比例适合人体生理需要、易被人体吸收，利用率高达 98%以上，是人类最常食用的食物之一。

鸡蛋壳约占鸡蛋总重量的 11%，在食品加工和生产制造工业中鸡蛋壳都被认为是废弃物，可以直接丢弃[1]。在美国，每年有超过 4500 万 kg 的鸡蛋壳废弃物被直接处理，没有做进一步的加工[2]。我国是世界上最大的蛋品生产国和消费国，每年鸡蛋的产量高达 3000 多万吨，占世界总产量的 40%以上。我国鸡蛋的使用方法多为传统的直接食用，每年约有 400 万 t 废弃鸡蛋壳作为垃圾直接被丢弃，造成严重的资源浪费和生态环境污染[3]。

鸡蛋壳的主要成分是无机矿物(94%～97%)和有机物(3%～6%)。其中，无机矿物主要包括碳酸钙(94%)、磷酸钙(1%)、碳酸镁(1%)等；有机物主要包括含有胶原、多糖的有机基质(4%)和其他多肽[4]。最重要的是，鸡蛋壳含有丰富的碳酸钙($CaCO_3$)，具有丰富的天然多孔结构，并具有一定的生物活性和物理特性，具有一定的应用前景。近年来，废弃鸡蛋壳的再开发及应用研究逐渐受到国内外学者的重视，鸡蛋壳广泛应用于动物饲料添加剂[5]、人体营养[6]、喷墨打印纸的涂层颜料[2]、重金属天然吸收剂[7]、染料废水去除剂[8]、骨替代物[9]等方面。

2. 牡蛎壳

我国牡蛎养殖业已位居世界第一，地处东南沿海的福建省水产品养殖业发达。然而，快速发展的水产品养殖业产生了一个严重的问题：大量的贝壳成为废弃或低价值的资源。例如，据初步统计，我国沿海地区每年丢弃的牡蛎壳约为 100 万 t，仅福建省惠安县每年就会产生高达 4.7 万 t 牡蛎壳。除少量牡蛎壳作为白灰的生产原料外，大部分牡蛎壳仍作为废弃物直接丢弃，每年我国随意堆积的废弃牡蛎壳将近百万吨，而且呈现增加的趋势，造成严重的环境污染和资源浪费[10]。究其化学成分，牡蛎壳中除了少数的蛋白质、多糖等有机物成分，其 $CaCO_3$含量在 90%以上[10,11]。

角质层、棱柱层和珍珠层构成了牡蛎壳的基本结构。最外层为角质层，主要成分是极薄的硬化蛋白；中间为棱柱层，该层中钙质方解石纤维交织成叶片状，并存有 2～10μm 的天然气孔；最里层为珍珠层，主要由方解石等碳酸钙矿物和少量有机质组成。

7.1.2 生物废弃物的应用

碳酸钙是重要的工业原料，广泛应用于橡胶、塑料和造纸等领域，目前碳酸钙的主要来源为大理石和石灰石等地质矿物。虽然这些地质矿物来源极其丰富，但矿物中时常夹杂许多其他无机矿物和难以去除的重金属，在很大程度上限制了碳酸钙的开发和利用。相比大理石等钙源，生物矿化所形成的碳酸钙矿物材料具有重金属含量低、成本低廉、易获取且不容易产生二次污染等优点，是一种潜在的环境友好矿物材料[10]。

与大理石中块状碳酸钙明显不同的是：生物矿化的碳酸钙结构上具有高度有序的三维组装结构[10,12]。近些年来，部分研究表明：牡蛎壳结构上具有三维网状结构，其内部具有相互沟通的孔洞，经过焙烧后会形成不同功能的孔道结构，是一种潜在的环境水处理剂，有望应用于处理废水中 P、Pb^{2+}、Cu^{2+}、Ni^{2+} 和有机污染物等。但是工业废水/污水的成分往往较为复杂，尤其是废水时常呈酸性。碳酸钙溶于酸，很难适用于普遍为酸性的工业废水的处理，加之未经处理的生物质鸡蛋壳比表面积较小，吸附效率相对较低，这极大程度地限制了其在水处理中的应用和开发。

未经处理的鸡蛋壳吸附效果并不理想，为了进一步解决这个问题，研究人员以废制废，充分利用生物 $CaCO_3$ 的分级结构和纳米单元的组装思路，将生物废弃壳作为一种无成本和生物相容的原料来制备低维度的功能纳米材料。研究者认为这样的低维功能纳米材料在能源转化、催化和环境水处理等方面具有非常广阔的应用前景[10,13]。

朱霖霖等[14]以废弃的鸡蛋壳为原料，利用活化法制备得到生物质活性炭用来处理废水中的亚甲基蓝，重点考察不同实验条件以及改变吸附条件对样品处理废水中的亚甲基蓝的影响。研究结果表明，生物质活性炭能高效处理废水中的亚甲基蓝。

Shi 等[15]利用生物废弃物海贝壳进行高温焙烧得到多孔的 CaO 作为硬模板，通过化学气相沉积法(chemical vapour deposition，CVD)设计制备出一种海贝状三维多孔石墨烯泡沫材料(图 7-1)，并测试其油/水分离性能。这种方法得到的三维石墨烯泡沫材料表现出对油及其他有机溶剂高效的吸附性能，吸附容量可达自身质量的 250 倍。该制备方法为三维石墨烯进一步应用于能量存储和水质恢复提供了一种可行途径。

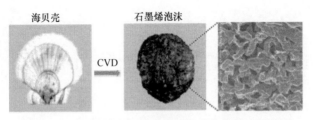

图 7-1　3D 石墨烯泡沫形成过程的形成过程示意图[15]

Gredda 等[16]利用虾壳作为一种新型且绿色的前驱体材料来制备 CaO 纳米片，制备得到的 CaO 纳米片长度为 40~130nm，宽度为 30~100nm，其对革兰氏阳性和革兰氏阴性细菌具有有效的抑制作用。

　　Li 等[17]采用原位生长法在磁性 Ca-Al 水滑石(hydrotalcite, HT)模板表面生长羟基磷灰石(hydroxyapatite, HAP)制备出磁性 HT/HAP 纳米材料,通过高温焙烧进行再处理得到磁性 HT/HAP 复合材料。XRD 和 TEM 表征表明磷钙比为 0.3(物质的量之比)时生长的 HAP 从 HT 层板脱落现象较少，HAP 在磁性 HT 表面生长效果最佳。材料对铀离子的吸附行为符合 Langmuir 方程，吸附是一个自发、吸热的过程，吸附动力学与准二级反应模型相匹配，平衡时最大吸附容量为 261mg/g。

　　You 等[18]利用废弃物牡蛎壳为原材料,通过焙烧、水热、嫁接功能基团等方法成功制备一种新型含硅酸钙的吸附剂(PCSH)。他们发现所获得的硅酸钙大多数能保持牡蛎壳原有的多级结构特征，形成具有多级孔道结构的硅酸钙功能材料(图 7-2)。利用这些孔道结构可以实现有机功能基团的嫁接,拓展材料的应用范围。嫁接后的 PCSH 对 Cu^{2+} 和 $Cr_2O_7^{2-}$ 的吸附的行为符合 Langmuir 吸附模型，最大吸附容量分别为 203mg/g(Cu^{2+})和 256mg/g($Cr_2O_7^{2-}$)。PCSH 还具有较好的重复利用率，经过 5 次再生-循环实验后 PCSH 的对 Cu^{2+} 和 $Cr_2O_7^{2-}$ 的去除率仍高达 85%。

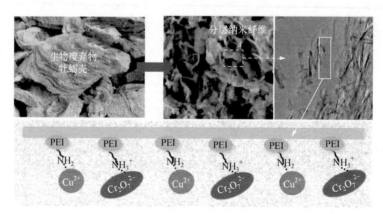

图 7-2　PCSH 形成过程的形成过程示意图[18]

7.2　生物质锰钙复合纳米净化材料的合成及其表征

7.2.1　实验原料与仪器

　　本实验所用的原料鸡蛋壳为学校食堂所丢弃的废弃物。制备过程中所用化学试剂有无水乙醇(C_2H_5OH)和高锰酸钾($KMnO_4$)，规格均为分析纯，没有经过二次处理。实验过程中使用的主要仪器如表 7-1 所示。

表 7-1　实验主要仪器

仪器	规格或型号	仪器	规格或型号
高速离心机	TDL-5-A	真空干燥箱	101A-1
磁力搅拌器	HS-7	马弗炉	KSL-1700X
电子分析天平	BS124S		

7.2.2　样品制备

1. CaO 模板制备

将收集到的鸡蛋壳先用清水洗涤多次后除去鸡蛋壳表面上的污垢并剥离蛋壳内膜，然后用去离子水将鸡蛋壳冲洗干净放置于 80℃的烘箱内干燥 24h，以备待用。随后，将鸡蛋壳放置在高温炉中 1050℃焙烧 1h，收集得到 CaO 模板。鸡蛋壳分解发生的相关反应成为[19]

$$CaCO_3 \longrightarrow CaO + CO_2 \tag{7-1}$$

以鸡蛋壳为原料制备 CaO 模板的具体流程如下：

鸡蛋壳清洗 $\longrightarrow$ 剥离蛋壳内膜 $\longrightarrow$ 干燥 $\longrightarrow$ 焙烧 $\longrightarrow$ 收集 $\longrightarrow$ CaO 模板

2. CaO 模板的表征

XRD 用于检测判断待测样品中的元素组成和化合物的晶相种类，从而确定其具体物相。样品的晶体结构与 X 射线衍射图或散射图存在一定的内在联系，根据 XRD 图谱上衍射峰的峰位及强度，就可以判断试样中某元素或某化合物的存在，就能准确确定其物相及空间结构。采用 MiniFlex600 型台式衍射仪来表征待测样品的物相组成。具体测定条件为：Cu Kα：λ=0.15418nm，测试管电压 30 kV，测试管电流 40mA，扫描速度 5°/ min，2θ 角扫描范围 10°～70°。

图 7-3(a)所示鸡蛋壳的 XRD 图谱在 2θ 为 23.1°、29.4°、36.1°、39.5°、43.5°、47.4°和 48.5°处出现了 7 个强衍射峰，与(102)、(104)、(110)、(113)、(202)、(108)和(116)晶面相对应。通过与文献进行对比，表明鸡蛋壳的主要成分为方解石相的 $CaCO_3$，结构稳定，纯度较高[20]。1050℃下焙烧 1h 后(图 7-3(c))，$CaCO_3$ 的特征峰完全消失，出现了新的 CaO 衍射峰(JCPDS card No. 01-082-1690)[21]，证明鸡蛋壳已经完全分解成立方相的 CaO。

SEM 是通过向待测样品表面发射电子束获得二次电子等信号用来成像。SEM 能准确清晰地检测待测样品的表面形貌特征，如待测样品的晶体形貌、大小、纯度及均一程度等。通过 SUPRA 55 型扫描电镜测定样品外观形貌，取适量干燥后的样品，粘贴在装有导电胶的样品台上，并喷金 1min，仪器操作电压 200kV。

如图 7-3(c)～(e)所示，鸡蛋壳高温焙烧分解成 CaO 并释放大量 CO_2，其由致密的 $CaCO_3$ 大块晶体转变成松散的具有微米尺寸的 CaO 晶体结构。同时证明简单的高温焙烧能够很好地保持住鸡蛋壳的多级结构。

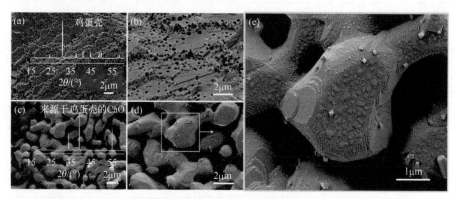

图 7-3　(a)、(b)鸡蛋壳的 SEM 和 XRD 图谱；(c)～(e)鸡蛋壳焙烧得到的 CaO 的 SEM 和 XRD 图谱

3. 生物质锰钙复合纳米净化材料的制备

$Mn_3O_4/Ca(OH)_2$ 复合纳米材料，即所要研究的生物质锰钙复合纳米净化材料通过简单的过程制备：首先将焙烧得到的 1.4g CaO 溶于 250mL 的无水 C_2H_5OH 溶液中混合在 250mL 的三口烧瓶，并置于磁力搅拌器上室温搅拌 30min 使其完全分散，随后加入 3.95g $KMnO_4$ 并持续搅拌 24h，搅拌速度为 550r/min，整个实验过程处于 N_2 保护的状态下。最后分别用酒精和蒸馏水洗涤数次去除还未反应的残余 $KMnO_4$，并放在 60℃的真空干燥箱中干燥 24h，收集样品备用。制备成的 $Mn_3O_4/Ca(OH)_2$ 复合材料命名为 Mn-Ca。$Mn_3O_4/Ca(OH)_2$ 复合纳米材料的合成过程如图 7-4 所示。

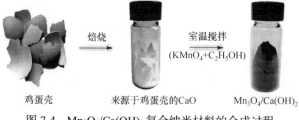

图 7-4　$Mn_3O_4/Ca(OH)_2$ 复合纳米材料的合成过程

7.2.3　生物质锰钙复合纳米净化材料的表征与结果

1. XRD

观察图 7-5Mn-Ca 复合纳米材料的 XRD 图谱可以看出，前驱体 CaO 的衍射峰已经完全消失并被六方相的 $Ca(OH)_2$(JCPDS card No.00-044-1481)[22]所取代，也就是说 CaO 已经完成水化形成 $Ca(OH)_2$，同时样品的颜色由 CaO 的白色变成了棕色。这种颜色的变化可以解释为在新形成的 $Ca(OH)_2$ 中加入了大量的 Mn，这意味着 Mn-Ca 复合纳米材料的形成。为了确定 Mn 的具体物相，用稀盐酸腐蚀掉产物中新形成的 $Ca(OH)_2$，鉴别剩余固体的物相组成，如图 7-5(a)中 Ⅱ 所示，酸洗后的 Mn-Ca 样品在 $2\theta = 36°$ 和 68°处出现了两个宽的衍射峰，同时，EDS 结果表明样品主要由 Mn 和 O 元素组成，没有其他元素被检出，更重要的是，EDS 定量分析结构表明 Mn 和 O 元的原子比为 43.6%∶56.4%(图 7-5(b))，这个数据接近 Mn_3O_4 中 Mn 和 O 的原子数之比。进一步证明，Mn-Ca 复合纳米材料中有几个纳米尺寸的 Mn_3O_4 生成。

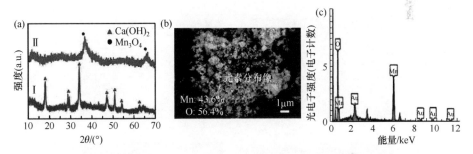

图 7-5　(a) XRD 图谱；(b)、(c) Mn-Ca 复合材料酸洗后的元素分布图和能谱图

2. XPS

XPS 是采用 X 射线照射样品表面使原子或分子的内层电子或价电子受刺激后形成光电子，同时测量发射出的光电子动能而得到 XPS 图。通过检测分析得到以光电子的动能或者束缚能为横坐标，以相对强度为纵坐标的能谱图，能得出样品表面元素组成、能态分布和结合键等信息。

如图 7-6(a)所示，Mn-Ca 复合纳米材料的 XPS 全谱图中存在 O 1s、Ca 2s、Ca 2p 和 Mn 2p 四个明显的主要特征峰。此结果证明，合成的复合材料中存在 O、Ca 和 Mn 这三种主要元素。图 7-6(b)所示为 Mn 2p XPS 图，可知 Mn $2p_{3/2}$ 处存在 640.6eV 和 641.6eV 两个位置的 Mn 元素特征峰，分别代表 Mn_3O_4 中的 Mn^{2+} 和 Mn^{4+}[23]。

综合 XRD 和 XPS 分析结果可知，Mn-Ca 复合材料样品的物相组成主要为

Ca(OH)$_2$ 和 Mn$_3$O$_4$。

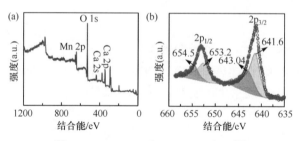

图 7-6　(a) Mn-Ca 和(b) Mn 2p XPS 图

3. SEM

图 7-7 所示为 Mn-Ca 复合纳米材料的 SEM 图及其对应 EDS 图。EDS 图清晰地显示 Ca、Mn 和 O 三种元素均匀地分散在 Mn-Ca 复合纳米材料上，其中 Ca 元素来自 Ca(OH)$_2$，而 Mn 元素来自 Mn$_3$O$_4$，对应原子分数分别为 Ca 12.57%、Mn 7.17% 和 O 80.26%。

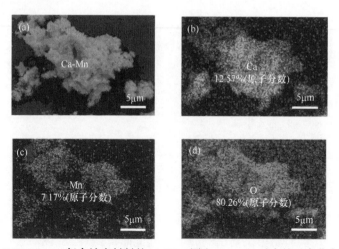

图 7-7　Mn-Ca 复合纳米材料的(a) SEM 图和(b)～(d) 对应的元素分布图

4. TEM

TEM 是用电子束替代光束来观察微观结构的形貌特征。与其他分析方法相比，在观察样品材料晶体结构和结构特征时，TEM 具有举足轻重的地位。采用 Tecnai G2 F30 型透射电子显微镜观察分析所合成材料的微观结构特征。

图 7-8 为 Mn-Ca 复合纳米材料的 TEM 图。从图 7-8(a)～(d)可知，Mn-Ca 复合材料由大量的超薄纳米片构成，每个单独的纳米片的直径大约为 10nm，结合 XRD 分析可知，超薄的纳米片的化学组成为 Ca(OH)$_2$。由图 7-8(e)、(f)可知，微

小的 Mn_3O_4 量子点(QDs)均匀的分散在 $Ca(OH)_2$ 纳米片表面,同时高分辨 TEM 可以清晰地观察到这些量子点的晶格条纹,晶格间距大约为 0.25nm,与之对应的是 (211)晶面的尖晶石型 Mn_3O_4[24]。另外,选区电子衍射(selected area electron diffraction,SAED)(图 7-8(a))同时显示这些微小的量子点为 Mn_3O_4。从能谱图和元素分布图(图 7-8(g)~(n))可以看出,Ca、Mn 和 O 这三个元素均匀分布在 Mn-Ca 复合纳米材料上,意味着 Mn_3O_4 QDs 均匀的分散在 $Ca(OH)_2$ 纳米片表面上。

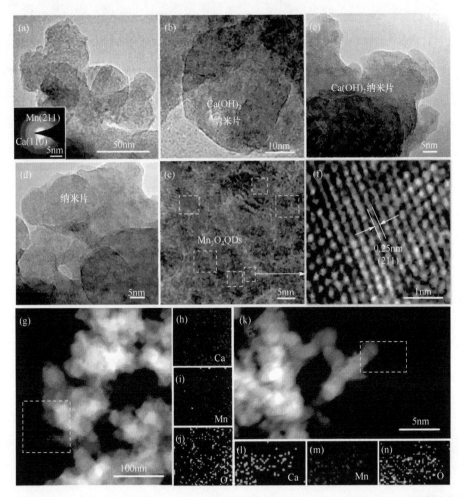

图 7-8　(a)~(d) 不同放大倍数的 Mn-Ca 复合纳米材料的 TEM 图;(e)、(f)Mn-Ca 复合纳米材料高分辨 TEM 图;电子衍射图谱显示在图(a);(g)、(k) EDS 图谱和(h)~(j)、(l)~(n) 对应的元素能谱图

5. AFM

AFM 是一种新型的显微形貌分析技术，其横向分辨率可达 0.1nm，纵向分辨率可达 0.01nm，是现代微观方面研究的一种重要工具。AFM 主要功能有：①根据样品表面的粗糙程度进行三维原子力成像；②室温下磁性样品表面磁畴及电场分布成像；③对材料的形貌及结构进行相应表征。

采用 Multimode V system 型原子力显微镜来测定样品厚度。测试前，将样品研磨成细小粉末后，充分超声分散在无水 C_2H_5OH 溶液中，随后将约 2μL 的上清液均匀地滴加在云母片上，室温自然干燥，然后进行 AFM 测试。

图 7-9(a)为 Mn-Ca 复合纳米材料的 AFM 图。AFM 分析显示，Mn-Ca 复合材料是由大量的 $Ca(OH)_2$ 超薄纳米片组成的，其中每个纳米片的厚度都小于几纳米。

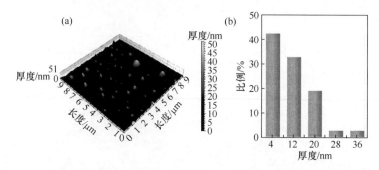

图 7-9　(a) Mn-Ca 复合纳米材料的 AFM 图；(b) $Ca(OH)_2$ 纳米片的厚度的统计结果

7.2.4　生物质锰钙复合纳米净化材料的生长机理

通过对照实验等手段合理地解释了 $Mn_3O_4/Ca(OH)_2$ 复合纳米材料特殊结构的生长机理。式(7-2)表明，$KMnO_4$ 可以与无水 C_2H_5OH 反应得到 Mn_3O_4。

$$KMnO_4 + C_2H_5OH \longrightarrow Mn_3O_4 + H_2O \tag{7-2}$$

对照实验证明，在没有 CaO 模板的条件下，$KMnO_4$ 可以与无水 C_2H_5OH 直接发生氧化还原反应生成纯 Mn_3O_4 QDs(图 7-10(a)～(c))。对照实验中获得的纯 Mn_3O_4 和 $Mn_3O_4/Ca(OH)_2$ 复合纳米材料中的 Mn_3O_4 QDs 直径尺寸相近。

理论上，$Mn_3O_4/Ca(OH)_2$ 与无水 C_2H_5OH 可以发生氧化还原反应生成 Mn_3O_4 QDs 和痕量 H_2O，其中 H_2O 可以用来水化 CaO 生成 $Ca(OH)_2$，如式(7-3)所示：

$$CaO + H_2O \longrightarrow Ca(OH)_2 \tag{7-3}$$

因此，在阐明潜在的相关的化学反应方程之后，由超薄 $Ca(OH)_2$ 纳米片和 Mn_3O_4 QDs 构成 0D/2D 的 Mn-Ca 复合纳米材料的形成过程通过图 7-11 说明。

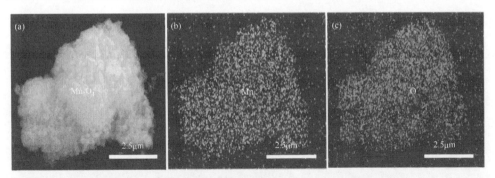

图 7-10　KMnO$_4$ 与无水 C$_2$H$_5$OH 直接反应生成的纯 Mn$_3$O$_4$ QDs 的(a) SEM 图和(b)、(c)对应的元素分布图

图 7-11　Mn$_3$O$_4$/Ca(OH)$_2$ 复合纳米材料形成的示意图

简单来说，Mn$_3$O$_4$/Ca(OH)$_2$ 复合纳米材料的形成包括以下两个步骤。

步骤 1：在痕量 H$_2$O 的作用下，Ca(OH)$_2$ 纳米薄片生成。

CaO 在 H$_2$O 中会直接发生水解(图 7-11 中的路径 II)生成微米级别且形状不规则的大尺寸 Ca(OH)$_2$ 粒子(图 7-12(m)～(o))。此外，另一个对照实验显示：CaO 在单纯只有无水 C$_2$H$_5$OH 溶液中反应，并没有超薄的 Ca(OH)$_2$ 纳米片生成，这是因为没有可用的 H$_2$O，CaO 无法发生水化反应生成 Ca(OH)$_2$(图 7-12(i)～(l))。显然，在纳米尺寸级别下有效地控制固体 CaO 的反应是很难做到的，因此会大大地限制 CaO 在水相中进一步制备合成纳米材料。

如图 7-11 所示，当 KMnO$_4$ 参与 CaO 和无水 C$_2$H$_5$OH 反应时，KMnO$_4$ 和无水 C$_2$H$_5$OH 发生氧化还原反应将为 CaO 的水化提供必要且唯一的 H$_2$O。因为只

有微量的 H_2O 生成，所以 CaO 将会发生速率缓慢的水化反应(图 7-12(a)～(d))。图 7-11 中的插图中表明，在发生缓慢水化反应时，CaO 表面将产生小尺寸的

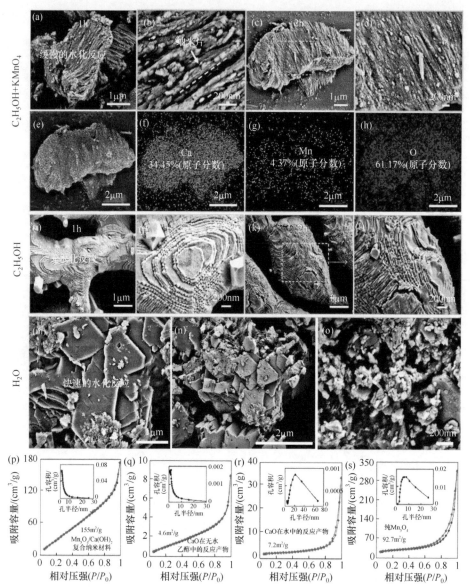

图 7-12 $Mn_3O_4/Ca(OH)_2$ 复合纳米材料反应(a)、(b) 1h 和(c)、(d) 2h 的 SEM 图；(e)～(h) 图(c) 所对应的元素分布图；CaO 和无水 C_2H_5OH 溶液中反应(i)、(j) 1h 和(k)、(l) 2h 的 SEM 图；(m)～(o) CaO 在水中直接水解反应的 SEM 图和(p)～(s)$Mn_3O_4/Ca(OH)_2$ 复合纳米材料、CaO 在无水乙醇中的反应产物、CaO 在水中的反应产物和纯 Mn_3O_4 样品的 N_2 吸附-脱附曲线和孔径分布曲线

Ca(OH)$_2$ 纳米片。需注意的是，Ca(OH)$_2$ 的晶格结构具有自堆积晶体间隙的特征，即所谓的"范德瓦耳斯层"(图 7-13)。这种结构有助于层状材料的生成，如层状结构的 Ca(OH)$_2$ 纳米片。因此，每当一个小尺寸的 Ca(OH)$_2$ 纳米片形成后，它将会被完全剥离，然后在 CaO 表面生成一个超薄的 Ca(OH)$_2$ 纳米片。

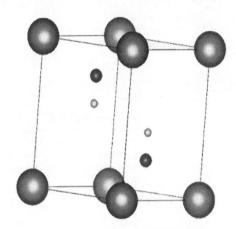

图 7-13　Ca(OH)$_2$ 的晶体结构

步骤 2：Mn$_3$O$_4$ QDs 沉积在 Ca(OH)$_2$ 纳米薄片上。

由于 Ca(OH)$_2$ 纳米薄片只能在 H$_2$O 释放和 Mn$_3$O$_4$ QDs 形成的地方生成，Mn$_3$O$_4$ QDs 能直接沉积并均匀分散在 Ca(OH)$_2$ 纳米片的表面上，这样能完美地避免 Mn$_3$O$_4$ QDs 的自我团聚。对应的能谱图(图 7-12(e)～(h))显示 Mn 元素均匀地分布在 Ca(OH)$_2$ 纳米片上。

另外发现(图 7-12(p)～(s)和表 7-2)，该 Mn-Ca 复合纳米材料拥有高的比表面积(155m^2/g)，远高于对照实验组直接在水中发生水化反应得到的 Ca(OH)$_2$ (7.2m^2/g)和生物质 CaO 在单纯只有无水 C$_2$H$_5$OH 中反应得到的 Ca(OH)$_2$ (4.6m^2/g)，甚至高于 KMnO$_4$ 与无水 C$_2$H$_5$OH 直接发生氧化还原反应生成的纳米尺度的纯 Mn$_3$O$_4$ QDs(92.7m^2/g)。Mn$_3$O$_4$/Ca(OH)$_2$ 复合纳米材料的比表面积也高于之前报道的其他无机纳米片状材料，如 Mg(OH)$_2$(58.3m^2/g)[25]。由此可见，Mn$_3$O$_4$/Ca(OH)$_2$ 复合纳米材料优异的比表面积与其为 0D/2D 复合结构且 Mn$_3$O$_4$ QDs 均匀分散在 Ca(OH)$_2$ 纳米薄片上密切相关，其在去除废水中的重金属离子方面有着潜在应用。

表 7-2　样品的比表面数据

样品	比表面积/(m^2/g)	总孔容/(cm^3/g)	平均孔隙半径/nm
Mn$_3$O$_4$/Ca(OH)$_2$ 复合纳米材料	155	0.26	3.21
CaO 在无水乙醇中的反应产物	4.57	0.01	4.82
CaO 在水中的反应产物	7.20	0.05	30.6
纯 Mn$_3$O$_4$	92.7	0.48	11.7

7.3　生物质锰钙复合纳米净化材料的性能研究及合成策略普适性

7.3.1　实验准备

1. 实验试剂与仪器

所需的实验试剂和仪器如表 7-3 所示。

表 7-3　实验所需试剂和仪器

试剂	规格或型号	试剂	规格或型号
硝酸铜($Cu(NO_3)_2 \cdot 3H_2O$)	分析纯	氯化铕($EuCl_3 \cdot 6H_2O$)	分析纯
硝酸铅($Pb(NO_3)_2$)	分析纯	四氧化三锰(Mn_3O_4)	分析纯
硝酸镉($Cd(NO_3)_2$)	分析纯	电子天平	BS124S
硝酸银($AgNO_3$)	分析纯	pH 计	pH 510
硝酸钴($Co(NO_3)_2 \cdot 6H_2O$)	分析纯	ICP-MS	Elan-9000, PE
氢氧化钠(NaOH)	分析纯	原子吸收分光光度计	AA-7003
盐酸(37%)	分析纯		

2. 模拟废水的配置

准确称取 1.598g $Pb(NO_3)_2$ 置于 100mL 的烧杯中溶解一段时间，待 $Pb(NO_3)_2$ 固体完全溶解后，将烧杯中的 $Pb(NO_3)_2$ 溶液转移到 1L 的容量瓶中，并用去离子水缓慢定容到刻度线，振荡摇匀，配制成浓度为 1g/L Pb^{2+} 储备液，以备待用。

根据吸附实验的具体需求将 Pb^{2+} 储备液按照相应的比例用去离子水稀释至所需的浓度，进行后续实验。

以相同的配制方法配制含 Ag^+、Cu^{2+}、Cd^{2+}、Co^{2+} 和 Eu^{3+} 等标准储备液，以备待用。

3. 检测方法

通过采用原子吸收分光光度计来测定 $Mn_3O_4/Ca(OH)_2$ 复合纳米材料处理废水中 Pb^{2+}、Ag^+、Cu^{2+}、Cd^{2+} 和 Co^{2+} 的前后浓度。同时，通过电感耦合等离子体质谱仪(inductively coupled plasma mass spectrometry, ICP-MS)来测定 $Mn_3O_4/$

Ca(OH)$_2$ 复合纳米材料处理废水中 Eu^{3+} 的前后浓度。所有检测范围都为 1～20mg/L，相同实验进行三次，通过取其平均值减小实验误差来提高精准度。

4. 计算方法

1) Pb^{2+} 等废水中的重金属离子去附率 η

通过原子吸收分光光度计和 ICP-MS 来测定处理后模拟废液中剩余的 Pb^{2+}、Ag$^+$、Cu^{2+}、Cd^{2+}、Co^{2+} 和 Eu^{3+} 等重金属离子浓度，通过式(7-4)计算得到去除率 η [26]：

$$\eta = \frac{C_0 - C_e}{C_0} \times 100\% \tag{7-4}$$

式中，C_0 为初始浓度(mg/L)；C_e 为平衡浓度(mg/L)。

2) Pb^{2+} 等废水中的重金属离子吸附容量

吸附容量是计算单位质量吸附剂处理对应重金属离子量来测定样品的吸附能力，计算公式如下[27]：

$$q_e = \frac{(C_0 - C_e)V}{m} \tag{7-5}$$

式中，q_e 为吸附容量(mg/g)；V 为溶液体积(mL)；m 为吸附剂的质量(g)。

7.3.2　生物质锰钙复合纳米净化材料对 Pb^{2+} 的超高吸附容量

吸附等温曲线是描绘吸附过程最直观的方法。通过相关实验测定 Mn$_3$O$_4$/Ca(OH)$_2$ 复合纳米材料对 Pb^{2+} 去除时达到平衡状态所需时间和吸附容量。达到平衡时间越短，就证明吸附剂的作用越快，更有利于吸附剂的应用。

取两份 Mn$_3$O$_4$/Ca(OH)$_2$ 复合纳米材料样品各 10mg 分别投入 50mL 含 40mg/L Pb^{2+} 和 1g/L 的 Pb^{2+} 模拟废液，通过滴加盐酸或氢氧化钠溶液将 Pb^{2+} 模拟废液的 pH 调节为 4.5，实验环境温度为室温，静置一段时间后，设置不同处理时间分别取溶液的上清液，测定溶液中的 Pb^{2+} 浓度。

图 7-14 是 Mn$_3$O$_4$/Ca(OH)$_2$ 复合纳米材料在室温下静置处理浓度分别为 40mg/L 和 1g/L Pb^{2+} 的吸附等温曲线，吸附曲线可以分为"快速—缓慢—平衡"三个阶段。由图可知，在前 15min，Mn$_3$O$_4$/Ca(OH)$_2$ 复合纳米材料对 Pb^{2+} 的吸附容量随着时间的延长急剧上升，呈陡峭的线性增长，其中前 3min 能去除 70%以上的 Pb^{2+}。在 15～60min 吸附容量增加的速率较第一阶段稍缓慢，但是依然很快；在 60min 后，吸附等温曲线基本不发生变化，吸附容量基本不发生变化，达到饱和平衡状态。通过原子吸收分光光度计测试可知，Mn$_3$O$_4$/Ca(OH)$_2$ 复合纳米材料对浓度为 40mg/L 和 1g/L 的 Pb^{2+} 的饱和吸附容量分别为 173.6mg/g 和 1580mg/g。

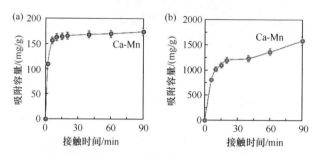

图 7-14　Mn₃O₄/Ca(OH)₂复合纳米材料对浓度分别为 40mg/L(a)和 1g/L(b)的 Pb²⁺的吸附等温曲线

7.3.3　生物质锰钙复合纳米净化材料对其他重金属离子的处理能力

　　Mn₃O₄/Ca(OH)₂复合纳米材料还被证明能够高效去除废水中的其他重金属离子。取 Mn₃O₄/Ca(OH)₂复合纳米材料样品 10mg 投入 50mL 含 40mg/L 的 Cd²⁺、Cu²⁺、Ag⁺、Eu³⁺和 Co²⁺的废水溶液中，调节溶液 pH 至 4.5，实验环境温度为室温。静置 90min 后，取溶液上层清液，测定溶液中的 Cd²⁺、Cu²⁺、Ag⁺、Eu³⁺和 Co²⁺的最终浓度。

　　如图 7-15(a)所示，Mn₃O₄/Ca(OH)₂复合纳米材料对 40mg/L 的 Cd²⁺、Cu²⁺、Ag⁺、Eu³⁺和 Co²⁺等重金属离子溶液具有极强的处理能力，吸附曲线也可以分为"快速上升—缓慢上升—平衡"三个阶段，室温下的最高吸附容量分别达到 123.6mg/g、175.5mg/g、133.9mg/g、194.1mg/g 和 174.9mg/g。此结果证明，Mn₃O₄/Ca(OH)₂复合纳米材料能够广泛用于处理废水中的各种重金属离子，且具有高的吸附容量。同时，Mn₃O₄/Ca(OH)₂复合纳米材料处理重金属离子的速率非常快，例如，当处理浓度为 10mg/L、20mg/L 和 40mg/L 的 Eu³⁺时，超过 85%的 Eu³⁺能够在 3min 内被 Mn₃O₄/Ca(OH)₂复合纳米材料去除。

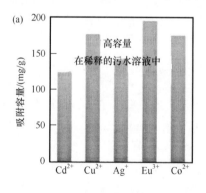
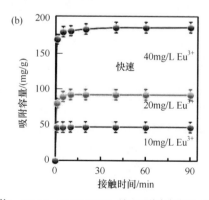

图 7-15　(a) Mn₃O₄/Ca(OH)₂处理不同污染物；(b) Mn₃O₄/Ca(OH)₂处理不同浓度 Eu³⁺

7.3.4　生物质锰钙复合纳米净化材料与分析纯 Mn₃O₄ 性能对比

与批量生产的商用分析纯 Mn_3O_4 进行性能对比是证明吸附材料实用性的重要手段，具体步骤如下：取 $Mn_3O_4/Ca(OH)_2$ 复合纳米材料样品和分析纯 Mn_3O_4 各 10mg 分别投入装有 50mL 初始浓度为 40mg/L 的 Pb^{2+} 模拟废液的烧杯中，调节 pH 为 4.5，设置吸附时间为 2min、6min、10min、15min、20min、40min、60min和 90min，实验环境温度为室温。一段时间后取溶液上清液，测定处理后溶液中的 Pb^{2+} 最终浓度。

实验结果如图 7-16 所示，$Mn_3O_4/Ca(OH)_2$复合纳米材料和商用分析纯 Mn_3O_4 对 Pb^{2+} 都具有一定的处理能力。相比于商用分析纯Mn_3O_4 的吸附容量 25mg/g，$Mn_3O_4/Ca(OH)_2$复合纳米材料对 Pb^{2+} 的吸附容量可达到173.6mg/g，是商用分析纯 Mn_3O_4 吸附容量的近 7 倍，吸附容量得到大大提高。吸附性能的提高是因为 $Mn_3O_4/Ca(OH)_2$ 复合纳米材料具有 Mn_3O_4 QDs 均匀分散在 $Ca(OH)_2$ 纳米片上的独特结构特征和大的比表面积，而商用分析纯 Mn_3O_4 的官能团单一，结构简单，吸附位点和活性有限，导致性能大大降低。

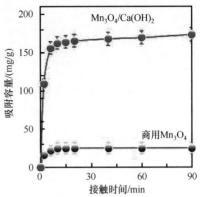

图 7-16　对比 $Mn_3O_4/Ca(OH)_2$ 复合纳米材料和商用分析纯 Mn_3O_4 对 Pb^{2+} 的去除曲线

7.3.5　生物质锰钙复合纳米净化材料的吸附影响因素探究

1. pH 的影响

在吸附实验中，pH 是影响溶液吸附容量的重要因素。本节通过一系列的不同 pH 条件下，Pb^{2+} 溶液的吸附实验来探讨 pH 对 $Mn_3O_4/Ca(OH)_2$ 复合纳米材料吸附性能的影响。首先，通过滴加 0.1mol/L 的盐酸或氢氧化钠溶液将浓度为 40mg/L的 Pb^{2+} 溶液的 pH 分别调节到 2.5、3、3.5、4.5、5 和 6。其次，将刚配置好的 50mL不同 pH 的 Pb^{2+} 模拟废液分别置于不同的烧杯中，再分别加入等量 10mg 的$Mn_3O_4/Ca(OH)_2$ 复合纳米材料样品。最后，室温静置 90min 后，取上层清液，利用原子吸收分光光度计测定清液中 Pb^{2+} 的浓度，并计算其吸附容量。

实验结果如图 7-17 所示。可以看出，在不同 pH 条件下，$Mn_3O_4/Ca(OH)_2$ 复合纳米材料的吸附容量存在明显不同，吸附容量变化可分成三个阶段：第一阶段：pH=2.5～4.5，第二阶段：pH=4.5～6，第三阶段：pH>7。

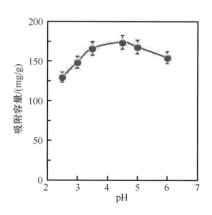

图 7-17　pH 对吸附容量的影响

当 pH 处于第一阶段时，$Mn_3O_4/Ca(OH)_2$ 复合纳米材料对 Pb^{2+} 的吸附效果会随着 pH 的增大而不断增大，吸附容量由 129.6mg/g 增长到 173.8mg/g，并在 pH=4.5 时达到平衡，$Mn_3O_4/Ca(OH)_2$ 复合纳米材料对废水中的 Pb^{2+} 去除率高达 93%。这是因为当 pH=2.5 时，溶液呈强酸性，$Mn_3O_4/Ca(OH)_2$ 复合纳米材料中的 $Ca(OH)_2$ 纳米片将被强酸腐蚀破坏，失去了 $Ca(OH)_2$ 纳米片支撑结构的 Mn_3O_4 量子点将急剧团聚，从而产生大量的表面缺陷，降低活性，导致吸附效果变差。随着 pH 的不断增大，溶液的酸性减弱，碱性增加，腐蚀 $Ca(OH)_2$ 纳米片的能力变弱，Mn_3O_4 量子点能够更好地均匀分散 $Ca(OH)_2$ 纳米片，促使处理重金属的能力变强。因此，后续相关吸附实验都将模拟废液的 pH 调节至 4.5。

当 pH 处于第二阶段(pH=4.5～6)时，$Mn_3O_4/Ca(OH)_2$ 复合纳米材料对 Pb^{2+} 的吸附效果随着 pH 的不断增大而呈现减小的趋势，吸附容量逐渐变小。这是由于溶液中缓慢产生的 OH^- 会稍微影响材料处理 Pb^{2+} 溶液的活性，导致吸附容量呈轻微下降趋势。

当 pH 处于第三阶段(pH>7)时，在碱性条件下，Pb^{2+} 开始发生沉淀反应生成白色絮状的 $Pb(OH)_2$ 沉淀，此时沉淀作用明显，初始浓度为 40mg/L 的 Pb^{2+} 溶液浓度将急剧变低，但经过原子吸收分光光度计测得 $Mn_3O_4/Ca(OH)_2$ 复合纳米材料对 Pb^{2+} 的吸附效果仍然明显。

通过一系列的 pH 实验证明，$Mn_3O_4/Ca(OH)_2$ 复合纳米材料能够高效地处理不同 pH 的 Pb^{2+} 溶液。

2. 吸附剂用量的影响

通过一系列 Pb^{2+} 溶液处理实验来探讨试剂用量对 $Mn_3O_4/Ca(OH)_2$ 复合纳米材料吸附性能的影响。将配置好 50mL 浓度为 40mg/L 的 Pb^{2+} 模拟废液置于不同的烧杯中，再分别加入 2mg、4mg、6mg、8mg 和 10mg 的 $Mn_3O_4/Ca(OH)_2$ 复合纳米材料样品。室温静置吸附 90min 后，取上层清液，利用原子吸收分光光度计测定模拟废液中 Pb^{2+} 的剩余浓度，计算其吸附容量。

实验结果如图 7-18 所示，随着 $Mn_3O_4/Ca(OH)_2$ 样品的投入量从 10mg 减少至 2mg，对 Pb^{2+} 的最高吸附容量从 173.6mg/g 增加到 396.1mg/g。这表明 $Mn_3O_4/Ca(OH)_2$ 复合纳米材料处理不同浓度的含 Pb^{2+} 废水溶液都具有非常高的吸附容量。

7.3.6 生物质锰钙复合纳米净化材料的等温吸附研究

1. 等温吸附模型

为了探讨 $Mn_3O_4/Ca(OH)_2$ 材料的吸附平衡模式，选用目前最常用的 Langmuir 模型[28] 和 Freundlich 模型[28,29]对数据进行拟合。

1) Langmuir 模型

Langmuir 模型的前提是假设在吸附剂对吸附质的反应为单分子层吸附时，吸附发生在均一开放的反应中，与废水中的污染物无相互作用，随着反应的进行，刚开始吸附容量迅速增加，一段时间后溶液中的离子浓度变化趋势缓慢，最后保持不变，即达到吸附平衡状态。Langmuir 单分子层吸附模型如图 7-19 所示。在等温吸附时，该模型有

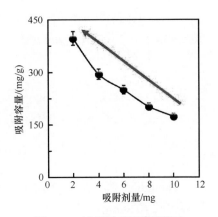

图 7-18　试剂量对吸附的影响

四个主要假设，即每个吸附中心只能被一个吸附分子占据，形成不移动的吸附层；吸附剂固体的表面有一定数量的吸附中心，形成局部吸附，各吸附中心互相独立；各个吸附中心都具有相等的吸附能；吸附和脱附呈动态平衡。

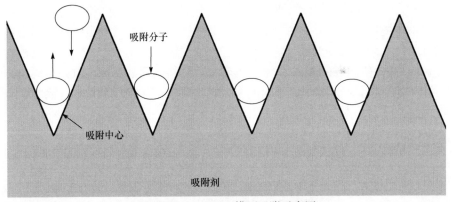

图 7-19　Langmuir 模型吸附示意图

Langmuir 模型吸附其表达式如下：

$$Q_e = Q_m \frac{bC_e}{1+bC_e} \tag{7-6}$$

式中，Q_e 为 $Mn_3O_4/Ca(OH)_2$ 对 Pb^{2+}的平衡吸附容量(mg/g)；Q_m 为 $Mn_3O_4/Ca(OH)_2$ 对 Pb^{2+}的最大吸附容量(mg/g)；C_e 为平衡浓度(mg/L)；b 为平衡吸附常数(L/mg)。

进一步变形，可得以 C_e/Q_e 对 C_e 作图，由生成曲线的斜率和截距，求出 Q_m、

b 的值，并对吸附曲线进行拟合。

　　2) Freundlich 模型

　　Freundlich 模型是另外一种最普遍的吸附模型之一，若吸附剂的表面不是均匀的，吸附容量将一开始便快速上升。由于实验过程中很难测定吸附的极限量，Freundlich 模型是对 Langmuir 模型的进一步修正和推导，其表达式如下：

$$Q_e = K C_e^{1/n} \tag{7-7}$$

式中，Q_e 为平衡吸附容量(mg/g)；C_e 为平衡浓度(mg/L)；K 和 n 为吸附相关常数。

　　将式(7-7)进行变换，可获得其直线方程式(7-8)：

$$\ln Q_e = \ln K + \frac{1}{n} \ln C_e \tag{7-8}$$

　　Freundlich 模型以 $\ln Q_e$ 对 $\ln C_e$ 作图，由生成曲线的斜率 $1/n$ 和截距 $\ln Q_e$，可计算得到 K 和 n 值。其中 n 值表示吸附过程发生的难易程度，当 $n<0.5$ 时，吸附很难发生；当 $2<n<10$ 时值，吸附较易进行。

2. 等温吸附模型拟合分析

　　上述实验中已经分析了不同 Pb^{2+} 溶液浓度对吸附剂性能的影响。根据所得的实验数据，通过 Langmuri 模型和 Freundlich 模型进行数据拟合，结果如图 7-20 及表 7-4 所示。由图可知，两种模型都能较合理地拟合 $Mn_3O_4/Ca(OH)_2$ 复合纳米材料对 Pb^{2+} 的吸附行为。其中，通过 Langmuir 模型拟合得到吸附线性回归系数 R^2 为 0.830，小于 Freundlich 模型的 0.869。这说明 $Mn_3O_4/Ca(OH)_2$ 复合纳米材料的吸附行为更符合 Freundlich 模型，也就是说材料表面的活性位点是非均匀分布的，材料更趋向于以多分子层吸附的方式来去除模拟废液中的 Pb^{2+}，而非单分子层吸附的方式。

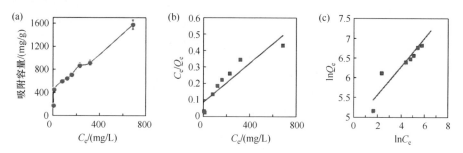

图 7-20　(a) $Mn_3O_4/Ca(OH)_2$ 复合纳米材料对不同浓度的 Pb^{2+} 的吸附曲线；(b) Langmuir 模型；

(c) Freundlich 模型

表 7-4 Mn₃O₄/Ca(OH)₂复合纳米材料对 Pb²⁺共吸附等温模型拟合参数

拟合模型	吸附参数	数值
Langmuir 模型	Q_m/(mg/g)	1675
	b/(L/mg)	0.007
	R^2	0.830
Freundlich 模型	K	126.0
	n	2.773
	R^2	0.869

7.3.7 生物质锰钙复合纳米净化材料的吸附动力学研究

1. 动力学模型

吸附动力学模型如 Lagergren 准一级反应动力学模型[30]和 Ho 准二级反应动力学模型[31]常用来研究各种因素对化学反应速率的影响规律、化学反应过程经历的具体步骤,即反应机理。

1) Lagergren 准一级动力学模型

Lagergren 准一级反应动力学模型是基于固体吸附容量 Lagergren 一级速率方程最常见的应用在液相中的吸附动力学方程,其表达式如式(7-9)所示:

$$-\ln(1 - Q_t / Q_e) = k_1 t + C \tag{7-9}$$

式中,k_1 为准一级吸附速率常数(min⁻¹);Q_e 为平衡吸附容量(mg/g);Q_t 为 t 时刻吸附容量(mg/g)。

2) Ho 准二级动力学模型

Ho 准二级反应动力学模型是基于假定吸附速率受化学吸附机理的控制,这种化学吸附涉及吸附剂与吸附质之间的电子公用或者电子转移,其表达式如式 (7-10)所示:

$$\frac{t}{Q_t} = \frac{1}{k_2 Q_e^2} + \left(\frac{1}{Q_e}\right)t \tag{7-10}$$

式中,k_2 为准一级吸附速率常数(min⁻¹);Q_e 为平衡时吸附容量(mg/g);Q_t 为 t 时刻吸附容量(mg/g);t 为吸附时间(min)。

2. 动力学模型拟合分析

将已经配制好的 1g/L 的 Pb²⁺溶液用去离子水稀释成浓度为 40mg/L 的 Pb²⁺模拟废水溶液。向 100mL 的烧杯中加入 50mL 浓度为 40mg/L 的 Pb²⁺溶液,并加入 0.01g Mn₃O₄/Ca(OH)₂复合纳米材料样品,常温下静置一段时间,分别测定不同处理时间后废水中含 Pb^{2+} 的浓度,计算吸附容量,根据上述公式进行 Largergren 准一级动力学模型及 Ho 准二级动力学模型进行数据模拟,结果如图 7-21 和表 7-5 所示。

对比表 7-5 拟合数据中的 R^2 值可知,Ho 准二级吸附动力学模型的 R^2 值大于准一级吸附动力学模型的 R^2 值,且准二级吸附动力学模型计算出的理论吸附容量(200mg/g)更接近实际平衡状态的吸附容量(173.6mg/g),这表明 $Mn_3O_4/Ca(OH)_2$ 复合纳米材料处理浓度为 40mg/L 的 Pb^{2+} 溶液的过程更符合 Ho 准二级动力学模型,能更好地描述材料对 Pb^{2+} 的处理过程中的吸附速率问题,且此过程是一个化学吸附的过程。

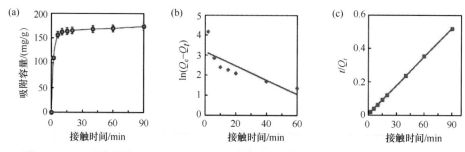

图 7-21　(a) 吸附曲线;(b) Largergren 准一级动力学模型;(c) Ho 准二级动力学模型

表 7-5　$Mn_3O_4/Ca(OH)_2$ 复合纳米材料去除 Pb^{2+} 溶液的动力学方程参数

动力学模型	动力学参数	数值
准一级动力学模型	k_1/min^{-1}	0.0353
	$Q_e /(mg/g)$	23.9
	R^2	0.5905
准二级动力学模型	$k_2/(g /(mg \cdot min))$	0.005
	$Q_e/(mg/g)$	200.0
	R^2	0.9998

7.3.8　生物质锰钙复合纳米净化材料的吸附机理分析

为探讨 $Mn_3O_4/Ca(OH)_2$ 复合纳米材料处理 Pb^{2+} 的吸附机理,本节通过 XPS 来检测并分析处理 Pb^{2+} 溶液前后的 $Mn_3O_4/Ca(OH)_2$ 复合纳米材料中 Mn 和 Ca 元素的价态变化。XPS 表征结果如图 7-22 所示。

如图 7-22(a)、(b)所示,对比处理 Pb^{2+} 前后的 $Mn_3O_4/Ca(OH)_2$ 复合纳米材料的 XPS,发现处理 Pb^{2+} 后的 $Mn_3O_4/Ca(OH)_2$ 复合纳米材料的全谱图出现新的 Pb 4f 的特征峰,这一结果证实 $Mn_3O_4/Ca(OH)_2$ 复合纳米材料能够有效地处理含有 Pb^{2+}

的模拟溶液。此时 Pb 4f 的峰值的结合能为 138.2eV，所对应的化合物为 PbO[32]。XPS 分析结果说明 Pb^{2+}没有发生任何价态变化，始终保持二价，排除了处理含有 Pb^{2+}溶液的过程中发生氧化还原反应的可能性。此外，通过观察还发现，Mn$_3$O$_4$/Ca(OH)$_2$ 复合纳米材料处理 Pb^{2+}前后的 XPS 中 Ca 和 Mn 的特征峰没有发生偏移和变化(图 7-22(c))，这说明 Mn$_3$O$_4$/Ca(OH)$_2$ 复合纳米材料在处理 Pb^{2+}溶液过程中 Ca 和 Mn 的化合价也没有发生变化，此结果进一步证实处理 Pb^{2+}的过程中没有发生氧化还原反应。

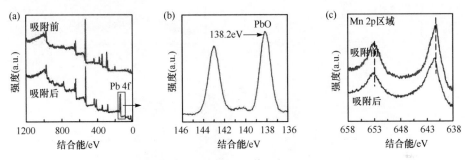

图 7-22　(a) 吸附前后 XPS 图谱；(b) Pb 4f；(c) Mn 2p

为了进一步确定 Mn$_3$O$_4$/Ca(OH)$_2$ 复合纳米材料处理 Pb^{2+}的潜在机理，制备得到三种对照实验样品并同时进行性能测试。对照样品包括：①CaO 在无水乙醇中，鸡蛋壳焙烧得到的 CaO 直接在无水 C$_2$H$_5$OH 下发生反应得到；②纯 Mn$_3$O$_4$，KMnO$_4$ 与无水 C$_2$H$_5$OH 发生氧化还原反应生成纯 Mn$_3$O$_4$ QDs；③Ca(OH)$_2$+Mn$_3$O$_4$，通过机械搅拌混合试样①和②。

对照实验样品处理浓度为 40mg/L Pb^{2+}如图 7-23(a)所示。结果表明，CaO 在无水乙醇和纯 Mn$_3$O$_4$ 中均具有处理 Pb^{2+}的能力。此外，对处理 Pb^{2+}后的 Mn$_3$O$_4$/Ca(OH)$_2$ 复合纳米材料样品进行 XRD 表征，结果表明(图 7-23(b))Ca(OH)$_2$ 的 X 射线衍射峰逐渐被 PbO(JCPDS card No. 35-1482)的衍射峰取代。也就是说，Pb^{2+}和 Ca(OH)$_2$ 纳米薄片之间的离子交换使 Pb^{2+}浓度得到降低；同时，发现大量 Ca^{2+}(36mg/L)被释放到水溶液中。另一方面，根据 Zeta 电位分析(7-23(c))可知，纯 Mn$_3$O$_4$ 带负电荷，表面电荷为-18.5mV，使纯 Mn$_3$O$_4$ 能够通过静电吸附作用来处理水溶液中的 Pb^{2+}，以达到 Pb^{2+}浓度降低的效果。

值得注意的是，Mn$_3$O$_4$/Ca(OH)$_2$ 复合纳米材料在处理 Pb^{2+}的平衡吸附容量高于对照实验样品。图 7-23(b)显示，当 Pb^{2+}初始浓度为 40mg/L 时，对照实验样品的平衡吸附容量从小到大依次为 CaO 在无水乙醇中(45.0mg/g)、Ca(OH)$_2$ + Mn$_3$O$_4$(61.5mg/g)、纯 Mn$_3$O$_4$(78.4mg/g)和 Mn$_3$O$_4$/Ca(OH)$_2$ 复合纳米材料(173.6mg/g)。结构表明 Mn$_3$O$_4$ QDs 均匀分布在 Ca(OH)$_2$ 纳米薄片上这样的 0D/2D 结构和由此产生的高比表面积能有效增大处理 Pb^{2+}时的平衡吸附容量。

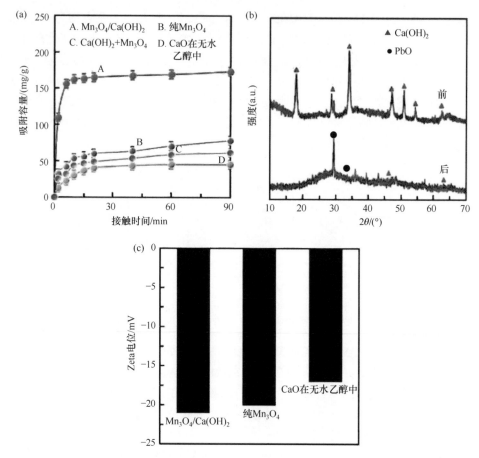

图 7-23　(a) 对比不同吸附剂处理 Pb^{2+}；(b) $Mn_3O_4/Ca(OH)_2$ 复合纳米材料处理 Pb^{2+}前后 XRD
对比；(c) Mn-Ca、纯 Mn_3O_4 和纯 $Ca(OH)_2$ 的 Zeta 电位分析

7.3.9　生物质锰钙复合纳米净化材料吸附后样品分析

　　此外，因为 $Mn_3O_4/Ca(OH)_2$ 复合纳米材料具备较强的处理废水中重金属离子的能力，所以已经处理过重金属离子的材料无需进行进一步的解吸处理。图 7-23(b)是 $Mn_3O_4/Ca(OH)_2$ 复合纳米材料处理 Eu^{3+}后的 XRD 图谱，XRD 图谱显示处理 Eu^{3+}后样品中的 $Ca(OH)_2$ 的衍射峰基本消失，这表明 $Ca(OH)_2$ 在处理 Eu^{3+}的过程中被完全消耗。此外，EDS 图谱(图 7-24(c)～(g))显示，$Mn_3O_4/Ca(OH)_2$ 复合纳米材料表面吸附了大量 Eu^{3+}，因此不需要用稀 Na_2CO_3 或 HCl 溶液进行再处理。值得注意的是，$Mn_3O_4/Ca(OH)_2$ 复合纳米材料处理 Eu^{3+}后溶液是无色透明的(图 7-24(a))，通过 ICP-MS 测定此溶液的锰离子含量，测得溶液中含有微量的锰离子(0.27mg/L)，远低于国家废水排放标准。锰离子属于环境友好型元素，这一

特性有助于避免吸附剂的二次污染。

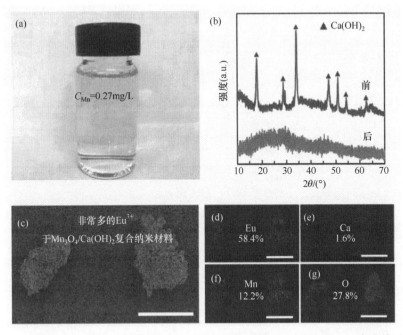

图 7-24　(a) 经 $Mn_3O_4/Ca(OH)_2$ 材料处理后的 Eu^{3+} 溶液的照片；(b) 处理 Eu^{3+} 溶液前后 Mn-Ca 样品的 XRD 图谱；(c)～(g) Mn-Ca 样品处理 1 g/L 的 Eu^{3+} 后的 SEM 和对应元素分布(原子分数)图

7.3.10　生物质锰钙复合纳米净化材料的吸附容量与文献值的比较

　　为了进一步确定 $Mn_3O_4/Ca(OH)_2$ 复合纳米材料具备优异的去除废水中重离子的能力，表 7-6 总结了 $Mn_3O_4/Ca(OH)_2$ 复合纳米材料对不同浓度的 Pb^{2+} 和 Eu^{3+} 最高吸附容量并与文献[33]～[40]所报道的复合吸附剂进行对比。结果表明，$Mn_3O_4/Ca(OH)_2$ 复合纳米材料具备高效处理废水中 Pb^{2+} 和 Eu^{3+} 的能力，具备较高的吸附容量，且吸附容量高于其他文献中所报道的复合吸附剂。更重要的是，制备的 Mn-Ca 复合纳米材料是以廉价的生物废弃物鸡蛋壳为原料，而其他文献所报道的吸附剂大多以昂贵的分析纯药剂作为原料，制备成品高，工艺复杂。由此可见，$Mn_3O_4/Ca(OH)_2$ 复合纳米材料具有低成本、高吸附能力、能够高效快速去除废水中的重金属离子等优点，具有较大的潜在应用市场，同时能为合成具有低维结构的纳米材料提供新思路和新方法。

表7-6　Mn₃O₄/Ca(OH)₂复合纳米材料与文献报道的其他吸附剂比较

材料	主要原料	离子	C_0/(mg/L)	Q_e/(mg/g)	参考文献
Mn₃O₄/Ca(OH)₂复合纳米材料	鸡蛋壳，KMnO₄	Pb^{2+}	100	714.5	本章
Fe₃O₄@DAPF核壳铁磁纳米棒	FeCl₃·6H₂O, NaAc, 2,3-二氨基苯酚	Pb^{2+}	100	83.3	[33]
α-FeOOH微球	FeSO₄·7H₂O	Pb^{2+}	100	80	[34]
MnFe₂O₄-MoS₂-碳点纳米杂化复合材料	MoS₂, NaAc MnSO₄·H₂O	Pb^{2+}	100	191.87	[35]
Mn₃O₄/Ca(OH)₂复合纳米材料	鸡蛋壳，KMnO₄	Pb^{2+}	20	180.0	本章
Mn₃O₄/活性炭复合材料	活性炭，C₁₅H₂₁MnO₆	Pb^{2+}	20	49.8	[36]
MnO₂/碳纳米管复合材料	丙烯-氢混合物(2:1), MnO₂, KMnO₄	Pb^{2+}	20	78.7	[37]
缬氨酸氨基酸官能化的α-MnO₂/壳聚糖生物纳米复合材料	MnSO₄·H₂O, KMnO₄	Pb^{2+}	20	163.9	[38]
Mn₃O₄/Ca(OH)₂复合纳米材料	鸡蛋壳，KMnO₄	Eu^{3+}	10	49.1	本章
介孔Al₂O₃/膨胀石墨复合材料	仲丁醇铝，P123,石墨	Eu^{3+}	10	5.14	[39]
氧化石墨烯纳米片	片状石墨，NaNO₃,KMnO₄, H₂O₂	Eu^{3+}	10	28.7	[40]

7.3.11　探究前驱体比例对性能的影响

分别按照 Ca：Mn 相对物质的量之比为 1：0.5、1：1、1：2、1：3 将一定量由鸡蛋壳焙烧得到的生物质 CaO 溶于 250mL 的无水乙醇中混合在 250mL 的三口烧瓶中室温搅拌 30min 使其完全分散，随后加入对应量的 KMnO₄ 并持续搅拌 24h，全过程处于 N₂ 保护的状态下。最后分别用酒精和蒸馏水洗涤数次，收集样品，并放在真空中干燥 24h，制备得到 Ca：Mn 物质的量之比分别为 1：0.5、1：1、1：2 和 1：3 的 Mn₃O₄/Ca(OH)₂复合纳米材料。随后，对其进行 TEM、SEM和 EDS 表征，并对比其处理浓度为 40mg/L 的 Pb²⁺溶液的吸附容量。

实验证明，Mn₃O₄/Ca(OH)₂复合纳米材料可以通过简单的调节前驱体(CaO 和 KMnO₄)的剂量来调节样品中 Mn₃O₄ 和 Ca(OH)₂的含量。如图 7-25(a)~(l)所示，随着 CaO：KMnO₄物质的量之比从 1：0.5 增加到 1：3，Mn₃O₄/Ca(OH)₂复合纳米材料中的 Mn 含量逐渐增加，而 Ca 的含量逐渐降低。通过吸附实验测定并比较不同前驱体(CaO 和 KMnO₄)的剂量制备得到的 Mn₃O₄/Ca(OH)₂复合纳米材料对 Pb²⁺的吸附容量。如图 7-25(m)、(n)所示，四种 Mn₃O₄/Ca(OH)₂复合纳米材料对 Pb²⁺的等温曲线都是出现一个"快速—缓慢—平衡"的过程。然而，四种

$Mn_3O_4/Ca(OH)_2$ 复合纳米材料样品平衡时的最大吸附容量存在较大差异，平衡吸附容量从小到大排列分别为 1：3(50.0mg/g)、1：2(77.8mg/g)、1：0.5(155.0mg/g)和 1：1(173.6mg/g)。结果显示，当 Ca：Mn 物质的量之比等于 1：1 时有最大的吸附容量。产生这种现象的原因可能在于：① 随着前驱体 $KMnO_4$ 的剂量增加，$Mn_3O_4/Ca(OH)_2$ 复合纳米材料的纳米结构中 Mn_3O_4 成为主导物相。由于缺少 $Ca(OH)_2$ 纳米片这一支撑结构将导致 Mn_3O_4 量子点高度聚集，从而快速降低吸附容量。② 当前驱体 $KMnO_4$ 的剂量较低时，$KMnO_4$ 和 C_2H_5OH 反应将生成不足量的 H_2O，将限制 CaO 的水化和剥离作用，导致生成少量的 $Ca(OH)_2$ 纳米片，将大大降低其吸附容量。

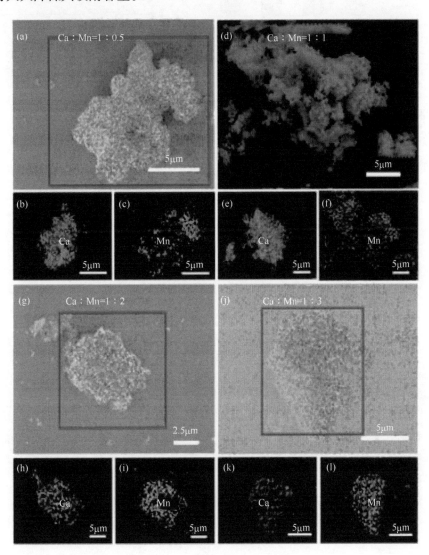

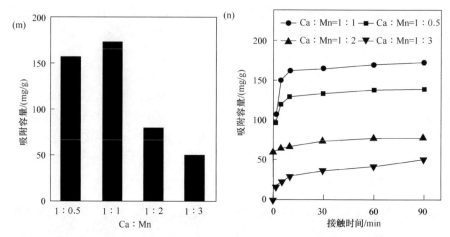

图 7-25　Ca：Mn =1：0.5(a)～(c)，1：1(d)～(f)，1：2(g)～(i) 和 1：3(j)～(l) 的 SEM 和 EDS 图；(m)、(n) Ca：Mn =1：0.5、1：1、1：2 和 1：3 的样品对 Pb^{2+} 的吸附等温曲线

7.3.12　普适性研究

相同的合成方法同样也适用于转化其他种类的 $CaCO_3$ 基生物废弃壳为低维纳米材料，例如，将牡蛎壳和花蛤壳等转化成 0D/2D 的 $Mn_3O_4/Ca(OH)_2$ 复合纳米材料。

如扫描电镜图谱(图 7-26(b)、(c)、(f)、(g))所示，由牡蛎壳和花蛤焙烧得到的 CaO 模板与由鸡蛋壳焙烧得到的 CaO 模板呈现出类似的结构特征，都具有相同微米尺寸的晶体结构且能较好地保持原有的多级结构。通过相同的制备方法都能获得 $Mn_3O_4/Ca(OH)_2$ 复合纳米材料，且都具有 Mn_3O_4 QDs 均匀分布在 $Ca(OH)_2$ 纳米片表面的 0D/2D 结构特征，EDS 能谱图显示 Ca、Mn 和 O 元素都能均匀分布在 $Mn_3O_4/Ca(OH)_2$ 复合纳米材料样品上(图 7-26(i)～(l)、(m)～(p))。同时，高分辨 TEM 都可以观察到这些量子点的晶格间距大约为 0.25nm，与之对应的是(211)晶面的尖晶石型 Mn_3O_4(图 7-26(d)、(h))。牡蛎壳和花蛤壳转化成得到的 $Mn_3O_4/Ca(OH)_2$ 材料与由鸡蛋壳为原料制备得到的 $Mn_3O_4/Ca(OH)_2$ 复合纳米材料在物相组成和结构特征等方面保持一致。

从性能方面来说，由牡蛎壳和花蛤壳转化得到的 $Mn_3O_4/Ca(OH)_2$ 复合纳米材料再次展出非常高的吸附容量。例如，处理浓度为 40mg/L 的 Pb^{2+} 溶液和浓度为 40mg/L 的 Eu^{3+} 溶液的吸附容量分别可达到 171～177mg/g 和 194～197mg/g(图 7-26(q))。

因此，希望这样的合成方法可以在转换 $CaCO_3$ 基的生物废弃壳为多级功能纳米材料方面有更广泛的应用，将有助于更好地开发被忽视生物废弃物的价值并加深对功能材料设计的理解。

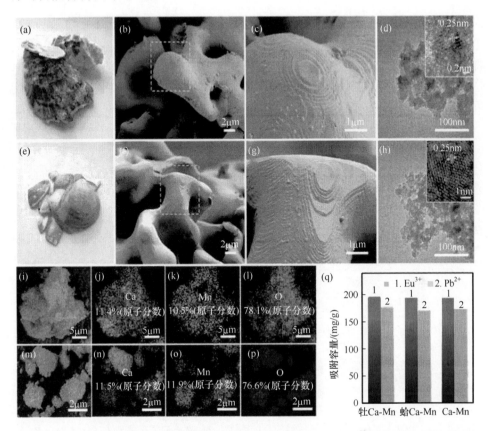

图 7-26　(a)、(e) 牡蛎壳和花蛤壳的照片；(b)、(c)、(f)、(g) 由牡蛎壳和花蛤壳焙烧得到的生物质 CaO 的 SEM 图；(d)、(h) 由牡蛎壳和花蛤壳为原料制备得到的 $Mn_3O_4/Ca(OH)_2$ 复合纳米材料的 TEM 图；(i)～(l)、(m)～(p) 由牡蛎壳和花蛤壳为原料制备得到的 $Mn_3O_4/Ca(OH)_2$ 复合纳米材料的 EDS 图；(q) 吸附等温曲线

7.4　规则花状结构生物质锰钙复合纳米净化材料的制备及应用拓展

7.4.1　实验方法

1. 实验原料

所有的化学药品均为分析纯，没有经过二次提纯，均直接使用在实验中。

2. 制备方法

花状 Mn-Ca 复合纳米材料的合成过程如图 7-27(a)所示。实验步骤如下：称取一定量的废弃鸡蛋壳置于高温炉中，在 1050℃下焙烧 1h，升温速度为 5℃/min，样品随炉冷却到室温。随后称取焙烧得到的 CaO(1.4g)样品溶于 100mL 无水 C_2H_5OH 溶液混合在 250mL 的三口烧瓶中,室温磁力搅拌 30min 后使其完全分散。同时，称取 3.146g 的无水 $MnCl_2$ 溶于 150mL 无水 C_2H_5OH 溶液中混合在 250mL 的烧杯中进行溶解，一段时间后无水 $MnCl_2$ 将完全溶解。最后，将烧杯中的无水 $MnCl_2$ 溶液转移到三口烧瓶中，持续搅拌 24h，全程处于 N_2 保护下。反应 24h 后，经无水 C_2H_5OH 溶液反复洗涤、离心数次，在真空干燥箱恒温 60℃干燥 24h 得到花状 Mn-Ca 复合纳米材料。

值得注意的是，图 7-27(b)所示样品的颜色由鸡蛋壳焙烧得到的 CaO 的纯白色变成了白里带黄，说明有新的物质生成。

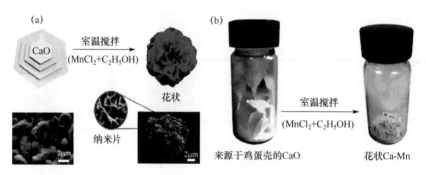

图 7-27　(a) 花状 Mn-Ca 复合纳米材料的合成路线；(b) 来自鸡蛋壳的 CaO 和花状 Mn-Ca 复合纳米材料的照片

7.4.2　材料的表征与结果

1. 物相分析

1) XRD 分析

XRD 分析可以用来判断待测样品的物相组成。由图 7-28 可知，当鸡蛋壳高温焙烧 1h 后，其衍射谱图在 $2\theta=10°\sim70°$ 范围内出现了 5 个较强的衍射峰(32.2°、37.4°、53.9°、64.2°和 67.5°),这与 CaO 的标准卡片(JCPDS card No. 01-082-1690)[41]一致，说明鸡蛋壳焙烧后已经完全分解成 CaO。进一步，将 $MnCl_2$ 混于含有 CaO 的无水 C_2H_5OH 溶液中室温搅拌 24h 后，XRD 图谱由 a 转换成了 b(图 7-28)。发现花状 Mn-Ca 复合纳米材料的 CaO 衍射峰依然存在，但在 17.6°、31.7°、44.1°、46.9°和 63.2°等位置出现了许多微弱的杂质衍射峰，这说明反应后有新的物质生成，但由于这些杂质衍射峰的峰强太弱，难以进行 XRD 图谱匹配，无法确定最终产生的物相。

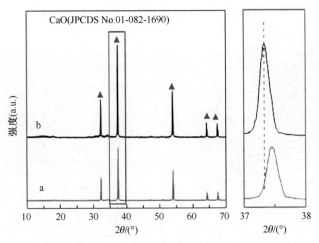

图 7-28　花状 Mn-Ca 复合纳米材料(a)和鸡蛋壳焙烧得到的 CaO 的 XRD 图谱(b)，以及 a、b 样品在 $2\theta = 37° \sim 38°$ 的 XRD 图谱

除此之外，对比鸡蛋壳焙烧得到的 CaO 样品，XRD 图谱显示花状 Mn-Ca 复合纳米材料的衍射峰集体向小角度发生一定量偏移。产生小角度偏移的原因可能是反应后样品的晶胞参数和结构发生变化，产生了微弱的同晶置换，或者部分元素掺杂进入晶格中。

2) XPS 分析和结果讨论

XPS 分析物质表面化学性质的一种常用表征手段，用来测定样品材料的元素组成、经验公式、元素化学态和电子态。

图 7-29 显示所合成的花状 Mn-Ca 复合纳米材料的 XPS 图，全扫描能谱中出现 Ca 2s、Ca 2p、Cl 2p、O 1s 和 Mn 2p 五个明显的对应峰。此结果证明所合成的材料含有 Ca、O、Cl 和 Mn 四种主要元素，具体的元素分析结果将在后续工作中开展。

3) EDS 分析和结果讨论

EDS 主要用来分析微观样品的元素分布，它是靠检测元素电子跃迁产生的特征 X 射线来确认元素存在的，只能确认

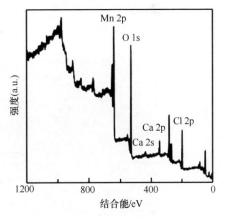

图 7-29　花状 Mn-Ca 复合纳米材料的
XPS 图

元素，不能确认化合价态，EDS 分析广泛应用于材料相关领域。图 7-30(a)～(d) 是花状 Mn-Ca 复合纳米材料的 EDS 图，结果表明该样品由 Ca、Mn、Cl 和 O 四种元素组成，对应原子分数分别为 Ca 27.1%、Mn 7.5%、Cl 4.4%和 O 61.0%，且这几种元素都均匀分散在花状 Mn-Ca 复合纳米材料上[42]。

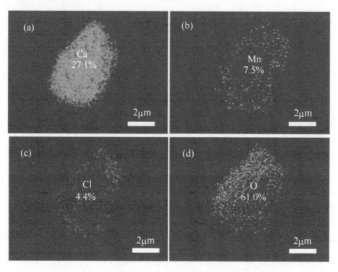

图 7-30　花状 Mn-Ca 复合纳米材料的 EDS 图

2. 形貌分析

1) SEM 分析与结果讨论

图 7-31(a)～(f)是合成样品的 SEM 图。由图 7-31(a)可知，低倍条件下，所显示区域分布有许多大小均匀、形貌规整的花状小颗粒。从高分辨图 7-31(b)～(f)中可以看出，所制备的样品是由尺度为 5～10μm 的花状结构颗粒组成的，每一

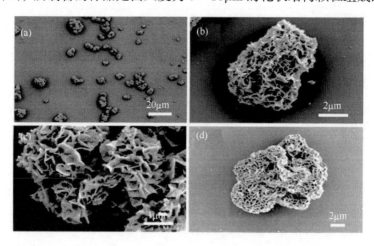

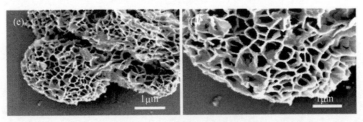

图 7-31　花状 Mn-Ca 复合纳米材料的 SEM 图

个花状颗粒是由许多"小花瓣"(纳米片)组成的，这些纳米片并不是密集排列的，而是由许多厚度为几纳米的纳米片堆积形成的花状结构，这样的花状结构具有大的孔洞，能增大材料的表面积。

2) AFM 分析与结果讨论

为了确定花状 Mn-Ca 复合纳米材料每片"小花瓣"的薄厚程度，采用 AFM 来测试其厚度，测试结果如图 7-32 所示。AFM 分析结果显示花状 Mn-Ca 复合纳米材料是由许多超薄且厚度均匀的纳米"小花瓣"组成的，其中每片"小花瓣"的厚度只有 3～4nm。

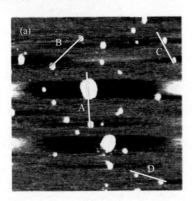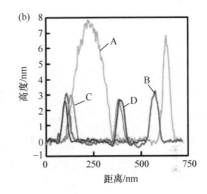

图 7-32　合成样品的 AFM 图

3) TEM 分析与结果讨论

为了进一步测定样品的结构和形貌，对花状 Mn-Ca 复合纳米材料进行 TEM 测试。图 7-33 为样品的 TEM 图，从图 7-33(a)中可看出制备得到的样品由单颗尺度为 200～500nm 的花状纳米结构组成。图 7-33(b)、(c)是高分辨的 TEM 图谱，清楚地证明这些纳米片呈现互相堆叠与交叉的复杂结构，其结果与 SEM 测试结果一致，并进一步确定了花状 Mn-Ca 复合纳米材料由片状结构组成。TEM 能谱图和元素分布图表明(图 7-33(d)～(o))，花状 Mn-Ca 复合纳米材料存在 Ca、Mn、Cl 和 O 这四种主要元素，且从微观角度出发，EDS 元素分布图证明花状 Mn-Ca 复合纳米材料中 Ca、Mn、Cl 和 O 各元素都均匀分布在材料上。

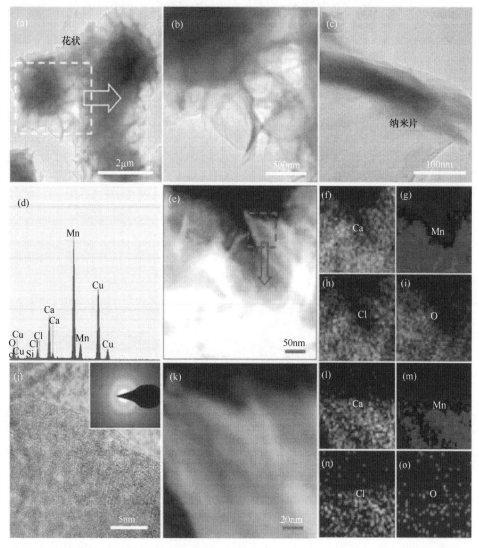

图 7-33　(a)花状 Mn-Ca 复合纳米材料的 TEM 图；(b)、(c)、(j) 花状 Mn-Ca 复合纳米材料高分辨 TEM 图；(d) TEM 能谱图；(e)、(k)高分辨 TEM 图和(f)～(i)、(l)～(o)对应的元素分布图

7.4.3　花状生物质锰钙复合纳米净化材料生长机理初步探究

1. 生长条件探究

通过对照实验等手段初步解释花状 Mn-Ca 复合纳米材料特殊结构的生长限制条件。

　　对照实验(一)中用鸡蛋壳($CaCO_3$)代替生物质 CaO 作为反应原料通过相同的反应过程来制备得到对照样品。如图 7-34(a)～(d)显示，XRD 证明此实验生成的对照样品物相为 $CaCO_3$，同时 SEM 显示样品是典型的方解石型 $CaCO_3$ 结构，没有发现花状 Mn-Ca 复合纳米结构的生成。产生此结果的原因可能是 $CaCO_3$ 结构致密、反应活性低，而高温焙烧后得到的生物质 CaO 疏松多孔、易与 $MnCl_2$ 发生反应[43]。对照实验(一)证明，在这个反应体系中，CaO 是生成花状 Mn-Ca 复合纳米材料不可替代的原料。

图 7-34　在氮气保护条件下鸡蛋壳和 $MnCl_2$ 在乙醇溶液中反应 24h 后的 XRD 图谱和 SEM 图

　　对照实验(二)中用生物质 CaO 作为反应原料在无 N_2 保护的条件下通过相同的反应过程来制备得到对照样品。图 7-35(a)～(f)显示，EDS 显示样品的主要元素是 Ca、C 和 O，并存在少量的 Mn 和 Cl 元素。产生此结果的原因可能是在缺少 N_2 保护的条件下，CaO 会率先与空气中的 CO_2 和 H_2O 反应生成 $CaCO_3$ 和 $Ca(OH)_2$，因此 EDS 图谱出现了大量的 C 元素。但反应体系中仍然有部分 CaO 与 $MnCl_2$ 发生反应，因此 EDS 显示有少量 Mn 和 Cl 的存在。对照实验(二)证明，

图 7-35　在无氮气保护条件下生物质 CaO 和 $MnCl_2$ 在乙醇溶液中反应 24h 后的 SEM 图以及对应的元素分布图

在这个反应体系中，必须隔绝空气中的 CO_2 和 H_2O 与生物质 CaO 接触，才能保证花状 Mn-Ca 复合纳米结构的生成。

对照实验(三)中用去离子水来代替乙醇作为反应溶剂，将生物质 CaO 作为反应原料通过相同的反应过程来制备得到对照样品，发现反应过程中产生了大量热。图 7-36(a)～(d)显示，SEM 图谱显示对照样品呈现小颗粒状，且小颗粒呈现团聚状态。EDS 显示样品的主要元素只有 Mn 和 O，Ca 元素消失了。产生此结果的原因可能是 CaO 会先与溶剂水发生反应生成 $Ca(OH)_2$，式(7-11)表明，$Ca(OH)_2$ 可以与无水 $MnCl_2$ 反应得到生成小颗粒的 $Mn(OH)_2$ 和 $CaCl_2$。

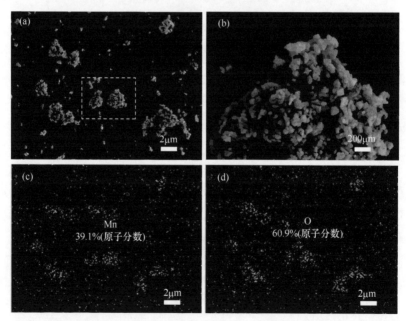

图 7-36　在氮气保护条件下生物质 CaO 和 $MnCl_2$ 在水溶液中反应 24h 后的 SEM 图以及对应的元素分布图

$$Ca(OH)_2 + MnCl_2 \longrightarrow Mn(OH)_2 + CaCl_2 \tag{7-11}$$

同时，反应结果产物中 $CaCl_2$ 易溶于水，同时会产生大量的热，这与实验现象和 EDS 结果(Ca 元素不存在)相符合。对照实验(三)证明，在这个反应体系中，必须使用无水乙醇作为溶剂，避免水与 CaO 接触，才能制备得到花状 Mn-Ca 复合纳米材料。

对照实验(四)中通过往乙醇溶剂中滴加 1mL 的去离子水作为反应溶剂，将生物质 CaO 作为反应原料通过相同的反应过程来制备得到对照样品。图 7-37(a)～(d) SEM 图显示，对照样品仍呈现 CaO 原始的大颗粒状，但颗粒表面有许多小颗粒团聚。产生此结果的原因可能是此体系中只存在微量的 H_2O 和 CaO 在表面水解生成 $Ca(OH)_2$，随后表面的 $Ca(OH)_2$ 会与无水 $MnCl_2$ 反应生成小颗粒状的 $Mn(OH)_2$ 和易溶的 $CaCl_2$，这与 SEM 图显示的结果相符合。对照实验(四)证明，在这个反应体系中，必须使用无水乙醇作为溶剂，即使存在微量的水也将导致实验失败。

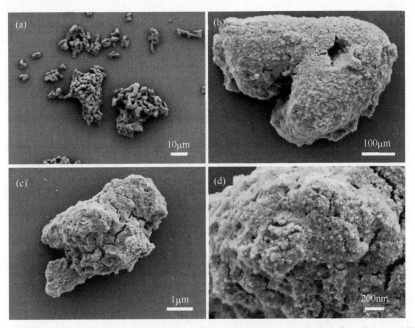

图 7-37　在氮气保护条件下生物质 CaO 和 $MnCl_2$ 在乙醇和水的混合溶液中反应 24h 后的 SEM 图以及对应的元素分布图

2. 时间系列实验探究

1) 实验内容

为了探究花状 Mn-Ca 复合纳米材料的形成机理，一系列相关的实验被实施。具体操作如下：①将废弃鸡蛋在 1050℃下焙烧 1h；②称取焙烧得到的 CaO 溶于

100mL 无水乙醇混合在三口烧瓶中室温磁力搅拌后使其完全分散；③将烧杯中的无水 $MnCl_2$ 溶液转移到三口烧瓶中，持续搅拌 3h、6h 和 12h，将不同搅拌时间制备得到的样品用 XRD 和 SEM 进行表征观察。通过上述的实验过程，我们可以观察花状 Mn-Ca 复合纳米材料的物相和形貌变化，从而深入探究花状 Mn-Ca 复合纳米材料的形成机理。

2) XRD 结果分析

图 7-38 为制备得到的时间系列的花状 Mn-Ca 复合纳米材料样品的 XRD 图谱。从图中可以看出，反应 3h 后得到的花状 Mn-Ca 纳米材料的 XRD 图谱上存在 5 个明显的特征衍射峰，分别在 2θ 为 32.2°、37.4°、53.9°、64.2°和 67.5°处。这属于 CaO 的五个特征峰。当反应时间达到 6h、12h 后，花状 Mn-Ca 复合纳米材料的 XRD 图谱依旧只有 5 个特征衍射峰，没有出现新的特征衍射峰，对应的物相依然是 CaO。此结果证明，不同时间反应得到的花状 Mn-Ca 复合纳米材料样品图谱并没有太大的区别，它们的组成成分基本一致。

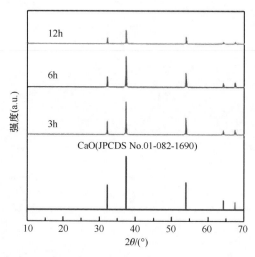

图 7-38　花状 Mn-Ca 复合纳米材料反应 3h、6h、12h 后的 XRD 图谱

3) SEM 和 EDS 结果分析

图 7-39 分别为制备得到的花状 Mn-Ca 复合纳米材料反应时间为 3h、6h 和 12h 后的 SEM 和 EDS 图谱。由图可见，花状 Mn-Ca 复合纳米材料随着反应时间的延长，片状结构逐渐明显，Mn 的相对含量也随之增加。图 7-39(a)～(c)分别是花状 Mn-Ca 复合纳米材料反应 3h 后的 SEM 图及其放大图，此时可以发现已经有少量的纳米片在 CaO 晶体颗粒表面生成。随着反应的进行，当反应时间为 6h 后(图 7-39(d)～(f))，出现更为明显的小片状结构，而且纳米片之间已经开始互相堆垛，形成一定的孔道结构，但还是能清晰看见部分区域有 CaO 大颗粒表面。

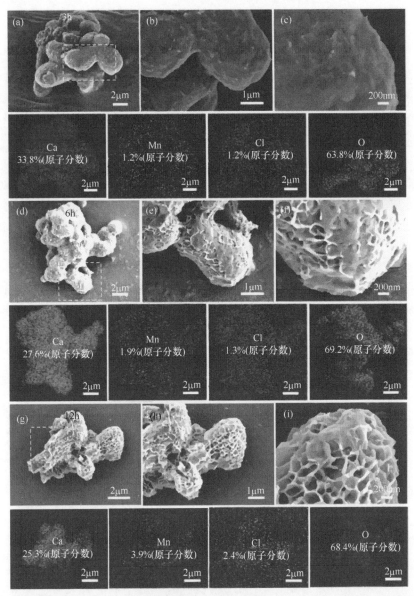

图 7-39　花状 Mn-Ca 复合纳米材料分别反应 3h(a)～(c)、6h(d)～(f)、12h(g)～(i) 后的 SEM 图
以及对应的元素分布图

当反应时间达到 12h 后(图 7-39(g)～(i))，反应已经基本完成，SEM 图中已经无法
找到光滑表面的 CaO 颗粒，出现了比较完整的花状微结构。EDS 能谱图显示随
着反应的进行样品中 Ca 的相对含量逐渐减少，Mn、Cl 元素的相对量逐渐增多，
O 元素含量在一定范围内浮动。据此推测，产生此结构的原因可能是具有弱酸性

的 MnCl$_2$ 对 CaO 的蚀刻,从而产生花状 Mn-Ca 复合纳米材料。

3. 探究前驱体比例的影响

分别按照 Ca：Mn 相对物质的量之比为 1：1、1：1.5 和 1：2 将一定量由鸡蛋壳焙烧得到的生物质 CaO 溶于 100mL 无水乙醇混合在 250mL 的三口烧瓶中,室温磁力搅拌 30min 后使其完全分散。同时,称取对应量的无水 MnCl$_2$ 溶于 150mL 无水乙醇中混合在烧杯中进行溶解,一段时间后无水 MnCl$_2$ 将完全溶解。最后,将烧杯中的无水 MnCl$_2$ 溶液转移到三口烧瓶中,持续搅拌 24h,全程处于 N$_2$ 保护的状态下,再经无水乙醇反复洗涤、离心数次,最后在真空干燥箱恒温在 60℃干燥 24h 制备得到 Ca：Mn 物质的量之比分别为 1：1、1：1.5 和 1：2 的花状 Mn-Ca 复合纳米材料,随后通过 SEM 和 EDS 对制备得到的样品进行表征,SEM 图如图 7-40 所示。

实验结果证明,通过调节前驱体(CaO 和 MnCl$_2$)的比例,花状 Mn-Ca 复合纳米材料中 Ca、Mn、Cl 和 O 各元素的相对含量基本不发生变化。如图 7-40(a)～(o) 所示,随着 CaO：MnCl$_2$ 物质的量之比从 1：1 增加到 1：2,EDS 显示材料中的 Ca：Mn 含量的相对比例保持一致,基本维持在 3.6～2.8。此结果说明反应中增加 MnCl$_2$ 的含量不会改变花状 Mn-Ca 复合纳米材料的组成。

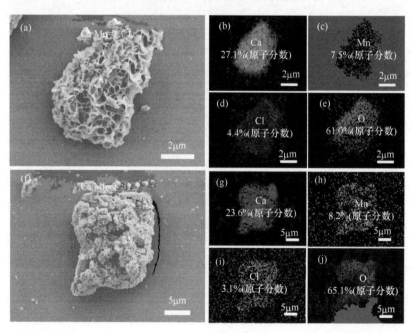

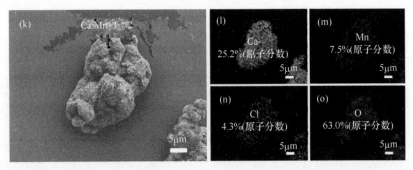

图 7-40 Ca:Mn =1:1(a)～(e)、1:1.5(f)～(j)和 1:2(k)～(o)的 SEM 和元素分布图

7.4.4 花状生物质锰钙复合纳米净化材料的应用及其拓展

本实验中以酸性蓝为目标的有机污染物对花状 Mn-Ca 复合纳米材料的性能进行测试和评价。首先,称取 10mg 的花状 Mn-Ca 复合纳米材料样品投入 50mL 含 15mg/L 的酸性蓝模拟溶液中。每隔一段时间取样品上层清液离心分离,并用紫外分光光度计(CARY50 型)测其浓度变化。图 7-41 是花状 Mn-Ca 复合纳米材料降解酸性蓝模拟溶液的吸光度随时间变化曲线。从图中可以看出,随着时间的延长酸性蓝的吸光度逐渐降低,5min 后酸性蓝在 608nm 处的吸收峰基本观察不到。此结果表明,花状 Mn-Ca 纳米材料对酸性蓝溶液有优越的降解能力。

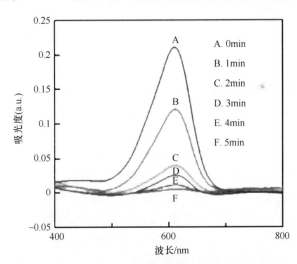

图 7-41 花状 Mn-Ca 复合纳米材料对酸性蓝的降解性能

最后,还设计了花状 Mn-Ca 复合纳米材料处理酸性蓝和 Cu^{2+} 混合溶液(污染物浓度均为 10mg/L),进一步评估花状 Mn-Ca 复合纳米材料去除有机污染物的活性。图 7-42 是花状 Mn-Ca 复合纳米材料降解酸性蓝和 Cu^{2+} 混合溶液的吸光度随

时间的变化曲线。从图中可以看出，酸性蓝的吸收峰呈现快速下降的过程，30s
后酸性蓝在 608nm 处的吸收峰基本观察不到。这说明 Cu^{2+} 溶液的加入能促进花
状 Mn-Ca 复合纳米材料对酸性蓝的降解。这是因为锰在酸性条件下可以产生
H_2O_2，H_2O_2 会转换成自由基(HO·)，HO·能促进有机污染物的降解[44]。而 Cu^{2+}
的加入能促进产生更多的自由基，加快有机污染物的降解[45,46]。

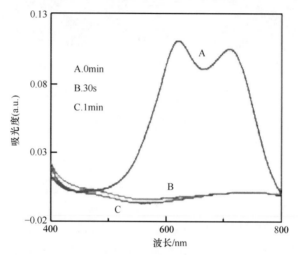

图 7-42　花状 Mn-Ca 复合纳米材料对酸性蓝和 Cu^{2+} 的混合物的降解性能

7.5　本 章 小 结

本章以废弃物鸡蛋壳为原材料，通过简单的高温焙烧、搅拌等处理方法成功
将鸡蛋壳转换成具有 0D/2D 结构的 Mn_3O_4 QDs/Ca(OH)$_2$ 复合纳米材料，该生物
质高吸附容量复合纳米材料能够快速处理 Pb^{2+}、Ag^+、Cu^{2+} 和 Cd^{2+} 等重金属离子。
并采用 XRD、SEM、XPS、AFM 和 TEM 等表征方法对 Mn_3O_4 QDs/Ca(OH)$_2$ 结
构和成分进行探究，并详细阐述材料合成的潜在机制。

以 Pb^{2+} 为目标离子，平行对比纯 Mn_3O_4、纯 Ca(OH)$_2$、Mn_3O_4+Ca(OH)$_2$ 和
Mn-Ca 复合纳米材料去除 Pb^{2+} 的效果，研究了吸附的影响因素、等温吸附模型和
热力学参数等，同时详细分析了 Mn-Ca 复合纳米材料能高效处理重金属离子的
内在机理。将以生物质碳酸钙为模板合成 0D/2D 复合纳米材料的策略运用到不同
种类的贝壳(牡蛎壳和花蛤壳)中，并探讨前驱体 $KMnO_4$ 和 CaO 的相对比例对吸
附容量的影响。此外，为了进一步开发具有自支撑结构的低维纳米材料，提高材
料的性能。利用 $MnCl_2$ 为锰源，通过简单的方法得到花状 Mn-Ca 复合纳米材
料并成功应用于废水中的有机污染物的降解。希望这些研究结果能为后期利用

鸡蛋壳或其他生物废弃物制备得到低维纳米材料提供可行性和经验,具体结论如下。

(1) 鸡蛋壳主要的成分是碳酸钙,经过高温焙烧完全分解成 CaO,并能够保持多级结构。通过简单搅拌得到 Mn-Ca 复合纳米材料。由 XRD 和 XPS 分析可知,Mn-Ca 复合纳米材料的物相组成是 Mn_3O_4 和 $Ca(OH)_2$。SEM、EDS、TEM 和 AFM 表征结果表明,Mn-Ca 复合纳米材料由大量尺寸小于几纳米的 $Ca(OH)_2$ 纳米片构成,且 Mn_3O_4 量子点负载在超薄的 $Ca(OH)_2$ 纳米片上。花状 Mn-Ca 复合纳米材料的形成过程包括以下两个的步骤。①在痕量 H_2O 的作用下,$Ca(OH)_2$ 纳米薄片的生成;②Mn_3O_4 QDs 均匀沉积在 $Ca(OH)_2$ 纳米薄片上。

(2) Mn-Ca 复合纳米材料对 40mg/L 的 Pb^{2+} 溶液能在 3min 内去除高于 70%的 Pb^{2+}。材料处理 40mg/L 和 1g/L 的 Pb^{2+} 的吸附容量分别为 173.6mg/g 和 1580mg/g。

(3) 通过热力学和动力学模型对 Mn-Ca 复合纳米材料对 Pb^{2+} 的处理过程进行模拟。结果表明,Ho 准二级动力学模型和 Freundlich 模型能更好地描述 Mn-Ca 复合纳米材料对 Pb^{2+} 的吸附行为。

(4) 吸附机理结果分析表明,Mn-Ca 复合纳米材料处理 Pb^{2+} 的过程是一个离子交换的过程,且 Mn_3O_4 QDs 均匀分布在 $Ca(OH)_2$ 纳米薄片上这样的 0D/2D 结构和由此产生的高比表面积能有效增大处理 Pb^{2+} 的吸附容量。

(5) 进一步开发具有自支撑结构的低维纳米材料可以制备出形貌规整的花状 Mn-Ca 复合纳米材料。SEM、AFM、EDS 和 TEM 表征结果表明,花状 Mn-Ca 复合纳米材料是由尺度为 $5\sim10\mu m$ 的花状结构颗粒组成,每一个花状颗粒由许多 $3\sim4nm$ 纳米薄片组成。在合成的过程中随着时间的延长,花状 Mn-Ca 复合的组成成分基本一致。但片状结构逐渐增多,Mn 的相对含量逐渐增加,而 Ca 的相对含量逐渐减少。

(6) Mn-Ca 复合纳米材料能够快速去除废水中的酸性蓝以及酸洗蓝和 Cu^{2+} 混合溶液。

虽然本章通过简单的方法制备出能够快速处理重金属离子和高效降解有机污染物的水净化的复合纳米材料,并取得了一些效果。但从整体来看,仍存在一些问题有待进一步探索。

(1) 本章针对的是单一重金属的废水溶液,但由于实际废水成分复杂,应进一步针对多种重金属混合溶液进行研究。

(2) 由于 CaO 易与空气或者水中 H_2O 和 CO_2 进行反应,应进一步拓展 CaO 基纳米材料的应用领域。

(3) 花状 Mn-Ca 复合纳米材料的物相组成、生长机理和应用领域有待进一步系统化探究。

(4) 基于上述研究结果,继续深入探索鸡蛋壳及其他生物废弃物转化成不同结构的低维纳米材料。

参 考 文 献

[1] Tsai W T, Yang J M, Lai C W, et al. Characterization and adsorption properties of eggshells and eggshell membrane[J]. Bioresource Technology, 2006, 97(3): 488-493.

[2] Yoo S J, Hsieh J S, Zou P, et al. Utilization of calcium carbonate particles from eggshell waste as coating pigments for ink-jet printing paper[J]. Bioresource Technology, 2009, 100(24): 6416-6421.

[3] 王卫兵, 李晖, 熊冬霞. 以蛋壳为原料生产硫酸钙的试验研究[J]. 山东化工, 2017,(2): 28-29.

[4] Hassan T A, Rangari V K, Rana R K, et al. Sonochemical effect on size reduction of $CaCO_3$ nanoparticles derived from waste eggshells[J]. Ultrasonics Sonochemistry, 2013, 20(5): 1308-1315.

[5] Schaafsma A, Beelen G M. Eggshell powder, a comparable or better source of calcium than purified calcium carbonate: Piglet studies[J]. Journal of the Science of Food & Agriculture, 1999, 79(12): 1596-1600.

[6] Schaafsma A, Pakan I, Hofstede G J H, et al. mineral, amino acid, and hormonal composition of chicken eggshell powder and the evaluation of its use in human nutrition[J]. Poultry Science, 2000, 79(12): 1833-1838.

[7] Zheng W, Li X M, Yang Q, et al.Adsorption of Cd(Ⅱ) and Cu(Ⅱ) from aqueous solution by carbonate hydroxylapatite derived from eggshell waste[J]. Journal of Hazardous Materials, 2007, 147(1-2): 534-539.

[8] Tsai W T, Hsien K J, Hsu H C, et al. Utilization of ground eggshell waste as an adsorbent for the removal of dyes from aqueous solution[J]. Bioresource Technology, 2008, 99(6): 1623-1629.

[9] Park J W, Bae S R, Suh J Y, et al. Evaluation of bone healing with eggshell-derived bone graft substitutes in rat calvaria: A pilot study[J]. Journal of Biomedical Materials Research Part A, 2008, 87(1): 203-214.

[10] Xiong X Q, Cai L, Jiang Y B, et al. Eco-efficient, green, and scalable synthesis of 1,2,3-triazoles catalyzed by Cu(I) catalyst on waste oyster shell powders[J]. ACS Sustainable Chemistry & Engineering, 2014, 2(4): 765-771.

[11] Dey A, de With G, Sommerdijk N A. In situ techniques in biomimetic mineralization studies of calcium carbonate[J]. Chemical Society Reviews, 2010, 39(2): 397-409.

[12] Lee K, Wagermaier W, Masic A, et al. Self-assembly of amorphous calcium carbonate microlens arrays[J]. Nature Communications, 2012, 3(2): 725.

[13] Chen W T, Lin C W, Shih P K, et al. Adsorption of phosphate into waste oyster shell: Thermodynamic parameters and reaction kinetics[J]. Desalination and Water Treatment, 2012, 47(1-3): 86-95.

[14] 朱霖霖, 唐理静, 王晨霞,等. 改性鸡蛋壳处理亚甲基蓝染料废水的实验研究[J]. 广州化工, 2017, 45(10): 91-92, 96.

[15] Shi L R, Chen K, Du R, et al. Scalable seashell-based chemical vapor deposition growth of three-dimensional graphene foams for oil-water separation[J]. Journal of the American

Chemical Society, 2016, 138(20): 6360-6363.

[16] Gredda G, Pandey S, Lin Y C, et al. Antibacterial effect of calcium oxide nano-plates fabricated from shrimp shells[J]. Green Chemistry, 2015, 17(6): 3276-3280.

[17] Li S N, Bai H, Wang J, et al. In situ grown of nano-hydroxyapatite on magnetic CaAl-layered double hydroxides and its application in uranium removal[J]. Chemical Engineering Journal, 2012, s 193-194(12): 372-380.

[18] You W J, Hong M, Zhang H, et al. Functionalized calcium silicate nanofibers with hierarchical structure derived from oyster shells and their application in heavy metal ions removal[J]. Physical Chemistry Chemical Physics, 2016, 18(23): 15564-15573.

[19] Sirisomboonchai S, Abuduwayiti M, Guan G Q, et al. Biodiesel production from waste cooking oil using calcined scallop shell as catalyst[J]. Energy Conversion and Management, 2015, 95: 242-247.

[20] Jiang J X, Xu D D, Zhang Y, et al. From nano-cubic particle to micro-spindle aggregation: The control of long chain fatty acid on the morphology of calcium carbonate[J]. Powder Technology, 2015, 270: 387-392.

[21] Asikin-Mijan N, Lee H V, Taufiq-Yap Y H. Synthesis and catalytic activity of hydration-dehydration treated clamshell derived CaO for biodiesel production[J]. Chemical Engineering Research and Design, 2015, 102(2015): 368-377.

[22] Tang C, Li B Q, Zhang Q, et al. CaO-templated growth of hierarchical porous graphene for high-power lithium-sulfur battery applications[J]. Advanced Functional Materials, 2016, 26(4): 577-585.

[23] Zou J P, Liu H L, Luo J, et al. Three-dimensional reduced graphene oxide coupled with Mn_3O_4 for highly efficient removal of Sb(III) and Sb(V) from water[J]. ACS Applied Materials & Interfaces, 2016, 8(28): 18140-18149.

[24] Ge M Z, Cao C Y, Huang J Y, et al. A review of one-dimensional TiO_2 nanostructured materials for environmental and energy applications[J]. Journal of Materials Chemistry A, 2016, 4(18): 6772-6801.

[25] Ma C, Fouly H, Li J, et al. A study of the potential application of nano-$Mg(OH)_2$ in adsorbing low concentrations of uranyl tricarbonate from water[J]. Nanoscale, 2012, 4(7): 2423-2430.

[26] Gupta S, Tai N H. Carbon materials as oil sorbents: A review on the synthesis and performance[J]. Journal of Materials Chemistry A, 2016, 4(5): 1550-1565.

[27] Xu B. China's Environment Crisis[M]. New York: Council on Foreign Relations, 2014.

[28] Varadwaj G, Oyetade O A, Rana S, et al. Facile synthesis of three-dimensional Mg-Al layered double hydroxide/partially reduced graphene oxide nanocomposites for the effective removal of Pb^{2+} from aqueous solution[J]. ACS Applied Materials & Interfaces, 2017, 9(20): 17290-17305.

[29] Hong M Z, Wang X, You W J, et al. Adsorbents based on crown ether functionalized composite mesoporous silica for selective extraction of trace silver[J]. Chemical Engineering Journal, 2016, 313: 1278-1287.

[30] Li X, Bian C, Meng X, et al. Design and synthesis of an efficient nanoporous adsorbent for Hg^{2+} and Pb^{2+} ions in water[J]. Journal of Materials Chemistry A, 2016, 4(16): 5999-6005.

[31] Chen D, Shen W, Wu S, et al. Ion exchange induced removal of Pb(Ⅱ) by MOF-derived magnetic inorganic sorbents[J]. Nanoscale, 2016, 8(13): 7172-7179.

[32] Liu M H, Wang Y H, Chen L T, et al. Mg(OH)₂ Supported nanoscale zero valent iron enhancing the removal of Pb(Ⅱ) from aqueous solution[J]. ACS Applied Materials & Interfaces, 2015, 7(15): 7961-7969.

[33] Venkateswarlu S, Yoon M. Core-shell ferromagnetic nanorod based on amine polymer composite(Fe₃O₄@DAPF) for fast removal of Pb(Ⅱ) from aqueous solutions[J]. ACS Applied Materials & Interfaces, 2015, 7(45): 25362-25372.

[34] Wang B, Wu H B, Yu L, et al. Template-free formation of uniform urchin-like α-FeOOH hollow spheres with superior capability for water treatment[J]. Advanced Materials, 2012, 24(8): 1111-1116.

[35] Wang J, Zhang W T, Yue X Y, et al. One-pot synthesis of multifunctional magnetic ferrite-MoS₂ carbon dots nanohybrid adsorbent for efficient Pb(Ⅱ) removal[J]. Journal of Materials Chemistry A, 2016, 4(10): 3893-3900.

[36] Lee M E, Park J H, Chung J W, et al. Removal of Pb and Cu ions from aqueous solution by Mn₃O₄-coated activated carbon[J]. Journal of Industrial and Engineering Chemistry, 2015, 21(21): 470-475.

[37] Wang S G, Gong W X, Liu X W, et al. Removal of lead(Ⅱ) from aqueous solution by adsorption onto manganese oxide-coated carbon nanotubes[J]. Separation and Purification Technology, 2007, 58(1): 17-23.

[38] Mallakpour S, Madani M. Use of valine amino acid functionalized α-MnO₂/chitosan bionanocomposites as potential sorbents for the removal of lead(Ⅱ) ions from aqueous solution[J]. Industrial & Engineering Chemistry Research, 2016, 55(30): 8349-8356.

[39] Sun Y, Chen C, Tan X, et al. Enhanced adsorption of Eu(Ⅲ) on mesoporous Al₂O₃/expanded graphite composites investigated by macroscopic and microscopic techniques[J]. Dalton Transactions, 2012, 41(43): 13388-13394.

[40] Ding C, Cheng W, Sun Y, et al. Determination of chemical affinity of graphene oxide nanosheets with radionuclides investigated by macroscopic, spectroscopic and modeling techniques[J]. Dalton Transactions, 2014, 43(10): 3888-3896.

[41] Mo Q L, Wei J X, Jiang K Y, et al. Hollow α-Fe₂O₃ nanoboxes derived from metal-organic frameworks and their superior ability for fast extraction and magnetic separation of trace Pb²⁺[J]. ACS Sustainable Chemistry & Engineering, 2016, 5(2): 1476-1784.

[42] Sauer R, Liersch T, Merkel S, et al. Preoperative versus postoperative chemoradiotherapy for locally advanced rectal cancer: Results of the german CAO/ARO/AIO-94 randomized phase Ⅲ trial after a median follow-up of 11 Years[J]. Journal of Clinical Oncology Official Journal of the American Society of Clinical Oncology, 2012, 30(16): 1926-1933.

[43] Criado Y A, Huille A, Rougé S, et al. Experimental investigation and model validation of a CaO/Ca(OH)₂ fluidized bed reactor for thermochemical energy storage applications[J]. Chemical Engineering Journal, 2016, 313: 1194-1205.

[44] Miao R, He J K, Sahoo S, et al. Reduced graphene oxide supported nickel-manganese-cobalt

spinel ternary oxide nanocomposites and their chemically converted sulfide nanocomposites as efficient electrocatalysts for alkaline water splitting[J]. ACS Catalysis, 2016, 7: 819-832.

[45] Du G H, van Tendeloo G. Cu(OH)$_2$, nanowires, CuO nanowires and CuO nanobelts[J]. Chemical Physics Letters, 2004, 393(1-3): 64-69.

[46] Bokare A D, Choi W. Review of iron-free Fenton-like systems for activating H$_2$O$_2$ in advanced oxidation processes[J]. Journal of Hazardous Materials, 2014, 275(2): 121-135.